Statistical and Data Handling Skills in Biology, Second Edition

パソコンで簡単！
すぐできる生物統計

統計学の考え方から統計ソフトSPSSの使い方まで

著／Roland Ennos　訳／打波 守　野地澄晴

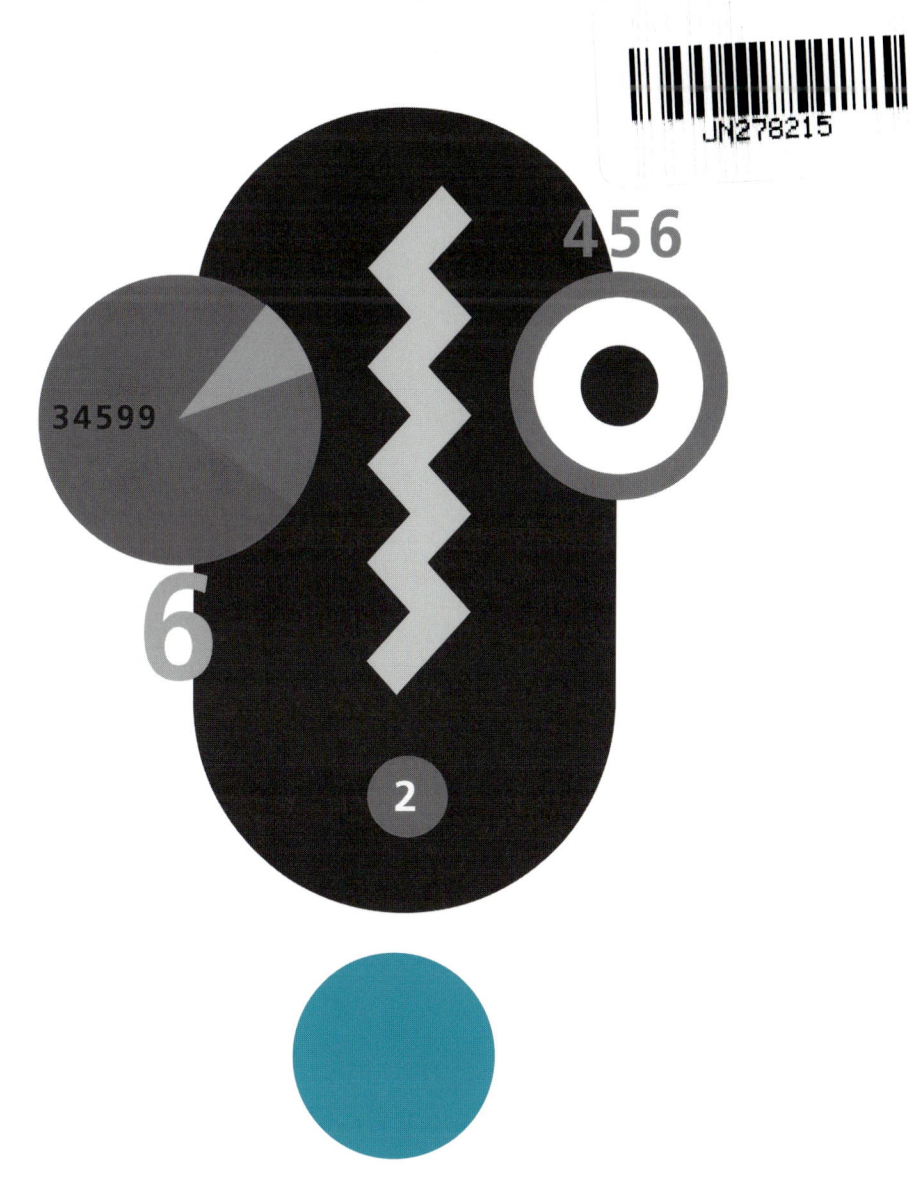

羊土社

For Yvonne
イボンヌのために

Statistical and Data Handling Skills in Biology, Second Edition by Roland Ennos
© Pearson Education Limited 2007
This translation of STATISTICAL AND DATA HANDLING SKILLS IN BIOLOGY
02 Edition is published by arrangement with Pearson Education Limited
through Tuttle-Mori Agency, Inc., Tokyo

Visit *the Statistical and Data Handling Skills in Biology, Second Edition* Companion Website at
www.pearsoned.co.uk/ennos to find:
A complete guide to SPSS for biologists

日本の読者の皆様へ

　私の教科書の日本語版の読者になっていただき，ありがとうございます．私はイギリスのマンチェスター大学（Old Trafford football ground までほんの 5 km！）で生物学専攻の学部生と大学院生に統計学を教えた経験をもとにして，本書を執筆しました．

　第 1 版での私の意図は，統計学の論理的な基礎をできるだけ簡潔に説明することと，どの統計的検定法が使用されるべきかの選択方法を示し，それから選択した検定法を実行するための道筋を学生に一歩一歩示すことによって，統計学に対する学生の恐怖心を取り除くことにありました．したがって，変動性という統計学の中心的問題をいかに凌駕するかを学生に示すために，簡潔な序章を設けました．それ以降の章では，個々の課題を解決するために，電卓あるいはコンピュータソフトを使って実際に統計的検定を実行する具体的な手順について説明しています．また，論理的に検定法を選択するための判断フローチャートを掲示し，より良い実験を立案する方法についてのアドバイスを与えています．一貫して，私は数学用語や専門的な用語をあまり多く使用しないようにしました．

　第 2 版では，より多くの統計検定法を紹介すると同時に，統計的検定の結果を表示する方法についてもアドバイスするように加筆しました．そのため，本書はより高学年の学生も使用でき，また現役の生物学者に対する参考書としても使用していただけるでしょう．

　誰でも自分の所産が世界で活躍することを願うと思います．私の本が，野地澄晴博士と打波 守博士の翻訳により日本の読者に利用されることになることは非常にうれしいことです．本書を翻訳して下さった彼らに感謝の意を表します．彼らが非常に良い仕事をしていると確信していますが，もし間違いがあれば私自身の責任です．

Roland Ennos
マンチェスターにて
2007 年 4 月

序

"Statistical and Data Handling Skills in Biology" の第1版が最初に出版されてから6年以上になる．この度，ピアソン教育出版（Pearson Education）から第1版を改訂し，さらに拡大して第2版を出版する機会を与えていただいたことに，非常に感謝している．

本書の第1版は，大学生や大学院生が統計学に対していつも感じている恐怖感を乗り越えることを手助けするための，統計学の簡潔なハンドブックとして執筆した．そうした目的のために，本書では統計学の生物学との関連性を強調し，しかも数式は最低限にして，簡潔に書くように努めた．とりわけ，できるだけ本を短くするよう苦心した．

しかし，それから数年間の経験を経て，いくつかの変更を余儀なくされてきた．その第1の理由は，私が紹介した内容に関していくつか誤りや矛盾が明らかになったからである．第2の理由は，第1版では基本的な統計学について紹介したのだが，より高学年の学生やより高度なことを学びたい学生にとって，第1版の内容が次のステップに進むのに不十分な部分がいくつかあったからである．第3の理由は，年数を経て統計ソフト SPSS が利用者にとってより使いやすいよう改良されて，マンチェスター大学を含む大部分の大学でも統計学のコンピュータソフトとして採用されるようになったからである．

したがって，新版では，全体的な指針と構成は第1版と同じに保ちつつ，かなりの変更を行った．変動性に関する解析についての応用範囲を，反復測定分散分析および2元配置分散分析を含むように拡張した．データ分布を調べ，変換を実施することに関する新しい章と，ノンパラメトリック検定の実行に関する新しい章を加えた．また，統計解析の結果を報告する方法についての節と，より複雑な統計解析に関する節とが追加されている．さらに，SPSS を使用して統計的検定を実行する方法と，そこから得られる結果を解釈する方法とについての包括的な使用説明がなされている．このような内容を加えても，第1版の簡潔性が失われてはいないと思っている．

第1版と同様，この版もマンチェスター大学の生命科学の学生に教えた授業内容に基づいて作成された．この本の執筆にあたっては，これらの授業において得られたフィードバックによりかなりの恩恵を受けた．また，学生からの支援と，ピアソン教育出版（Pearson Education Limited）の評価委員の方々の支援により，多くの誤りが正されてきて，そして SPSS の予測のつかない変化についても多くのことを学んできた．それでもまだ，残っている誤りや至らない点はもちろん私に全責任がある．

最後に，両方の版を書いている間，変わることのない支援をしてくれたイボンヌに謝意を表したい．

Roland Ennos

謝辞

著者と出版社は，この版の制作にあたり，有益なアドバイスをいただいた下記の方々に深謝する．

Dr. Dean Waters（the University of Leeds）

Dr. Yana Proykova（Portsmouth University）

われわれはまた，匿名の評価委員にも心より感謝する．

われわれは，著作権のある下記の画像を複写することについて許可していただいたことに感謝する．

SPSS 製品〔Windows 版 SPSS（Rel. 14.0.1)〕の画面画像，SPSS 社，シカゴ，2005[注] SPSS は，登録商標である．

いくつかの図などについては，著作権の所有者が不明であった．もしそれについて何らかの情報があれば，知らせていただきたい．

訳者注：本書（日本語版）では，SPSS 製品の画面画像は，SPSS 15.0 for Windows（日本語版）SPSS Japan Inc.を使用している．

サポート体制について

学生のためのウェブサイト（A complete guide to SPSS for biologists）

www.pearsoned.co.uk/ennos

上記アドレスに，役に立つオンラインリソースがあります．
詳細は，Pearson Education社の各地域販売代理店にお問い合わせいただくか，もしくはwww.pearsoned.co.uk/ennosにアクセスしてください

訳者の序

　地球にはさまざまな生物が存在している．同じ種においてさえ，多様性が存在しそれが進化の原動力になってきた．ヒトにおいても同様であり，個性こそがヒトの存在価値の中心である．したがって，生物の本質は多様性にあると言っても過言ではない．しかし，この多様性が生物のメカニズムなどの解明を複雑にしていることも事実であり，またヒトの病気の治療などを困難にしている理由の一つでもある．実際，現在販売されている薬でさえ，個人によって有効性が異なる．この多様性を科学的に扱うために，統計学が活用されてきた．

　生物の多様な現象の中から，真実を見出すためには，統計学は必要不可欠である．しかし，その統計学を使いこなすとなると，たいへんな努力が必要となる．もちろん，その数学的な背景を十二分に理解して使用できれば良いのだが，生命科学の研究を専門にしている場合，それがなかなか困難である．

　訳者らは，統計学を生命科学関連の学生に教える立場から，数式だらけの統計学の教科書を使用することは現実的でないし，表面的な記述の統計学の教科書を使用しても実用的でないと考えてきた．こうした問題を解決するには，最低限の数式を用いて統計学の基礎原理を説明し，その原理に従って簡単な計算を電卓で実行したり，より詳細な計算は統計のコンピュータソフトを利用して実行したりすることを柱とした，新しい教科書を作成するのが良いと考えていた．数年前に，こうした考えを実現している教科書が英国において出版されていることを知った．それが本書の原書（第1版）である．原書には，統計ソフトSPSSを利用して，生物学の学生や研究者がどのように統計的解析を行えば良いのかについて書かれてあり，非常に良い教科書である．特に有用なのは，表紙の裏に印刷してある"どんな統計的検定法を選べばよいのかを判断するためのフローチャート"である．これを利用すると，どんな統計的検定法を利用すれば，問題を解決できるかがわかる．それがわかれば，あとはSPSSでデータを入力し選択した統計的検定法を実行すれば，たちまち解答が得られることになる．

　このような背景のもとで，訳者らは2007年に発行された原書の第2版を翻訳することにした．本書ではSPSSという統計ソフトを使用しているが，基本的にどのソフトを使用しても同じである．そこで，巻末に付録としてExcelを使用した統計的検定法についても簡単に紹介している．

　本書は生命科学を学ぶ学生および研究者にとって，データの統計的解析を行うのに実質的に役立つ本である．ぜひ，実際に使用していただき，また，何か不備な点や誤りなどがあればご指摘いただければ幸いである．

　また，この翻訳にあたり，お世話になった羊土社編集部の林　理香氏をはじめ編集部の方々に感謝の意を表したい．

2007年7月

野地澄晴，打波　守

Statistical and Data Handling Skills in Biology, Second Edition

パソコンで簡単！ すぐできる生物統計

統計学の考え方から統計ソフトSPSSの使い方まで

日本の読者の皆様へ
序
謝辞
訳者の序

1章 統計学の世界へようこそ

1.1 はじめに 18
1.2 なぜ，生物学者が統計を使用しなければならないのか？ 19
1.3 統計学の論理と仮説検定を理解しよう 20
1.4 なぜ，たくさんの統計的検定があるのか 21
　　1.4.1 データのタイプ 21
　　1.4.2 問いかけのタイプ 22
1.5 本書の使用法 23

2章 データの変動性をどう処理するか

2.1 はじめに 24
2.2 データはなぜ変動するのか 24
2.3 正規分布で用いられるパラメータ 27
　　例題① 28
2.4 母平均と母標準偏差を推定する 28
　　例題② 29
2.5 標本の変動性と中心極限定理 30
　　2.5.1 既知の母集団からの標本についての変動性 30

CONTENTS

   2.5.2 母平均の推定値についての変動性―標準誤差 …………………… 32
 2.6 **母平均に対する信頼限界** …………………………………………………… 32
    例題③ 34
 2.7 **記述統計量の算定** ………………………………………………………… 35
 2.8 **統計ソフトSPSSの使用** ………………………………………………… 35
 2.9 **SPSSによる統計計算の進め方** ………………………………………… 35
 2.10 **SPSSにおけるデータの入力と編集** ………………………………… 37
    例 37
 2.11 **SPSSを使って記述統計量を算定する** …………………………… 38
 2.12 **複数のグループからのデータを入力し吟味する** ………………… 40
 2.13 **記述統計量の表し方** …………………………………………………… 42
   2.13.1 文書または表での表し方 ………………………………………… 42
   2.13.2 グラフでの表し方 ………………………………………………… 42

◆ **練習問題** ………………………………………………………………………… 43

3章 差があるかどうかを検定する：t検定

 3.1 **はじめに** ……………………………………………………………………… 45
 3.2 **なぜ，差に対する統計的検定が必要なのか？** ………………………… 46
   3.2.1 データのばらつきにより生じる問題 …………………………… 46
   3.2.2 解決法 ……………………………………………………………… 46
 3.3 **差に対する検定の方法** …………………………………………………… 46
 3.4 **片側検定と両側検定** ……………………………………………………… 48
 3.5 **t検定の種類** ……………………………………………………………… 49
 3.6 **1標本t検定** ……………………………………………………………… 49
   3.6.1 検定の目的 ………………………………………………………… 49
   3.6.2 検定の考え方 ……………………………………………………… 49
   3.6.3 検定を実行してみよう …………………………………………… 50
    例題① 50
 3.7 **対の2点比較t検定** ……………………………………………………… 53
   3.7.1 検定の目的 ………………………………………………………… 53
   3.7.2 検定の考え方 ……………………………………………………… 53

3.7.3　検定を実行してみよう 53
　　　　　例題② 53
　3.8　2標本 t 検定 57
　　　3.8.1　検定の目的 57
　　　3.8.2　検定の考え方 57
　　　3.8.3　検定を実行してみよう 58
　　　　　例題③ 58

◆ 練習問題 62

4章　2つ以上のグループ間の差に対する検定：分散分析（ANOVA）

　4.1　はじめに 64
　　　4.1.1　t 検定が不適切であるのはなぜか 65
　4.2　1元配置分散分析 65
　　　4.2.1　検定の目的 65
　　　4.2.2　検定の考え方 66
　　　4.2.3　名称に関する問題点 68
　　　4.2.4　SPSSを使って検定を実行してみよう 68
　　　　　例題① 69
　4.3　どのグループが違うかを決定する：ポストホック検定 70
　　　　　例題② 71
　4.4　反復測定分散分析 74
　　　4.4.1　検定の目的 74
　　　4.4.2　検定の考え方 74
　　　4.4.3　SPSSを使って検定を実行してみよう 74
　　　　　例題③ 74
　4.5　2元配置分散分析 78
　　　4.5.1　検定の目的 78
　　　4.5.2　検定の考え方 78
　　　4.5.3　SPSSを使って検定を実行してみよう 79
　　　　　例題④ 79

◆ 練習問題 82

CONTENTS

5章 データ間の関連の見分け方

- 5.1　はじめに 84
- 5.2　データが関連しているかどうかの調べ方 85
- 5.3　グラフを考察する方法 86
- 5.4　直線的な関係 87
- 5.5　直線的関連に対する統計的検定 88
- 5.6　相関分析 88
  - 5.6.1　検定の目的 88
  - 5.6.2　検定の考え方 89
  - 5.6.3　検定を実行してみよう 91
    - 例題①　91
  - 5.6.4　相関係数の利用 94
- 5.7　回帰分析 95
  - 5.7.1　検定の目的 95
  - 5.7.2　検定の考え方 95
  - 5.7.3　検定を実行してみよう 96
    - 例題②　97
  - 5.7.4　回帰データに関するその他の検定 99
    - 例題③　100
  - 5.7.5　回帰分析が有効でない場合 100
- 5.8　よくある非線形な関係式についての考察 101
  - 5.8.1　スケーリングとべき乗の関係式 101
  - 5.8.2　指数関数的に増大・減衰する関係式 102
    - 例題④　103

◆ 練習問題 106

6章 データをカテゴリーに分類して処理する方法

- 6.1　はじめに 108
- 6.2　データの変動（ばらつき）の問題をどう解決するか 109
- 6.3　差に対する χ^2 検定 111
  - 6.3.1　検定の目的 111
  - 6.3.2　検定の考え方 111

	6.3.3	検定を実行してみよう	111
		例題① 112	
6.4	関連に対する χ^2 検定		115
	6.4.1	検定の目的	115
	6.4.2	検定の考え方	115
	6.4.3	検定を実行してみよう	116
		例題② 116	
	6.4.4	イェーツの連続修正	121
6.5	χ^2 検定が有効な場合		121
		例題③ 122	
◆ 練習問題			123

7章 データの分布を見分ける方法

7.1	はじめに		125
7.2	データの分布を考察する方法		126
		例題① 126	
7.3	データが正規分布していない場合どうすべきか		128
	7.3.1	対称に分布したデータ	129
	7.3.2	ゆがんだ分布をしたデータ	129
	7.3.3	比例データ	130
	7.3.4	不規則に分布した標本データと順位づけられたデータ	130
	7.3.5	実際にデータを吟味したり，変換したりする方法	130
		例題② 131 / 例題③ 133	
7.4	データ分布が正規分布と有意差があるかどうかの検定		135
7.5	コルモゴロフ-スミルノフ検定		136
	7.5.1	検定の目的	136
	7.5.2	検定を実行してみよう	136
		例題④ 136	
7.6	コルモゴロフ-スミルノフ検定を使用する場合の注意		138
◆ 練習問題			139

8章 不規則な分布のデータや順位の処理：ノンパラメトリック検定

- 8.1 はじめに ………………………………………………………………………… 140
- 8.2 1標本の符号つき順位検定 ……………………………………………………… 141
  - 8.2.1 検定の目的 ………………………………………………………………… 141
  - 8.2.2 検定の考え方 ……………………………………………………………… 141
  - 8.2.3 検定を実行してみよう …………………………………………………… 142
    - 例題① 142
- 8.3 Wilcoxonの符号つき順位検定 ………………………………………………… 145
  - 8.3.1 検定の目的 ………………………………………………………………… 145
  - 8.3.2 検定の考え方 ……………………………………………………………… 146
  - 8.3.3 検定を実行してみよう …………………………………………………… 146
    - 例題② 146
- 8.4 Mann-Whitney U 検定 ………………………………………………………… 150
  - 8.4.1 検定の目的 ………………………………………………………………… 150
  - 8.4.2 検定の考え方 ……………………………………………………………… 150
  - 8.4.3 検定を実行してみよう …………………………………………………… 150
    - 例題③ 150
- 8.5 Kruskall-Wallis検定 …………………………………………………………… 154
  - 8.5.1 検定の目的 ………………………………………………………………… 154
  - 8.5.2 検定の考え方 ……………………………………………………………… 154
  - 8.5.3 検定を実行してみよう …………………………………………………… 154
    - 例題④ 154
  - 8.5.4 Kruskall-Wallis検定に対するポストホック検定 …………………… 158
- 8.6 Friedman検定 …………………………………………………………………… 158
  - 8.6.1 検定の目的 ………………………………………………………………… 158
  - 8.6.2 検定の考え方 ……………………………………………………………… 158
  - 8.6.3 検定を実行してみよう …………………………………………………… 158
    - 例題⑤ 159
  - 8.6.4 Friedman検定に対するポストホック検定 …………………………… 162
- 8.7 順位相関分析 ……………………………………………………………………… 162
  - 8.7.1 検定の目的 ………………………………………………………………… 162
  - 8.7.2 検定の考え方 ……………………………………………………………… 162
  - 8.7.3 検定を実行してみよう …………………………………………………… 163
    - 例題⑥ 163

◆ 練習問題 ……………………………………………………………………………… 166

9章 検定の選び方，実験を立案する方法，および結果を表現する方法

- 9.1 はじめに ... 169
  - 統計的検定を選ぶためのフローチャート ... 170
- 9.2 検定の選び方 ... 171
  - 例題① 171 / 例題② 172 / 例題③ 172 / 例題④ 173
- 9.3 実験を立案する方法 ... 173
  - 9.3.1 実験の前に準備しておくこと ... 174
    - 例題⑤ 174
  - 9.3.2 反復化 ... 174
    - 例題⑥ 175 / 例題⑦ 176 / 例題⑧ 177 / 例題⑨ 177
  - 9.3.3 ランダム化とブロック化 ... 178
    - 例題⑩ 179
- 9.4 結果を処理する方法 ... 180
- 9.5 結果を表示する方法 ... 181
  - 9.5.1 差に対する検定の結果を表示する方法 ... 181
  - 9.5.2 正規分布していないデータの記述統計量を表示する方法 ... 183
  - 9.5.3 関連に対する検定の結果を表示する方法 ... 183
  - 9.5.4 χ^2検定の結果を表示する方法 ... 186
- 9.6 より複雑な統計解析 ... 187
  - 9.6.1 複雑な実験を立案したり，分析したりする方法 ... 187
  - 9.6.2 複数個の変数すべてをコントロールできない実験を分析する方法 ... 188
  - 9.6.3 多数の変数を用いたデータの探索的分析：多変量解析 ... 189
- 9.7 おわりに ... 190
- ◆ 練習問題 ... 190

10章 測定値と単位の取り扱い

- 10.1 はじめに ... 193
- 10.2 精度の高い測定を行う ... 194
- 10.3 SI単位へ変換する ... 194
  - 10.3.1 SI単位系 ... 194
  - 10.3.2 大きい数や小さい数の取り扱い ... 195

CONTENTS

- 10.3.3 非SI単位系からの変換 196
  - 例題① 198 / 例題② 198
- 10.4 数値を組合わせて演算する 199
- 10.5 計算結果の答を表現する 200
- 10.6 3つのステップをすべて実行する 200
  - 例題③ 200
- 10.7 定数と公式 201
  - 例題④ 202
- 10.8 計算を使いこなす 202
  - 例題⑤ 202
- 10.9 対数，グラフとpH 203
  - 10.9.1 底10の対数 203
    - 例題⑥ 205
  - 10.9.2 自然対数 205
- ◆ 練習問題 206

◆ **練習問題解答** 209

付録

- 付録1：用語解説 242
- 付録2：参考文献 246
- 付録3：各種統計の表 247
  - 表S1 t 統計量に対する臨界値 247
  - 表S2 相関係数 r に対する臨界値 248
  - 表S3 χ^2 統計量に対する臨界値 249
  - 表S4 Wilcoxon T 統計量に対する臨界値 250
  - 表S5 Mann-Whitney U 統計量に対する臨界値 252
  - 表S6 Friedman χ^2 統計量に対する臨界値 253
  - 表S7 スピアマン順位相関係数 ρ に対する臨界値 254
- 付録4：Excelを使った統計学的データ処理 255

索 引 259

表紙裏：統計的検定を選ぶためのフローチャート

Statistical and Data Handling Skills in Biology, Second Edition

パソコンで簡単！
すぐできる生物統計
統計学の考え方から統計ソフトSPSSの使い方まで

統計学の世界へようこそ	**1**章
データの変動性をどう処理するか	**2**章
差があるかどうかを検定する： t 検定	**3**章
2つ以上のグループ間の 差に対する検定： 分散分析（ANOVA）	**4**章
データ間の関連の見分け方	**5**章
データをカテゴリーに分類して 処理する方法	**6**章
データの分布を見分ける方法	**7**章
不規則な分布のデータや順位の処理： ノンパラメトリック検定	**8**章
検定の選び方， 実験を立案する方法， および結果を表現する方法	**9**章
測定値と単位の取り扱い	**10**章
練習問題解答	
付録	

1章 統計学の世界へようこそ

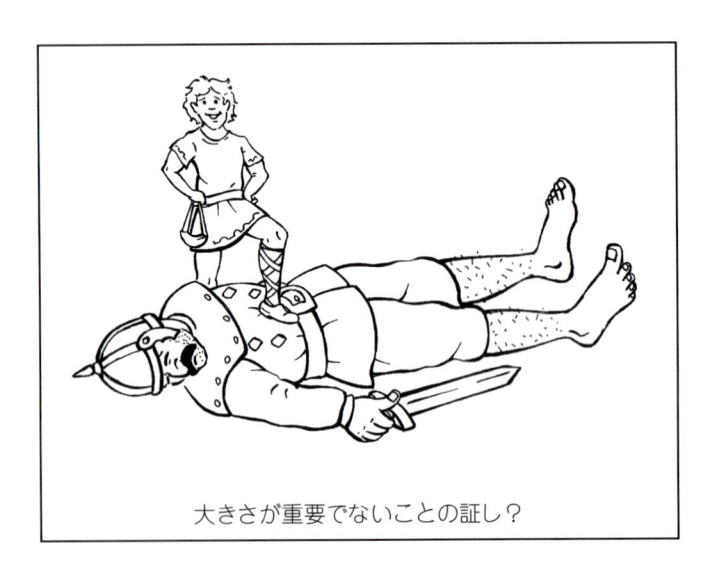

大きさが重要でないことの証し？

1.1 はじめに

　生物学を履修している学生は統計学を苦手にしている傾向がある．統計学は数学の一分野であり，通常，生物学者が最初から得意とするものではない．しかし，多くの生物学者は，生物学を勉強するにつれて，統計学の背後にある数学に対する恐怖心を捨て去るべきであると感じてくる．生物統計学に関するどんな本でもまず答えなければならない問いかけは，**なぜ，生物学者は統計学に悩まなければならないのか？** である．また，多くの学生は統計学の背後にある考え方は理解しづらいと感じている．それは，統計学者が，通常の科学的論理とは違った，ある意味で奇妙な逆転した考え方をするからである．それゆえ，この本でも，**なぜ，統計的論理はそれほど奇妙か？** という問いかけにも答えなければならない．

　最後に，学生は，しばしば統計学の本のサイズとその情報量の多さに不満を言うが，それはもっともなことである．これは，非常にたくさんの統計的検定があるからであるが，本書でも，**なぜ，それだけの異なる統計的検定があるか？** という問いかけに答える必要がある．

　本章を読めば，読者がこれらの問いかけに対する答えを得たり，考え方を理解する手助けを得たり，この本で意欲的に学習したくなるであろう．本章では，この本がどのような論理的構成で書かれてあるかについて紹介しているので，講義あ

るいは自習のときに，本書をどのように使用すれば良いかがわかるであろう．統計学についてより理解し，自信をもちたい場合，特に，実験結果の解析について理解したい場合は，9 章の 170 ページと，さらに，本書の表紙裏側に掲載している**統計的検定を選ぶためのフローチャート**をみるとよい．このチャートはあなたが必要とする統計的検定法を選ぶのに役立ち，後述するそれぞれの検定を行う方法がどの章に書かれているかがわかる．そのため，この本は，必要な時にはすぐ読めるように，研究室に常備するハンドブックとしても有用である．

1.2 なぜ，生物学者が統計を使用しなければならないのか？

なぜ，生物学者は，調査を実施したり実験を解析したりするときに統計を使用しなければならないか？ 例えば，物理学者が素粒子の質量を比較するときには，統計を必要としない．化学者が異なる酸の pH の値を比較するときには，統計を必要としない．または，エンジニアが異なる形の桁の強度を比較するときには，統計を必要としない．これらは，単一の観察を一般化できるものであるからだ．例えば，単一の中性子が単一の陽子より重い場合，それは他のすべての中性子と陽子にもあてはまる．

しかしながら，金髪と黒髪の女性の身長を比較する場合，1 人の金髪の女性と 1 人の黒髪の女性を比較して結論を出すことは明らかに愚かなことである．もしある金髪の女性の背が黒髪の女性より高い場合，この単一の観察から，金髪の女性が黒髪の女性より平均して背が高いかどうかについて，一般的に言うことはできない．男性と女性を比較する場合や，成長ホルモンを投与されたラットと投与されなかったラットを比較する場合などにおいても，同じようなことが言える．それはなぜだろうか？

答えはもちろん，すべてが同一の素粒子とは対照的に，ヒト（他の生物，器官，細胞も同様であるが）はすべてそれぞれ異なるからである．換言すれば，生物は**多様性（変動性）**を示すので，唯一の人，細胞，実験用に処置された生物が全体を代表するものではない．生物学者は数多くの仕事を試み，統計を使用することによって，多様性の問題を克服できるのである．

まずは，可能な限りの観察をすべてやりつくし，ある**標本**※を**反復**※して**観測**しなければならない．そうすることにより，**母集団**※全体の状況について，適切な**推定値**※を算定できる．例えば，金髪と黒髪の女性について 1 人ずつ測定するかわりに，それぞれほぼ 20 人ずつの女性について測定し，これらのデータから金髪と黒髪の 2 つのグループの平均身長を推定しなければならない．そうすれば，グループのうちの一方が平均してより高かったことが確実にわかるだろう（例えば，金髪の女性のほうがより高かったと）．金髪と黒髪の女性の間に本当に身長の差があるからそうなるのである．しかしながら，特定の人々を選んだことによってこの差が偶然に得られただけである可能性もある．こうした可能性を減らす

※**標本（サンプル）**
母集団から無作為抽出される部分集合で，そこから測定値が得られる．これらの測定値は母集団のパラメータ（母数）を推定するのに用いられる．

※**反復データ点**
個々のデータ点．

※**母集団**
この集団から測定値が得られるような，無限に大きな可能性をもった集団．母集団を特徴づけるパラメータ（母数）は，通常，標本のデータ点から推定されねばならない．

※**推定値**
母集団のパラメータ（母数）に対し，これを推定する値を標本データから算定した値．

ために，次の段階のプロセスを実行しなければならない．それは**統計的検定**（ここでの例の場合，2 標本 t 検定）を実行することであり，導かれた結果が偶然出現した確率を計算する．この確率が十分低い場合，偶然起こる可能性がほとんどないと判断できて，結果が**有意**であると結論できる．ここでの例の場合，金髪の女性が黒髪の女性より有意に背が高いと結論できるのである．

1.3 統計学の論理と仮説検定を理解しよう

　問題はすべて，統計学の論理が直観と逆転しているということに由来する．あなたが科学のテーマについて研究しているとき，通常は，興味深い何かが起こっているという仮説を設定する．例えば，金髪の女性は黒髪の女性より背が高いと仮定してから，この仮定を検証する．統計学の検定では，逆の論理を使う．つまり，そうした興味深いことは何も起こっていないという仮説，**帰無仮説**※を設定する．例えば，金髪と黒髪の女性は同じ平均身長であるとする仮説を設定してから，この帰無仮説が真であるかどうかについて検定を行う．統計的検定には，4 つの主なステップがある．

※**帰無仮説**
統計的仮説検定において，データが差を示していないとか，関連を示していないとかを前もって仮定すること．そのとき，統計的仮説検定では，そのような帰無仮説に適合するデータを偶然にとれる確率を算定する．

● ステップ 1：帰無仮説を設定する

　あなたが設定しなければならない帰無仮説として，普通の科学的な仮説の正反対のものをとる．つまり，差がない，または関連がないと設定する（例えば，金髪と黒髪の女性の場合の帰無仮説として，どちらも同じ身長であるという仮説を設定する）．

● ステップ 2：検定統計量を算定する

　算定する**検定統計量**は，標本の中に含まれる変動性（ばらつき）に対し，何らかの有効な結果（通常，グループ間の差や測定値の間の関連）の度合を吟味する．普通（例外もある），この度合が大きくなればなるほど，検定統計量の値もますます大きくなる．

● ステップ 3：有意確率を算定する

　検定統計量と標本のサイズがわかれば，帰無仮説が真実であるとした場合に，そうした測定値の結果が偶然得られる確率を算定できる．これは**有意確率**※として知られている．一般に，検定統計量と標本のサイズが大きくなればなるほど，有意確率はますます小さくなる．

※**有意確率**
帰無仮説が真であるとしたときに，ある 1 組の結果が得られる確率．

● ステップ 4：帰無仮説を棄却するかどうかを決定する

　最後のステップは，帰無仮説を棄却すべきかどうかを決定することである．慣例に従い，有意確率が 1/20（5％の確率，または 0.05）以下の場合に帰無仮説を棄却できると決められている（5％カットオフ）．有意確率が 5％を超える場合は，帰無仮説を棄却する証拠がないことになる．しかし，このことは帰無仮説を支持する証拠があることを意味するわけではない．

5％カットオフは，生物学者が実際に起こっていることについて見落とす可能性を減らすための，実は妥協の産物である．例えば，たとえ真の結果でなかったとしても，一見有意な結果を見出す可能性があって，その確率が1/20である．カットオフ点を，例えば1/100すなわち1％に下げれば，この類の見落としの過失をする（これは**第1種の誤差**※として知られている）可能性を減らすことができる．他方，カットオフ点を下げることにより，真の結果を見出すのに失敗する（これは**第2種の誤差**※として知られている）可能性は高くなる．

このような確率的な性質の結果のため，統計的検定を実行しても，実は何も決定的に証明することはできないのである．検定結果が有意であっても，そうではないかもしれない可能性がまだ残っている．同様に，ある選択した検定で有意でなかったとしても，その結果が真実であったかもしれない可能性がなおある．

※第1種の誤差
本当は母集団の間に差や関連がないにもかかわらず，有意な差や関連が検出されること．

※第2種の誤差
本当は母集団の間に差や関連があるにもかかわらず，有意な差や関連を検出するのに失敗すること．

1.4 なぜ，たくさんの統計的検定があるのか

統計的検定が生物学で必要であることを受け入れ，さらに統計学の逆転した論理に対処できたとしよう．それでも，たった1つのある統計的検定法を使うことによって，すべてのデータを解析できると期待するのは理にかなったことである．しかしながら，統計学の本には，しばしば多くのいろいろな検定法が掲載されている．なぜ，それほど多いのか？

それには，主に2つの理由がある．第1の理由は，物事を定量化するのに非常に多種多様な方法があって，その結果いろいろなタイプのデータが収集されるからである．そして，これらのデータは，いろいろ違った形で変動するからである．第2の理由は，収集したデータについて問いかけたいことが非常に多様だからである．

※データ
観測や実験を通じて得た結果としての観測値や測定値．これらの値は世の中の事象を考察するために使用される．

※測定値
ある数値で有意に表される1つの特性状態．

1.4.1 データ※のタイプ

● 測定値

生物の特性を定量化するために用いられる最もありふれた方法は，**測定値**※（例えば，身長，質量またはpHのようなもの）を得て，**区間データ**を作成することである．こうしたデータとして，例えば体重（21.23 kgや34.651 kg）のように連続的に変化する場合と，例えばショウジョウバエの毛の数（12本または18本）のように不連続的に変化する場合とがある．2章で解説しているように，これらの測定値の多くは**正規分布**※に従っている．いわゆる**パラメトリック検定**※と呼ばれる一連の検定がある（3～5章を参照）が，パラメトリック検定では正規分布に従う測定値を取り扱う．他方，多くの測定値は正規分布に従わない．この場合，データが正規分布に従うようになるまで**変換**しなければならないか（7章），またはそれが可能でないときは，データが正規分布に従わないことを仮定する別の一連の検定法，**ノンパラメトリック検定**※（8章）を使用して解析しなければならない．

※正規分布
多くの因子から影響を受けた測定値が従う，左右対称でベル形をした分布形態．

※パラメトリック検定
データが正規分布しているとしたときの統計的検定．

※ノンパラメトリック検定
データが正規分布していると仮定しないで，そのかわりに観測値の順位を利用する統計的検定．

※順位
データ点に付与した数の順序．

● 順位※

他の場合として，現実に意味のある実測値がなくて，測定値に順位をつけることだけが可能な場合がある．この**順位づけられたデータ**，すなわち**順序を示すデータ**には，雌鶏がつつく順番（例えば第1番目，第12番目）や，感染症の程度（例えば，なし，軽い，中ぐらい，重い），またはアンケート・データの結果（例えば，1 = 悪いから，5 = 非常に良いまで）などが含まれる．この種のデータは，8章で述べる**ノンパラメトリック検定**を使用して解析しなければならない．

● カテゴリーデータ

生物の特性には，いかなる方法でも定量化するのが不可能な場合があって，これらを単に異なる**カテゴリー**※に分類することのみが可能な場合がある．例えば，鳥が異なる種，異なる色により分類される場合や，人が健康であるか，病気にかかっているかの場合，細胞が変異体であるか，非変異体であるかの場合，などである．この種のデータを定量化する唯一の方法は，それぞれのカテゴリーが生じる**度数（頻度）**※を数えることである．この種のデータは通常，χ^2（カイ2乗）検定（6章）を使用して解析される．

※カテゴリー
1つのある数値で有意に表せない特性状態．

※度数（頻度）
ある特性状態が現れる回数．

1.4.2　問いかけのタイプ

統計的検定で調べたい問いかけには，主に，測定値の組の間に差があるだろうか？ 測定値の組の間に関連があるだろうか？の2つのタイプがある．

● 測定値の組の間の差に対する検定

2つのグループ間，または生物の種の間に**差**があるかどうか検定したいと考える状況はたくさんある．例えば，金髪と黒髪の女性の身長を比較する場合についてすでに述べた．より普通の状況として，実験を行う場合がある．実験用に処理された生物や細胞が，対照群と異なるかどうか知りたい場合である．または，1組のグループを対象にとられた2組の測定値を比較したい場合がある．例えば，人々がある治療を受ける前後を比較したい場合である．これらの問いかけに答えるための検定法は，3章と8章で説明している．いま一つは，いくつかの異なる種の生物（例えば，5つの異なる菌株）についてや，異なったタイプの処理を施されたもの（例えば，異なった濃度の窒素とリンで処理された小麦）について，互いに差があるかどうか知りたい場合がある．これらの問いかけに答える検定法は，4章と8章で述べている．最後に，異なるカテゴリーに分類される生物の度数が期待されるカテゴリーごとの度数と違うかどうかを決めたい場合がある．例えば，ラットが迷路において左の方へ向かうよりも右の方へより頻繁に向かう場合である．この種の問いかけに答える検定法は6章で解説している．

● 変数間の関連に対する検定

実行したいもう1つの検定は，生物や細胞の1つのグループを対象にして2つ

以上の測定値を得たとき，測定値がどのように**関連**しているかを調べることである．例えば，人の心拍数が血圧によってどう変化するか，体重が年齢とともにどう変化するか，または，ニューロン中のいろいろな陽イオンの濃度が相互にどう変化するかなどについて知りたい場合がある．この類の知識は，生物がどのように機能するのかを理解するのを手助けし，また，その生物に関することを予測できるようにもする．5 章では，測定値の間の関係を定量化して，見かけ上の関連が本当かどうかを知るために，どのように統計的検定法が利用されるかについて記述している．6 章では，カテゴリー化された形質，例えば，人の眼の色と毛髪の色とが関連しているかどうかをどのようにして決められるかについて述べる．

1.5　本書の使用法

1.4 節で述べた論理を発展させるとともに拡張し，**統計的検定を選ぶためのフローチャート**を作成した．これは，170 ページの図 9.1 と，本書の表紙裏に掲載してある．このチャートの最上部からスタートして，次々にそれぞれの問いに答えながら下に降りてゆくと，必要とする統計的検定法にたどり着くことができる．完全に包括したものではないが，チャートには実質的に，大学生が必要とするすべての検定法が含まれている．そして，多くの生物学の研究者にとっては，研究生活において使用するであろうすべての検定法が含まれている．このチャートを使用していただくことを前提として，本書を読んでいただくことで，以下の 6 つのことについて理解できるようになるだろう．

①いろいろな統計的検定法がそれぞれ答えることをできる問いかけの種類．
②本書では，例題を用意しながら，いつそれぞれの検定を使用すると有効かについて述べているので，ある特定の検定がどのような状況に対して適切であるかの範囲がわかる．
③基本的に各検定がどのように進められるかを述べているので，それぞれの検定の理論的根拠と数学的基礎がわかる．
④電卓，および/またはコンピュータベースの統計ソフト SPSS を使用することによって，それぞれの検定を実行する方法．
⑤あなたが提起したい問いかけに答えることができるよう，より良く実験を立案するにはどうしたらよいのか．
⑥統計的検定の結果を提示する方法．

しかしながら，まず変動性の原因を調べる必要があり，そして，この変動性がどのように取り扱われ，どのように定量化されるかを考察する必要がある．

2章 データの変動性をどう処理するか

『そうね，男性もいろいろね！』

2.1 はじめに

　生物学において，なぜ反復した調査や実験を行うなどの数多くの量の仕事をしなければならないのかは，**変動性**（多様性）の問題のためであることを，前の章で学んだ．本章では，どのように，そして，なぜ，ほとんどの生物学での測定値が変動するのか，そしてこの変動性がどのように定量化されるかについて述べる．さらに最後に，反復した測定から得られた結果を結合することによって，変動性があるにもかかわらず，どのようにして母集団に関して有用な定量的な情報を得ることができるかについて考察する．

2.2 データはなぜ変動するのか

　生物学的現象に関して測定値が変動する理由は，主に3つある．第1は，遺伝子構成の違いによって，個々の生物はそれぞれ違っているからである．大部分の連続的な数値をとる特性（例えば，身長，体重，代謝率または血液中の［Na^+］濃度など）は，個々の遺伝子の違いは小さな効果をもつにすぎないが，数多くの

遺伝子が影響を及ぼし合い，その特性の示す数値をわずかに増加したり減少したりするように作用するからである．第2の理由は，個々の環境要因は，第1の理由と同様に，小さな効果をもつにすぎないが，生物はそうした数多くの環境要因によって影響を受けて変異するからである．第3の理由は，実際の測定に際し，何らかの小さな誤差が生じるからである．

それでは，これらの要因が得られる測定値の**分布**※にどのように影響するのであろうか？ 最初に最も簡単に起こりうる系について考察してみよう．体長が1つの因子によって影響されるランダムに繁殖したラット集団を想像してみる．その因子は2つの状態をとり，半分は体長が20％増加する状態で，残りの半分は20％減少する状態にあるとしよう．そのときの体長の分布は，図2.1a に示されるようになる．その因子を作用させたラットのうち半分のラットの体長は平均体長の80％となり，半分の体長は平均体長の120％となる．

体長が2つの因子によって影響されるような，少し複雑な場合ではどうだろうか？ それぞれの因子は，半分は10％だけ体長が増加する状態にあり，残りの半

※**分布**
測定値や度数が変化するパターン．

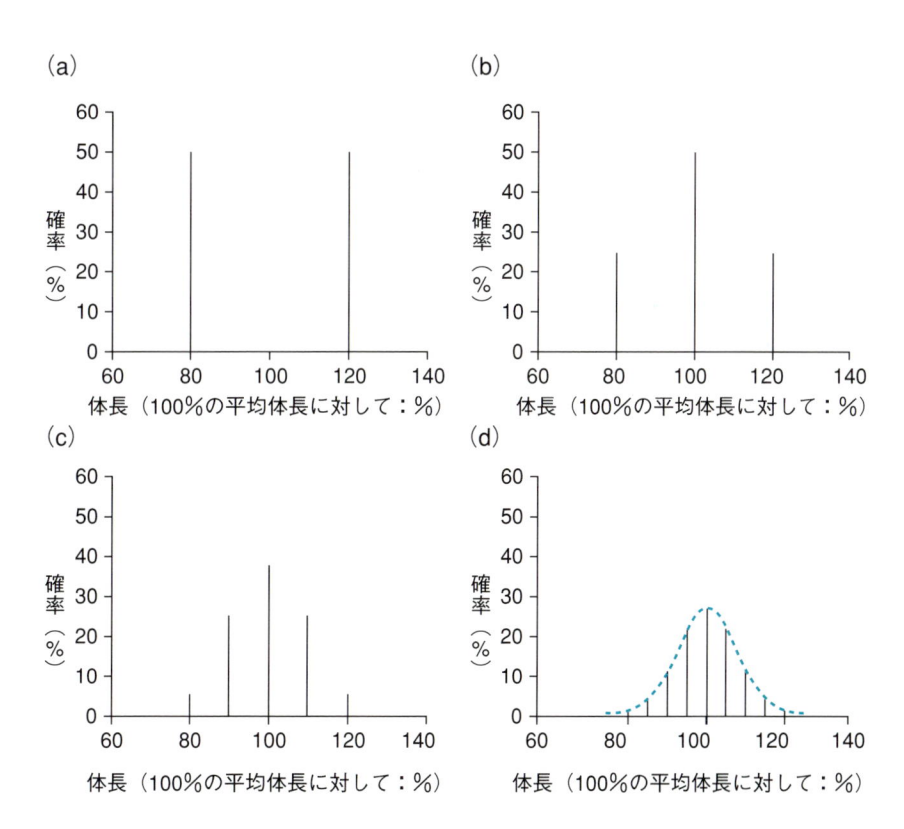

図2.1 ランダムに繁殖したラット集団における体長の分布

体長は多くの因子により調節される．各因子はそれぞれ，体長を低下させる状態をとる場合が50％，体長を長くする状態をとる場合が50％とする．（a）1因子，（b）2因子，（c）4因子，（d）8因子により，調節される場合．影響を及ぼす因子の数が増加するほど，ピークの数が増え，スムーズなカーブにしだいに近づく（破線はそのアウトライン）

分は 10 %だけ減少する状態にあるとする．因子には 4 つの可能な組合わせがある．2 つの因子がともに体長を増加する場合（こうして体長が平均値の 120 %になる）と両方が体長を減らす場合（こうして体長が平均値の 80 %になる）がある．これらの体長が長くなったり短くなったりする場合の確率はそれぞれ，$\frac{1}{2} \times \frac{1}{2} = \frac{1}{4}$ である．しかしそのほかに，全体としての体長が平均値をとる組合わせが 2 つある．第 1 の因子が体長を増加させ，第 2 の因子がそれを減少させる場合と，第 1 の因子が体長を減少させ，第 2 の因子がそれを増加させる場合とである．したがって，ラットの半分は，平均体長になる（図 2.1b）．

図 2.1c は，体長が 4 つの因子によって影響されるような，より複雑な場合の結果を示している．各因子はそれぞれ，半分が体長を 5 %増加する状態にあり，半分が体長を 5 %減少する状態にあるとする．この場合には，全部で 16 個の可能な因子の組合わせがあって，そのうち 4 つの因子のすべてが体長を長くする状態にある，またはすべてが短くする状態にある組合わせはそれぞれ，たった 1 つだけである．これらの組合わせの出現確率はそれぞれ，$\frac{1}{2} \times \frac{1}{2} \times \frac{1}{2} \times \frac{1}{2} = \frac{1}{16}$ となる．ラットが中間の値の体長になる場合はかなりある．なぜなら，3 つの因子が体長を長くする状態にあり，1 つの因子が短くする状態にある（あるいは，3 つの因子が短くする状態にあり，1 つの因子が長くする状態にある）と配置されるような場合には 4 つの組合わせが可能であるからである．また，2 つの因子が長くする状態にあり，2 つの因子が短くする状態にあると配置されるような場合には 6 つの組合わせが可能であるからである．中心のピークがその両脇よりもより高いことがわかる．8 つの因子がある場合，各因子による状態が体長を 2.5 %増減するので，この傾向はさらにより明瞭にみられ，そして，分布の形状はより明らかに盛り上がるようになる（図 2.1d）．結果として生じる分布は，**二項分布**[※]として知られている分布になる．

体長がますます多くの因子から影響を受ける場合，こうした傾向は続いていくだろう．体長が無限の因子から影響を受ける場合，この分布の形状はよりなめらかに変化する曲線となり，山高帽形の分布曲線（図 2.2）になるであろう．これ

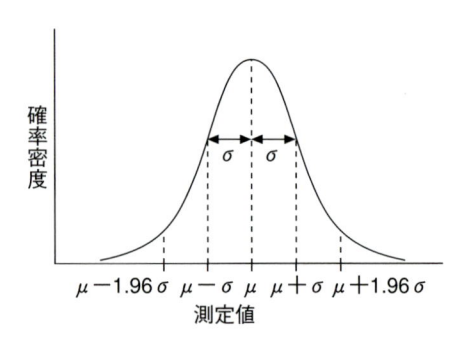

※**二項分布**
2 つのグループの中での標本度数が確率的に変化するパターン．

図 2.2　正規分布
　　ここでは，68 %の測定値は，母平均 μ から標準偏差 σ の範囲内に見出される．95 %は，母平均からの標準偏差 σ の 1.96 倍の範囲内に見出される

が，いわゆる**正規分布**（別名，Z 分布として知られている）である．無限個のラットを測定できる場合には，ほとんどの数のラットは平均値に近い体長をもち，そして，ラットの数は両側で平均値から遠ざかるにつれて次第に減少する．多くの生物学的特性は多数の遺伝子や環境要因によって影響されるので，多くの特性は多かれ少なかれ正規分布にほぼ従う．特性が正規分布に従うと仮定して，多くの統計量が計算されるとともに，多くの統計的検定が展開されてきた．

2.3 正規分布で用いられるパラメータ

測定値が正規分布に従うことがいったんわかると（すなわち，仮定すると），たった 2 つの数の**パラメータ**[※]だけを使用して，測定値の確率分布を記述できる．分布の中央の位置は**母平均**[※]μ によって記述され，これは分布のグラフの中心ピークに位置する．母平均は，測定値を平均した値であり，数学的にはすべてのラットの体長の合計をラットの総数で割ることによって得られ，

$$\mu = \frac{\sum x_i}{N} \tag{2.1}$$

と求められる．ここで x_i は各ラットの体長の測定値であり，N はラットの総数である．

分布の広がりは，**母標準偏差** σ によって記述される．これは中心ピークから分布曲線の変曲点（凸から凹に変化するところ）までの距離である．母標準偏差は，平均的に，測定値が母平均とどの程度違うかについての尺度となる．母標準偏差は以下の 2 段階を経て計算される．第 1 の段階は**母分散**[※]V を計算することで，これは母平均から各測定値までの距離の 2 乗についての平均値である．したがって，母分散 V はその 2 乗したものの総和の"偏差平方和"を測定値の総数で割ったものに等しく，

$$V = \frac{\sum(x_i - \mu)^2}{N} \tag{2.2}$$

と求められる．

母標準偏差[※]を計算するためには，この母分散 V の値の平方根をとることが必要である．よって，母標準偏差の値は母平均と同じ単位に戻すことになる．数学的には，母標準偏差 σ は

$$\sigma = \sqrt{\frac{\sum(x_i - \mu)^2}{N}} \tag{2.3}$$

の式で与えられる．

全体の測定値の 68.2％は母平均から母標準偏差の範囲内にあり，全測定値のうちの 95％は母平均から母標準偏差の 1.96 倍の範囲内にあり，99％は母平均から

※**パラメータ（母数）**
ある 1 つの母集団を記述したり，特徴づけたりする尺度で，例えば，平均値や標準偏差といったものがそうである．これらのパラメータは，通常，ギリシャ文字で表記される．

※**母平均（μ）**
母集団の平均値が母平均 μ で，この μ の推定値が標本平均値 $\bar{x}$ と呼ばれる．

※**母分散（V）**
データの変動性を表す尺度で，標準偏差の 2 乗の量である．

※**母標準偏差（σ）**
1 組の測定値の広がりを表す尺度で，各測定値について平均値からの差をとり，これらを 2 乗平均し，その平方根をとった量である．σ の推定値は標本標準偏差 s と呼ばれる．

母標準偏差の 2.58 倍の範囲内にあり，そして 99.9 % は母平均から母標準偏差の 3.29 倍の範囲内にあることがわかる．

例題①

成体ネコが，3.52 kg の平均体重，0.65 Kg の標準偏差をもつとする．ネコの 95 % が含まれる体重の上限と下限は，何 kg か？

解答

95 % のネコは，3.52 kg を中心に（1.96 × 0.65）＝1.27 kg の幅の中にある．したがって，95 % は，2.25 kg ～ 4.79 kg の体重の間に含まれる．

2.4　母平均と母標準偏差を推定する

母平均と母標準偏差が正確にわかった母集団について言うことができれば，理想的である．しかしながら，現実にはいかなる母集団についても，正確な母平均と母標準偏差を見出すことは，実質的に不可能である．これらを求めるためには，母集団のすべてのメンバーについて測定しなければならないからである．

唯一現実にできることは，対処可能な個数の**標本**をとり，そこから得られる測定結果を利用して，母平均と母標準偏差を**推定**することである．これらの推定する量は，**統計量**※ として知られている．**母平均 μ の推定値**を求めることは，非常に容易なことである．その推定値は，単に標本についての平均値，すなわち標本平均の値 $\bar{x}$ である．これは母平均と同様にして求められる．例えば，それは単に標本中のすべてのラットの体長の合計を測定したラットの総数で割ったものである．数学的には，これは

※**統計量**
無作為抽出（ランダムサンプリング）することによって求められる，パラメータ（母数）に対する推定量．統計量はラテン文字で表記される．

$$\bar{x} = \frac{\sum x_i}{N} \qquad (2.4)$$

の式で求められる．ここで，x_i は標本中の測定値の各ラットの体長の値で，N は標本中のラットの総数である．

母標準偏差 σ の推定値（これは s または σ_{N-1} と表記される）は，式 2.3 とは少し違った式で求められる．偏差平方和を N で割って得られる分散よりはむしろ，$(N－1)$ で割って得られる不偏分散の平方根として推定値 s が

$$s = \sigma_{N-1} = \sqrt{\frac{\sum(x_i - \bar{x})^2}{N-1}} \qquad (2.5)$$

の式で求められる．

ここで $(N－1)$ が使用されるのは，この表式が母標準偏差の不偏な推定値を与えるからである．一方，N を使用することは，それを過小評価する傾向をもた

らす．そうなる理由を知るために，たった1つの測定値だけの場合を考えると，おそらく最もわかりやすい．推定された平均値 $\bar{x}$ が必然的にその1つの測定値自身に等しいので，N を使用して計算された標準偏差は0である．同様に，もし2つの測定値がある場合，推定された平均値はちょうどこれらの測定値間の中点になるよう限定される．ところが，本当の母平均は，たぶんそうならないだろう．こうして，N を使用して計算された分散（各測定値の点から平均値までの距離の2乗から求められる），およびこの分散の平方根である標準偏差はたぶん過小評価されるだろう．

$(N-1)$ の量は，標本の**自由度**※の数として知られている．自由度の概念が本書の全体を通じて繰り返されるので，それが意味するものを理解しておくことが重要である．N 個の観測値から成る標本において，各観測値はどんな値でもとることができる．しかしながら，もし標本平均値を算定するためにこれらの測定値を使用するとすれば，最後の測定値のデータ点が取りうる値を限定することになる．例えば，2つの測定値から成る標本について，平均値が17であるとし，第1の測定値が 17 + 3 = 20 であるとした場合，もう1つの測定値は 17 − 3 = 14 でなければならない．このように，第1の測定値が求められると，自動的に第2の測定値も決まってしまうので，自由度の値は1つしかない．同様に，N 個の標本についての平均値を算定する場合，最後の測定値がとる値を限定してしまう．それゆえ，$(N-1)$ だけの自由度があることになる．

手計算で標準偏差を算定するのは時間がかかるが，今日では，幸いにもそれに悩む必要はない．母平均や母標準偏差の推定値は，コンピュータ統計ソフトを使用したり，または科学用電卓を使って，直ちに計算できる．やるべきことは，データ値を入力し，平均値に対しては $\bar{x}$ のボタンを押し，標準偏差に対しては s，σ_{n-1} または $x_{\sigma n-1}$ のボタンを押すだけでよい．ただし，σ_n や $x_{\sigma n}$ のボタンを使用してはいけない．このボタンは式 2.5 に対応したものではなく，式 2.3 に対応したものであるからである．

※**自由度（DF）**
パラメトリック統計において用いられる，標本を調べて得られる情報量に基づいた概念．自由度の数は，一般に，観測値の総数から，標本から推定するパラメータの個数を引き算した値である．

例題②

アフリカの単一の保留地に生息する16匹の雄ゾウの体重（トン）の標本データは，以下の通りだった．

| 4.6, | 5.0, | 4.7, | 4.3, | 4.6, | 4.9, | 4.5, | 4.6, |
| 4.8, | 4.5, | 5.2, | 4.5, | 4.9, | 4.6, | 4.7, | 4.8 |

電卓を使用して，母平均と母標準偏差を推定せよ．

解答

母平均に対する推定値の平均値は 4.70 トンである．母標準偏差の推定値の標準偏差は 0.2251 トンであって，小数点以下2桁までに四捨五入され 0.23 トンとなる．

注：かなり多くの数値を組合わせて計算されるので，両方の数値は，元のデータ値よりも1桁上の精度で与えられている．

2.5 標本の変動性と中心極限定理

標本から母平均と母標準偏差の推定値を求めることは，比較的容易なことである．しかし，残念なことに，求めた母平均の推定値 $\overline{x}$ は，母集団の真の母平均 μ に正確に等しいことはないだろう．前述のゾウ調査において，期待したものよりも軽いゾウまたは重いゾウを偶然に含めたのかもしれない．その集団が変動するように，推定値自体もまさに変動するのである．しかしながら，標本の大きさが増加するにつれて，小さい方の値と大きい方の値は，ますます消えていく傾向にある．そして母平均の推定値は，真の母平均にますます近づく傾向にある（および母標準偏差の推定値は，母標準偏差にますます近づくようになる）．後述する例題③の雄ゾウの結果について取り上げてみよう．図 2.3a は，体重の平均値を観測値の数に関して累積的に示した累積平均値である．この累積平均値のゆらぎがどのようにますます小さくなってゆくか，そしてそのゆらぎの線がどのように平らになってゆくかに注目するとよい．図 2.3b は，そのときの累積標準偏差を示す．これもまた，平らになる傾向にある．標本の大きさが大きくなるほど，標本平均値が母平均に収束し，標本標準偏差が母標準偏差に収束するまで，ゆらぎはますます小さくなることが期待される．こうした収束がどれくらいの速さで起こるかを実際に算出できる．そして，標本の大きさがわかったときに，標本の平均値がどれくらい変動可能なのかを算出できる．また，実際の標本平均値が見出されるであろう範囲も求められる．

2.5.1 既知の母集団からの標本についての変動性

もし母平均 μ と母標準偏差 σ のわかっている母集団から無限個から成る標本を取り出せるなら，そのときの標本平均値 $\overline{x}$ はそれ自身，母平均 μ に等しい平均値をもち，正規分布するであろう（この結果は**中心極限定理**として知られている：図 2.4）．しかしながら，その標本平均値の広がりは非常に狭くなる．なぜなら，各標本において高い値の測定値と低い値の測定値が互いに相殺する傾向にあり，特に大きな個数の標本ではこの傾向が強いからである．標本平均値の**標準誤差（SE）**[※]は，標本平均値を平均したときに母平均とどれくらい違うかを示す尺度である．標準誤差は，ちょうど標準偏差と同様，分布の中央値から正規曲線の変曲点までの距離である（図 2.4）．標準誤差は，

$$\mathrm{SE} = \frac{\sigma}{\sqrt{N}} \quad (2.6)$$

の式で与えられる．ここで，σ は母標準偏差，N は標本中の観測値の総数である．標本の大きさが大きくなればなるほど，標準誤差はますます小さくなることに注意しよう．2.3 節の母標準偏差のところで述べたように，標本の 95 ％は母集団の標準誤差の 1.96 倍の範囲内に平均値をもち，99 ％は母集団の標準誤差の 2.58 倍の範囲内に平均値をもつ．そして，99.9 ％は標準誤差の 3.29 倍の範囲内に平均値

※標準誤差（SE）
標本平均値の広がりを表す尺度で，これら標本平均値が真の母平均からどれだけ違っているかを表す量である．標準誤差は，標準偏差を標本の大きさの平方根で割った量である．標準誤差 SE の推定値は $\overline{\mathrm{SE}}$ と呼ばれる．

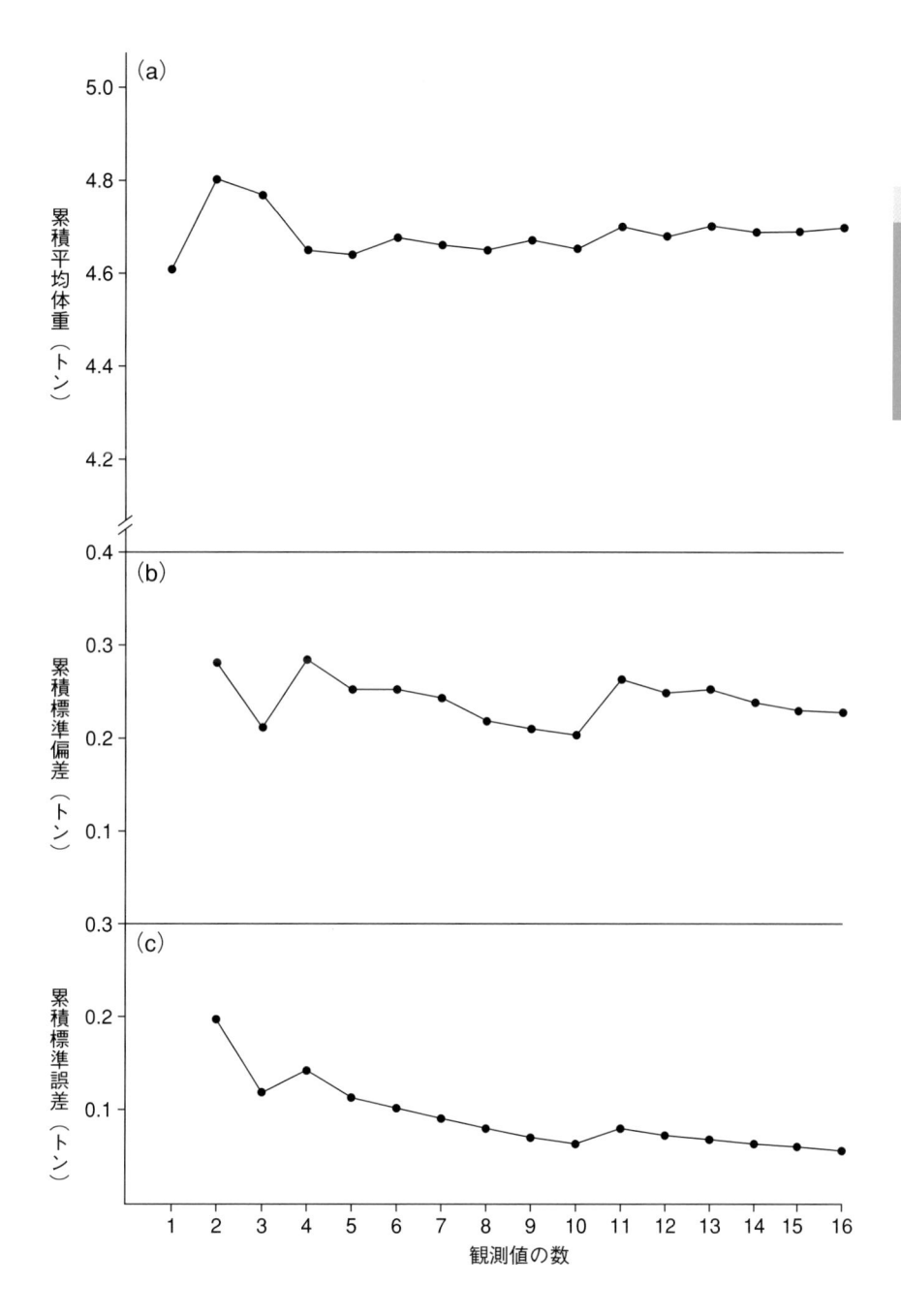

図 2.3 標本の大きさの効果
例題②の雄ゾウの体重の（a）累積平均値，（b）累積標準偏差と（c）累積標準誤差について，観測値の数が異なる場合における変化．平均値と標準偏差が，標本の大きさが増加するにつれて，平らになってゆき，母集団のパラメータのより良い推定値が得られることに注意しよう．その結果として，平均値の変動性を表す尺度である標準誤差（c）は低下していく

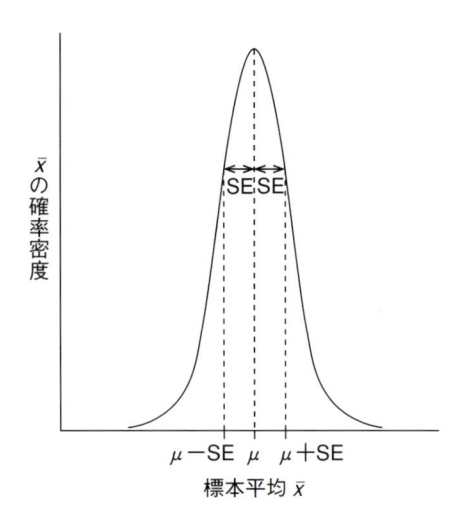

図 2.4　標本平均値の分布
標本平均値 $\bar{x}$ は，母平均 μ と標準誤差 SE をもった正規分布に従う．このときの正規分布は，標本中における高い値のデータ点と低い値のデータ点が互いに相殺する傾向があるので，個々の測定値のデータ点に対する正規分布（図 2.2）よりもより狭ばまった分布になる

をもつ．これらの範囲は，95 %，99 % と 99.9 % の**信頼区間**と呼ばれている．

2.5.2　母平均の推定値についての変動性 — 標準誤差

もしある 1 つの標本だけをとり，その標本平均値 $\bar{x}$ を計算して，例題②のゾウの場合と同様に，この平均値についての変動性を計算しようとすると次の問題が生じる．母標準偏差 σ の値を正確に知らず，ただ単にその推定値の標準偏差 s のみを知っているだけだから，式 2.6 を使用できない．できることは，**標準誤差の推定値**を以下の式 2.7 で計算することである．

$$\overline{SE} = \frac{s}{\sqrt{N}} \tag{2.7}$$

標本の大きさが大きくなればなるほど，$\overline{SE}$ の値はますます小さくなることに注意しよう．

標準誤差は非常に重要な統計量である．なぜなら，それは，母平均の推定値がどれほど変動するかを示す尺度を意味するからである．

2.6　母平均に対する信頼限界

※ **t 分布**
正規分布した母集団の標本平均値が変化する様子を表す確率分布のパターン．

標準誤差は単に推定されるだけなので，その推定値 $\overline{SE}$ は図 2.4 に示された正規分布よりもより広がった分布に従う．すなわち，**t 分布**※（図 2.5）として知られている分布に従う．t 分布の形状は，自由度の数に依存する．この形状は，自由度の数が増加する（ほど，標準偏差の推定値がより正確になる）につれて，次

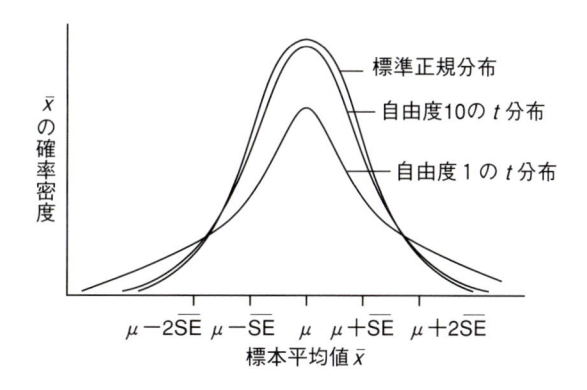

図 2.5　正規分布と t 分布
自由度 1，自由度 10，そして無限自由度の標本から計算された，標準誤差の推定値 SE に対して，標本平均値 $\bar{x}$ がとる確率分布．無限自由度のときの分布は正規分布に等しい．しかしながら，標本の大きさが減少する（自由度が減少）につれて，標準誤差の推定値についての信頼性がより低くなるので，その分布はより広がるようになる

※ **信頼限界**
パラメータに対する推定値が，ある限定された範囲に出現することが見込まれるときの範囲を決める限界．通常，95 % の信頼限界がよく用いられるが，99 % や 99.9 % の信頼限界もまた用いられる．その上限界と下限界の間にある値をとる範囲は，信頼区間と呼ばれる．

※ **臨界値**
検定統計量について表にまとめられた値で，その算定された検定統計量の絶対値が，適切に求められた臨界値より大きいか，または等しいときに，帰無仮説は棄却されねばならない．

第に正規分布の形状により近づいていく．

前述の t 分布の振る舞いを知ることにより，母平均 μ に対する**信頼限界**※の算定が，付録 3 の表 S1 に与えられた t 統計量の**臨界値**※を使用することによって，容易に実行される．t 統計量の臨界値を示す臨界 t 値 $t_{(N-1)}$ (5 %) は，母平均の推定値 $\bar{x}$ からどれだけ離れているかを，標準誤差 $\overline{SE}$ の倍数の範囲として表すものであり，母平均 μ が 100 回のうち 95 回の割合で見出される範囲を意味する．95 % 信頼限界は，95 % 信頼区間すなわち 95 % CI を規定する．これは，次のような式 2.8 で表わされる．

$$95\% \text{ CI （母平均）} = \text{標本平均} \bar{x} \pm [t_{(N-1)}(5\%) \times \overline{SE}] \tag{2.8}$$

ここで $(N-1)$ は自由度の数である．95 % 信頼区間を使用することが最も多いが，式 2.8 において，臨界 t 値をそれぞれ 1 % と 0.1 % に置き換えることによって，母平均に対する 99 % と 99.9 % の信頼区間を求めることも可能である．

標本の大きさ N がより大きくなればなるほど，信頼区間はますます狭くなることに注意しよう．これは，N が増加すると，標準誤差 $\overline{SE}$ がより小さくなるだけでなく，臨界 t 値も小さくなるからである．標本の大きさを 4 倍にすると，信頼区間の上限界と下限界の間の距離は半分以下に減る．

例題②で与えられた雄ゾウについての結果について考えてみよう．図 2.3c は，体重の標準誤差を示す．標本の大きさが増加するにつれて，標準誤差がどのように低下するかがわかる．図 2.6 は，ゾウの体重に対する累積 95 % 信頼区間を示したものである．上限界と下限界の間の信頼区間の間隔が急速に狭まり，特に初めのうち急激であることがわかる．標本の大きさがより大きくなればなるほど，母平均についての信頼がより増すことがわかる．

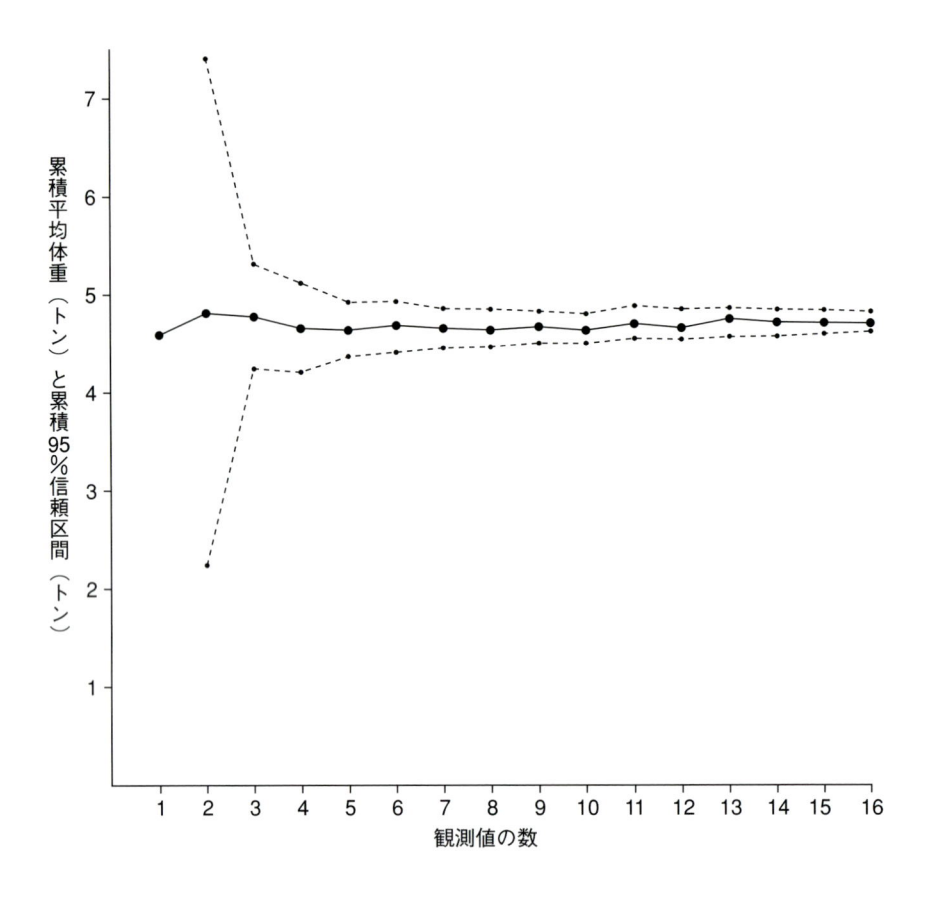

図 2.6 例題②の雄ゾウの体重の場合で，観測値の数がいろいろ変わるときに，標本平均値と 95 %信頼区間が変化していく様子
標本の大きさが増大するにつれて，95 %信頼区間が急速に縮まっていくことに注意しよう

例題③

16 匹の雄ゾウの調査により，その母平均体重の推定値 4.70 トンと標準偏差の推定値 0.2251 トンを得た．母平均体重について 95 %と 99 %の信頼限界を算定せよ．

解答

標準誤差の推定値は，$\widehat{SE} = 0.2251/\sqrt{16} = 0.0563$ トンであり，小数点以下 3 桁までに四捨五入して 0.056 トンである．標準誤差は，平均値や標準偏差よりも 1 つ多くの小数点以下の桁数をとることに注意しよう．95 %信頼限界を算定するために，付録 3 の表 S1 から自由度 15（= 16 − 1）に対応する臨界 t 値を参照すると，t_{15}（5 %）= 2.131 と求められる．したがって，母平均の 95 %信頼限界は，4.70 ±（2.131 × 0.0563）= 4.70 ± 0.12 となり，4.58 トンと 4.82 トンである．それゆえ，100 回のうちで 95 回に母平均がそこにありえる範囲は，4.58 トン〜4.82 トンの間であることになる．

> 同様に，t_{15}（1％）= 2.947．したがって，母平均の99％信頼限界は，4.70 ± (2.947 × 0.0563) = 4.70 ± 0.16となり，4.54トンと4.86トンである．それゆえ，100回のうちで99回に母平均がそこにあり得る範囲は，4.54トン〜4.86トンの間である．

2.7　記述統計量の算定

※**記述統計量**
1組の測定値を通じて得られるデータの分布を要約する統計量．

　ある標本の平均値，標準偏差，平均値の標準誤差，そして95％信頼限界を容易に算定することができることがわかった．これらの量をひとまとめにしたものはその標本について知りうることを要約しているので，それらの量は**記述統計量**※と呼ばれている．記述統計量を算定することは，調査や実験の結果を知るうえで，最初の最も重要なステップである．記述統計量を可能な限り早く算定して，それらが意味することを理解するようにすべきである．

2.8　統計ソフトSPSSの使用

　今日では通常，自分自身で統計計算を実行する必要はない．多くのコンピュータ・ベースの統計ソフト，例えばSPSS，MINITAB，SAS，SYSTATまたはExcelの中から，どれか1つ選んで使用できるようになっている．単に直接，コンピュータソフトの中の表計算シートにデータとして得られた結果を入力し，コンピュータに計算させるだけである．統計ソフトを使用することには，2つの利点がある．①コンピュータはそのソフトの下で手早く計算を実行する．②将来の分析のためにその出力結果を保存できる．

　本書では，最もよく用いられている統計ソフトのうちの1つ，SPSS（Statistics Package for the Social Sciences）を用いて，統計的検定を実行する方法について考察する．SPSSによる統計計算のやり方は，その他のほどんどの統計ソフトと全く同様に進められる．異なった標本からのデータをそれぞれ，表計算シートの別々の縦欄に入力する．それから，統計ソフトのコマンド画面から個々の縦欄について検定を走らせることができる．以下に，SPSSでのやり方を簡潔に紹介しておこう（訳者注：巻末の付録4でExcelを用いる場合の方法についても簡単に解説している．また英語版において，Edit, option, lauguage, Japaneseと選択すると日本語表記に変換できる）．

2.9　SPSSによる統計計算の進め方

　SPSSは社会科学者のために設計されたので，多少扱いづらい点がある．SPSS

では，いくつかの数の**ケース**（通常，各ケースは人々を指す）について，多くのデータを入力するようにしている．そうすることで，広範囲に及ぶ因子がどのようにこれらの人々の特性に影響を及ぼすのか（例えば，性別が人々の収入にどのように影響を及ぼすかなど），そして，これらの特性が相互にどのように関連しているか（例えば，より裕福な人々はより健康であるという傾向があるかなど）について知ることができる．

データを，表計算シートに（幾分，Excel の表計算シートに似ている）入力する．しかしながら，SPSS では，各行ごとに特定の人（生物学においては，反復して導かれるものの中の特定の1つで，例えば1つの植物や1つの細胞など）を表わすので，人や生物の2つの異なったグループについてのデータを異なった縦欄に入力することはできず，こうしたデータを分析するのに SPSS をそのまま使うことはできない．こうしたデータは，もう1つ別の縦欄を用意して，異なったグループのメンバーとして特定せねばならない．表計算シートにおいては，数値だけの使用が許されているので，異なったグループは**添字**を用いて特定せねばならない．以下の例では，8人の身長，体重と性別を示している．ここで，性別は別の縦欄の1つの中で添字1と2として与えられ，それぞれ女性と男性を示す．

データを**データエディタ画面**に入力（**画面1**）すると，マウスを用いて，プルダウンメニューからやるべき統計的検定を選択したり，グラフのプロットを選択したりすることができる．実行結果が，**出力画面**に出力される．本書ではさまざまな統計処置法を紹介しているが，以下に，SPSS で処理を実行するやり方を説明する．

画面1

2.10 SPSSにおけるデータの入力と編集

　SPSSでの画面は，主に2つのゾーンに分割される．1つは検定結果を出力する**出力画面**のゾーンで，もう1つはデータを入力する**データエディタ画面**のゾーンである．このデータエディタ画面は2つに分割されていて，1つは入力したデータが実際に存在するデータビュー画面（画面2）で，もう1つはデータに関する情報を提供する変数ビュー画面（画面3）である．データビュー画面は，プログラムを立ち上げたときに出る画面である．この画面は，最上部に沿って並ぶ縦欄と，下側に向かって1～1000の行とをもった（Excelと同様），データが格子状に並ぶ表形式である．コンピュータの矢印キーやマウスを使用して，この表形式の中を動き回ることができる．いったん，目的地に至れば，データ値を数字キーで入力できる．

例　雄ゾウに関するデータを入力する

　データは縦欄1（VAR00001）に入力する．左端の一番上の行のスペースにカーソルを置いて「4.6」と打ち込んで入力する．カーソルの矢印を下へ移動し，この下の行に「5.0」と入力する．以下，同様に入力していく．打ち込みを間違っても，それらの上に正しい数字を上書きすることによって簡単に訂正できる．Excelと同様に，一まとまりの数字を選択して，クリアでそれらを取り消したり，コピー&ペーストでそれらを移動したりすることができる．以下の画面2のような画面が表示される．

画面2

◎縦欄に名前をつける

この操作は，画面の左下の［変数ビュー］タブをクリックすることによってできる．ここで入力したデータについての情報を告げ，次の画面3のような画面が表示される．

画面3

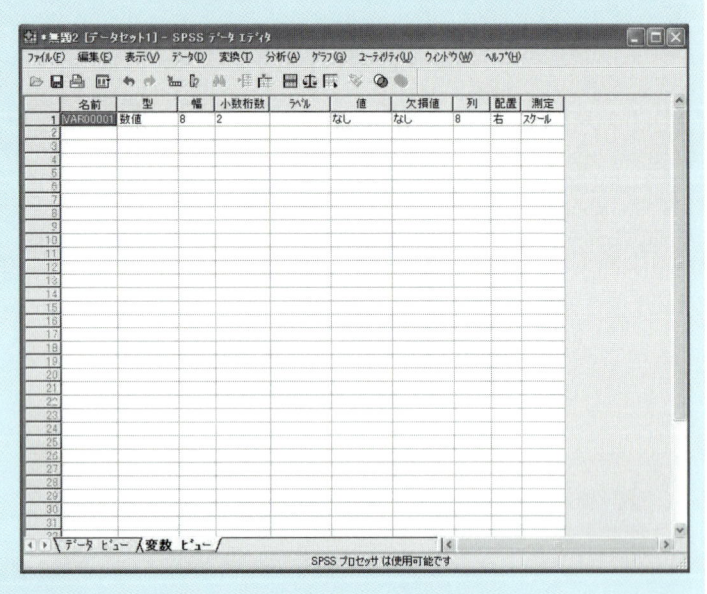

縦欄に名前をつけるため，［名前］ボックスにその名前を打ち込む．また，より桁数の長い数値を入力できるように，（幅ボックスの中で）縦欄の幅を変えたり，［小数桁数］ボックスを変更することによって，SPSSがデータを表示するときの小数点以下の桁数を変えたりすることができる．データに戻るには，左下の［データビュー］タブをクリックすればよい．

2.11　SPSSを使って記述統計量を算定する

　　SPSSは，注目する変数の**平均値，標準偏差，標準誤差，分散**と**95％信頼限界**を，迅速かつ容易に入手できるようにしている（他のあまり使わない情報も一緒に出力されるが）．

　まず，メニューバーから［分析］メニューをクリックする．そこから，［記述統計］バー上に移動し，［探索的分析］をクリックする．これにより，［探索的分析］ダイアログのウインドウ（画面4）が立ち上がる．

　［従属変数:］ボックスに調べたい縦欄を入力しなければならない．この例の場合では，左側のボックスの中の「雄ゾウ」をクリックし，［従属変数:］ボックスを指す矢印の上をクリックする．［表示］ボックスで［統計］をクリックする．完成したボックスを画面5に示す．

　最後に，［OK］をクリックして，計算を実行する．SPSSでは，以下の結果が得られる（次ページ表）．

画面4

画面5

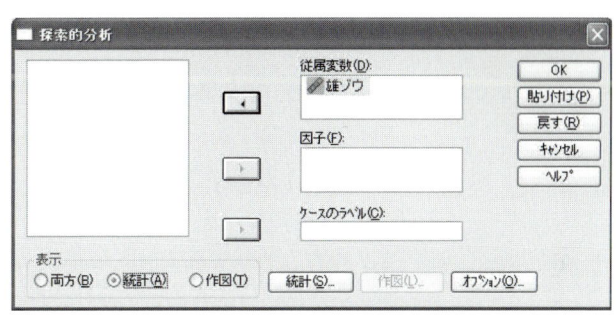

【探索的分析】訳注)

処理したケースの要約

	ケース					
	有効		欠損値		合計	
	度数	パーセント	度数	パーセント	度数	パーセント
雄ゾウ	16	100.0%	0	.0%	16	100.0%

記述統計

		統計量	標準誤差
雄ゾウ	平均値	4.7000	.05627
	平均値の95%信頼区間 下限	4.5801	
	上限	4.8199	
	5%トリム平均	4.6944	
	中央値	4.6500	
	分散	.051	
	標準偏差	.22509	
	最小値	4.30	
	最大値	5.20	
	範囲	.90	
	4分位範囲	.35	
	歪度	.521	.564
	尖度	.359	1.091

訳注）SPSSの出力画面では［探索的］とのみ表示されるが，本書ではわかりやすくするため探索的分析と表記した．

第1の表は，あまり役立たない．役立つ情報が得られるのは，第2の表である．特に**平均値，標準偏差，標準誤差**と**平均値の 95％信頼区間**に注目しよう．SPSS では，いくつかの項目があまりにも高い精度で表示されることに注意しよう．コンピュータの出力画面から，何も考えずに結果をコピーしてはいけない！

2.12　複数のグループからのデータを入力し吟味する

2.9 節で述べたように，SPSS では，2 つ以上のグループの人々，あるいは 2 組以上の生物についてのデータをすべて同じ列の縦欄に入力することを想定している．というのは，各行が個々の観測値を表すからである．グループの違いは，2 番目の**添字**の縦欄によって識別せねばならない．例えば，16 匹の雌ゾウの体重を 16 匹の雄ゾウと同じように計測し，2 つのグループの平均体重を比較したい場合，全 32 匹のゾウの体重を 1 番目の縦欄に入力しなければならない．この縦欄自体が何を意味するかわかるように命名し，「体重」と呼ぶ．続いて，それぞれのゾウの性別を結びつけるための 2 番目の縦欄として「性」を作成すべきである．残念なことだが，SPSS では数値しか使用できないので，「雄」または「雌」といったものをこの縦欄に入力することはできない．通常，自然数の添字を使用すればよい．ここでは，男性を 1，女性を 2 として，以下のデータシートが作成された（画面 6）．

画面 6

	体重	性
1	4.60	1.00
2	5.00	1.00
3	4.70	1.00
4	4.30	1.00
5	4.60	1.00
6	4.90	1.00
7	4.50	1.00
8	4.60	1.00
9	4.80	1.00
10	4.50	1.00
11	5.20	1.00
12	4.50	1.00
13	4.90	1.00
14	4.60	1.00
15	4.70	1.00
16	4.80	1.00
17	4.30	2.00
18	4.60	2.00
19	4.50	2.00
20	4.40	2.00
21	4.70	2.00
22	4.10	2.00
23	4.50	2.00
24	4.40	2.00
25	4.20	2.00
26	4.30	2.00
27	4.50	2.00
28	4.40	2.00
29	4.50	2.00
30	4.40	2.00
31	4.30	2.00
32	4.30	2.00

幸いにも，SPSSでは添字の1と2が何を意味するか識別できるようになっている．データエディタ画面下の［変数ビュー］タブをクリックし，「性」の縦欄に対する［値］ボックスをクリックする．ボックス右側の3つのドット（･･･）をクリックすると，［値ラベル］ダイアログボックスが立ち上がる．［値:］ボックスに1を入力し，［値ラベル:］ボックスの中でこの1に相当する名前を，例えば「雄ゾウ」と命名する．その［値ラベル］ダイアログボックスを画面7に示す．

画面7

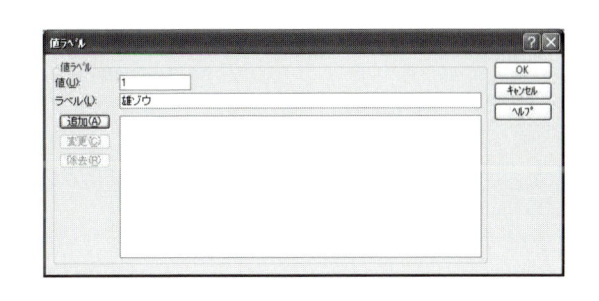

　これを入力した後，［追加］をクリックする．続いて，雌に対しても同じことを行い，2を入力し「雌ゾウ」と命名してから，［追加］をクリックする．完成されたダイアログボックスを画面8に示す．

画面8

　最後に，［OK］をクリックすると，そうした情報が以下のように［変数ビュー］の表に入力される（画面9）．

画面9

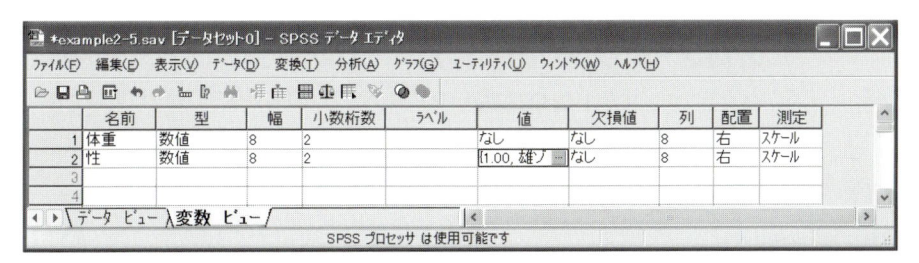

　データを入力できたら，［探索的分析］コマンドを使用して，2つの性の体重をみることができる．前と同様な操作で，「体重」を［従属変数:］ボックスへ移すが，「性」の縦欄は［因子:］ボックスへ移す．すると，画面10のダイアログボックス（次ページ）がもたらされる．
　最後に，［OK］をクリックして計算を実行する．SPSSは，2つの異なった性

に対してそれぞれ，別々の組の結果を出力する．

画面 10

2.13 記述統計量の表し方

2.13.1 文書または表での表し方

記述統計量を得ることができたならば，報告書などにおいてそれらを正しい方法で表現する必要がある．それには2つの主な表現法がある．最も簡単な表現法は，文書または表にそれらを書く際，平均値とそれに伴って標準偏差か標準誤差を括弧の中に書き込んで，例えば $\overline{x}$ (s) または $\overline{x}$ ($\overline{SE}$) のように書くことである．標準偏差を提示しているのか，標準誤差を提示しているのかどうかを明記しなければならないと同時に，標本中に含まれる観測値の個数を提示しなければならない．そうすることにより，読者はそれ以外の統計量を算定できるからである．95％信頼区間は，$\overline{x} \pm (t_{(N-1)}(5\%) \times \overline{SE})$ と求められる．例えば，ゾウの例では，下記のようになる．

平均値と標準偏差　＝ 4.70（0.22）トン（$n = 16$）
平均値と標準誤差　＝ 4.70（0.056）トン（$n = 16$）
95％信頼区間　　　＝ 4.70 ± 0.12 トン（$n = 16$）

2.13.2 グラフでの表し方

もう1つの表現法は，点グラフや棒グラフ（図 2.7）でデータを表現する方法である．平均値は，グラフの中心に位置する点，すなわち棒の頂点に位置する．それに**誤差バー**※がつけられる．誤差バーは，平均値から，標準偏差か標準誤差のどちらかに等しい長さのバーとして上下に描かれる．最後に，これらのバーの両端をつなぐ線分が描かれる．なお，表題または図の説明文において，誤差の尺度にどちらを使用しているか明示しなければならない．

※**誤差バー（エラーバー）**
グラフ上で平均値から上下に向かって描かれたバーで，標準偏差か標準誤差の誤差バーを表すことができる．

標準偏差と標準誤差のどちらの誤差バーを選択するかは，結果について強調したいことに依存する．どれくらいの**変動性**（ばらつき）があるかを示したいときは，標準偏差を選ばなければならない（図 2.7a）．一方，あなたが平均値につい

(a) 収量 草A 草B (b) 収量 草A 草B

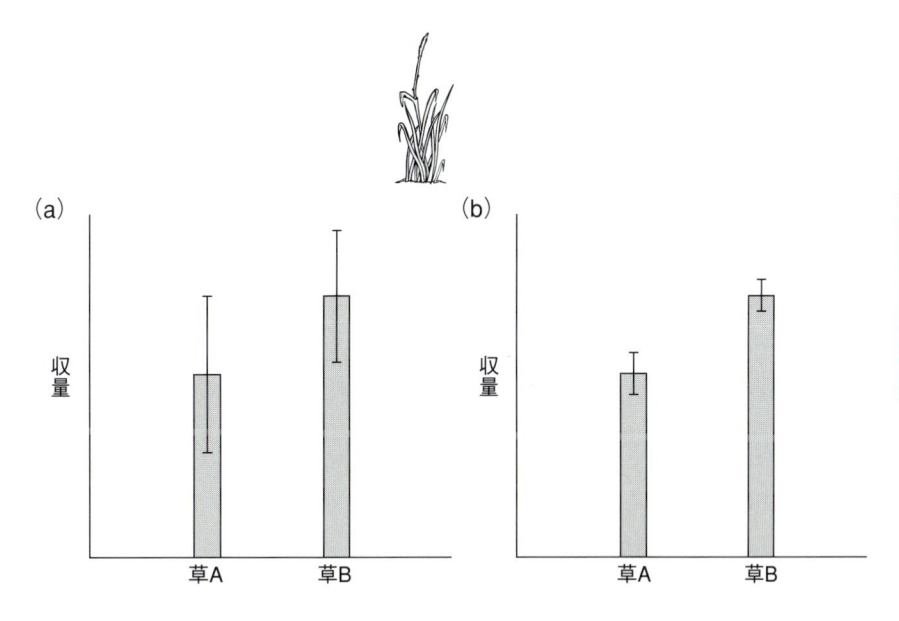

図 2.7 データを誤差バーのついたグラフで表示
(a) 2種類の草の収量の平均値とこれらの標準偏差を示す誤差バー．それらは，それぞれの草において高い度合の変動性があることと分布が大いに重なっていることを示している．(b) 標準誤差バーによって，2つの平均値に差があるかどうかが強調されている．ここでは，誤差バーが重なっていないので，平均値が有意に違うことを示している

てどれくらい信頼できるかを示したいときは，標準誤差を選ばなければならない（図 2.7b）．一般に，2つの標本が重なり合った標準誤差バーをもつ場合は，統計的な差がなさそうである（3章参照）．一般には，人々は平均的な結果を示して，平均値を比較したい傾向にあるので（3，4章参照），**標準誤差バー**のほうが，非常によく用いられる．ただ，変動性を隠さないようにするため，標準偏差のほうが良い場合もある．

Exercise 練習問題　　　　　　　　　　　　　（解答は209ページ）

問題 2.1
　　　女性の集団において，心拍数が平均値 75 と標準偏差 11 の正規分布をしている．95％の女性の心拍数はどの範囲にあるだろうか？

問題 2.2
　　　研究用成体マウスの大きな集団から抽出された 10 匹の成体マウスの標本について，その体重（グラム）が測定され，以下の結果が得られた．

5.6,	5.2,	6.1,	5.4,	6.3,	5.7,	5.6,	6.0,	5.5,	5.7

マウス体重の平均値と標準偏差を算定せよ．

問題 2.3

9つの葉の細胞の pH の測定値が，以下の通りだった．

6.5,	5.9,	5.4,	6.0,	6.1,	5.8,	5.8,	5.6,	5.9

(a) このデータを使用して，平均値，標準偏差と標準誤差を算定せよ．これらの推定値を使用して，細胞 pH に対する 95％信頼区間を算定せよ．

(b) 最初の4つの測定値のみを使用して，同じ計算を繰り返せ．このときの 95％信頼区間は (a) の信頼区間よりもどの程度広くなったか？

問題 2.4

25人の新生児の体重（キログラム）は，以下の通りだった．

3.5,	2.9,	3.4,	1.8,	4.2,	2.6,	2.2,	2.8,	2.9,	3.2,	2.7,	3.4,	3.0,
3.2,	2.8,	3.2,	3.0,	3.5,	2.9,	2.8,	2.5,	2.9,	3.1,	3.3,	3.1	

平均値，標準偏差と標準誤差を算定せよ．次に，その結果を (a) 数値を用いた形式と (b) 標準偏差を示す誤差バーによる棒グラフの形式とで示せ．

3章 差があるかどうかを検定する：t検定

負けたときの点差（2対1）が有意ではないと言われても，サッカーファンには辛いだけ

3.1 はじめに

　前の章で，生物学的な変動性（ばらつき）を克服できることがわかった．母集団からの標本についての測定値だけを得ることによって，その平均値を推定できたり，その変動性を推定できたり，平均値がその範囲にとどまるであろう限界を推定できたりする．このことは非常に役立つが，生物学の研究を行う場合には，観測しようとする対象に対する特定の問いかけに答えたいことがしばしば生じる．特に，比較したいことがいくつか生じる．

- 1つのある母集団についてなされた測定で，求められた平均値をその期待値と比較したくなるであろう．
  例：小さな町の新生児の体重は，全国の新生児の平均体重と違うであろうか？
- 1つのある母集団についてなされた2組の関連づけられる測定，すなわち対になった測定で得られる2組の測定値を比較したくなるかもしれない．
  例：雄のテナガザルは彼らの配偶者よりも重いだろうか？
  　　ベータ受容体遮断薬を服用する前後で，患者の心拍数は違うだろうか？
  　　池のpHは，夜明けと夕暮れで違うだろうか？

- 実験用に処理された生物や細胞を対照群と比較したくなるかもしれない．
  例：揺り動かされたヒマワリは，揺らされない対照群と平均の丈が違うであろうか？
- 生物や細胞の2つのグループを比較したくなるかもしれない．
  例：バクテリアの異なる株の成長速度は違うであろうか？

この章では，こうした違い（差）があるかどうかを決めるのを手助けするのに，統計的検定がどのように用いられるか，そしてそうした違いがどれくらい大きいかを考察する方法を述べる．

3.2 なぜ，差に対する統計的検定が必要なのか？

3.2.1 データのばらつきにより生じる問題

差があるかどうかを見出すことは容易であると想像するかもしれない．標本についての測定値から，それらが違っているかどうかをみるために平均値を比較すればよいと考えるかもしれない．しかしながら，次の問題が生じる．変動によるばらつきのため，**標本平均値**の間の差が真に**母平均**の差を反映しているとは，決して言えないのである．たまたま違った平均値を得たのかもしれないのである．

3.2.2 解決法

μ がラットの母平均の体長であるとしよう．ラットのある標本についての測定値を得ると，この μ より大きかったり小さかったりする標準誤差 $\overline{\mathrm{SE}}$ の平均値 $\overline{x}$ を得る可能性がある．実は，μ と標準誤差 $\overline{\mathrm{SE}}$ 以上違うような平均値を得る確率は，図 3.1a の中の斜線をつけた領域に等しい．対照的に，μ から標準誤差の3倍以上違う平均値を得る可能性は非常に小さい（図 3.1b）．そのときの確率は，分布の両端にある小さな領域（小さいにもかかわらず，実際に存在する領域）によってもたらされる．

なお，標準誤差のほぼ2倍のところ，すなわち2倍のちょっと大きいところに位置する点で，母平均 μ とその位置の点以上に違うような平均値を得る確率が5％以下になる点がある．その標本平均値が期待される母平均と違うとき，それは**有意差がある**と言える．しかしながら，変動性によるばらつきのため，こうした違いが本当であるかどうかは確信できない．

3.3 差に対する検定の方法

1章でみたように，統計的検定の実行には，4つの主なステップがある．通常の考え方とは多少逆転した論理の考え方が含まれている．差に対する t 検定を実行するときに含まれるステップを下記に示す．

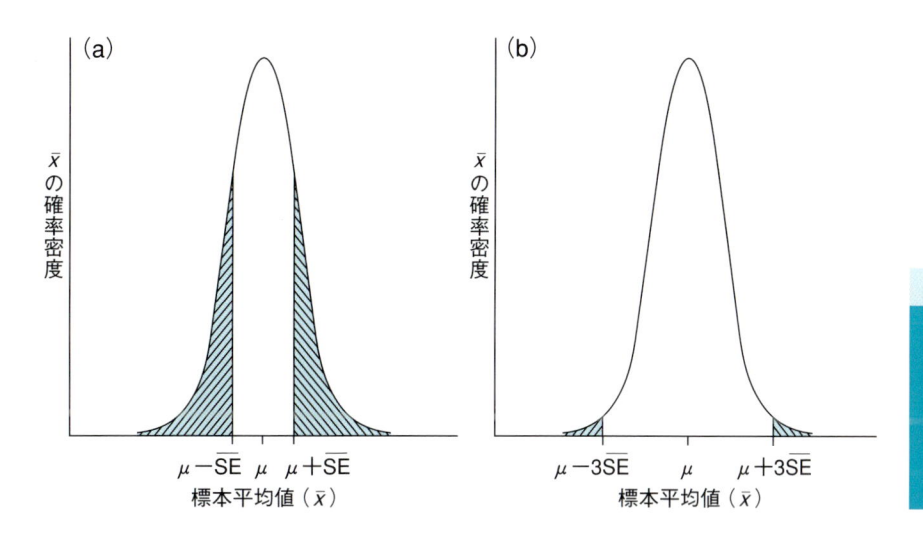

図 3.1　期待値と異なる標本平均値
(a) 期待される母平均 μ から少なくとも標準誤差 SE だけ離れた標本平均値 $\bar{x}$ を得る高い確率（斜線の領域）が存在する．(b) 期待される母平均 μ から少なくとも 3 倍の標準誤差 3SE だけ離れた標本平均値 $\bar{x}$ を得る非常に低い確率（斜線の領域）が存在する

● ステップ 1：帰無仮説を設定する

最初のステップは，あなたが検定したいことに対立する仮定をすることである．差があるかどうかを調べようとしているので，**帰無仮説**としては"差がない"と仮定する．

● ステップ 2：検定統計量を算定する

次のステップは，データ値から検定統計量を算定することである．差に対する検定を行うときには，検定統計量は，通常，平均値同士が変動性（ばらつき）に相対してどれくらい違うかを表す尺度を用いる．平均値の差が大きくなればなるほど，データ値の中のばらつきがますます小さくなり，検定統計量 t の絶対値 $|t|$ がますます大きくなる（すなわち $|t|$ がますます 0 から遠ざかっていく）．平均値の差が小さくなればなるほど，そのばらつきがますます大きくなり，絶対値 $|t|$ がますます小さくなっていく．

● ステップ 3：有意確率を算定する

次に，検定統計量 t について考察し，帰無仮説が真であるとしたときに，この t の絶対値が高い値，すなわちそれよりも大きな値を獲得する確率を評価しなければならない．検定統計量の絶対値 $|t|$ が大きくなればなるほど（すなわち，$|t|$ が 0 から遠ざかれば遠ざかるほど），平均値の間の距離がますます大きくなり，それが起こる確率がますます小さくなる．検定統計量の絶対値 $|t|$ が小さくなればなるほど，それが起こる確率がますます大きくなる．

● **ステップ 4：帰無仮説を棄却するかどうかを決定する**

・もし有意確率があるカットオフ点以下であれば，帰無仮説を棄却して，**有意差**[※]があると結論しなければならない．1.3 節ですでにみたように，生物学では通常，有意確率が 1/20 以下であれば，帰無仮説を棄却する．この確率は，しばしば小数 0.05 または 5％と書かれる．そこで，帰無仮説を棄却するためのこの基準は，5％有意水準として知られている．

・もし有意確率が 5％を超えるなら，帰無仮説を棄却する証拠をもたない．しかし，このことは帰無仮説を支持する証拠があることを意味しているわけではない．

※**有意差**
2組の標本データに基づいた結果について，これらの差が5％より小さい確率で生ずるときの差．

統計学者は，検定統計量に対する**臨界値**についての表を用意することによって，帰無仮説を棄却するかどうかを決めるために生じる厄介な仕事をこなしてきた．これらの表のいくつかは，t 統計量に対する表を含めて，付録 3 に掲載してある．もし検定統計量の絶対値が（通常の場合）5％有意水準に対する臨界値より大きいかあるいは等しいならば，この標本データの結果を偶然得る確率は 5％より小さくなる．よって，帰無仮説を棄却できる．もし SPSS や別の統計ソフトで統計的検定を実行すれば，計算はさらにより容易になる．その統計ソフトがあなたにかわって有意確率を計算してくれるので，あなたがすべきことはその有意確率を 0.05 と比較することだけである．

時には，有意確率 P が $\frac{1}{100}$ や $\frac{1}{1000}$ の臨界水準を下回ることを見出すときがあるかもしれない．こうした場合は，1％や 0.1％の有意水準でそれぞれ帰無仮説を棄却できる．

● **ステップ 5：信頼限界を算定する**

有意差があろうとなかろうと，平均値の差に対してもっともらしい値を提供する 1 組の**信頼限界**を算定できる．平均値の差に対する 95％信頼限界を算定することは，平均値それ自体に対する 95％信頼限界を算定すること（2.6 節参照）と同程度に簡単なことである．

3.4　片側検定と両側検定

統計表には，しばしば 2 つの異なるバージョンがある．片側と両側である．ほとんどの生物学者は，**両側検定**[※]を使用する．両側検定は期待値と違うかどうかを検定するが，その違いがどっち向きの違いでありえるかについては何ら想定しない．したがって，ラットの例に関して，ラットの体長が期待されるものより長かったか短かったかについてではなく，それらが違った体長をもっているかどうかを検定する．両側検定において，帰無仮説を棄却するための基準は，分布（図 3.1）の両端の斜線部分の面積の和が 5％より小さいときであり，そこで

※**両側検定**
観測値が期待値より大きいか，小さいかではなく，単に観測値が期待値と異なっているかどうかを問う統計的仮説検定．

それぞれの両端の部分は 2.5％より小さい面積をもたねばならない．本書の付録 3 に掲載されているすべての統計表は，両側である．SPSS によって実行される検定もまた断わらない限り両側検定である．

3.5　t 検定の種類

　主な t 検定は 3 種類あり，これらは異なった状況で使われる．最も簡単なものは **1 標本 t 検定**で，単一の標本の平均値が期待値と違うかどうかを決定するのに使用される．対応のある 2 組の対になっている観測値の間に差があるかどうかを知りたい場合は，**対の 2 点比較 t 検定**を使用する必要がある．最後に，独立した 2 組の測定値についての平均値が違っているかどうかを検定するためには，**2 標本 t 検定**（これはまた**独立標本 t 検定**としても知られている）を実行する必要がある．これらの検定はすべて把握しやすい論理に基づいており，そして，数学的に簡単に実行できる．本書では電卓を使用したり，SPSS を使用したりしてこれらの検定を実行するための手順を説明する．

3.6　1 標本 t 検定

3.6.1　検定の目的

　単一の母集団について得られる 1 組の測定値の標本平均値が，期待値 E と違うかどうかを検定すること．

3.6.2　検定の考え方

　1 標本 t 検定では，標本平均値が期待値から何倍の標準誤差ぐらい遠ざかっているかを考察する．したがって，それは

$$t = \frac{標本平均値 - 期待値}{平均値の標準誤差} = \frac{\bar{x} - E}{\mathrm{SE}} \qquad (3.1)$$

の式を使って求められる．

　平均値が期待値から遠ざかれば遠ざかるほど，t の値はますます大きくなる．そして，実際の平均値が期待値となりえる確率がますます小さくなる．しかし t が正であるか負であるかは問題としないことに注意すべきである．問題となるのは t の 0 との違いであって，t の絶対値 $|t|$ を考察しなければならない．絶対値 $|t|$ が臨界値より大きいかまたは等しいとき，その差が有意であることになる．

3.6.3 検定を実行してみよう

検定を実際に実行する方法を知るためには，簡単な例について実行してみるのがおそらく最良である．

例題①　2章例題②で扱った雄ゾウは，アフリカゾウ全体から成る母集団の体重の平均値 4.50 トンとは違った平均体重をもっているのだろうか？

解答

◎ステップ 1：帰無仮説を設定する

帰無仮説を"その集団の平均値が期待値と違わない"とする．そこで，ここでの例では帰無仮説を，"雄ゾウの平均体重が 4.50 トンである"とする．

◎ステップ 2：検定統計量を算定する

・電卓使用の場合

ここの例では，雄ゾウの標本についての平均体重 $\bar{x}$ は 4.70 トンで，標準誤差の推定値 $\overline{SE}$ は 0.0563 トンである．したがって，式 3.1 を使用して，

$$t = \frac{4.70 - 4.50}{0.0563} = 3.55$$

と求められる．平均値は期待値から標準誤差の 3.55 倍ぐらい遠ざかっている

・SPSS 使用の場合

1 標本 t 検定を実行するために，まず 1 つの縦欄に全データ値を入力し，その縦欄に名前を与える必要がある（ここでは「雄ゾウ」と命名した）．検定を走らせるためには，[分析] メニューをクリックし，それから [平均の比較] バー上に移動して，[1 サンプルの t 検定] をクリックする．SPSS では，以下のダイアログボックスが出る（画面 1）．

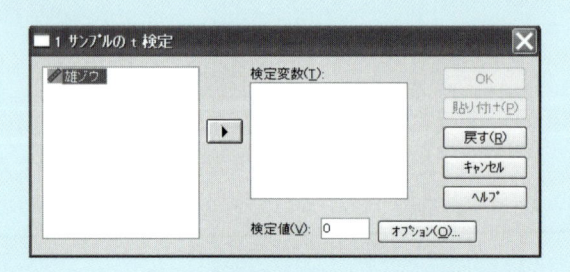

画面 1

[検定変数:] ボックスに比較したい縦欄（ここでは「雄ゾウ」）を入力し，[検定値:] ボックスに比較したい値（ここでは 4.50）を入力する（画面 2）．

画面2

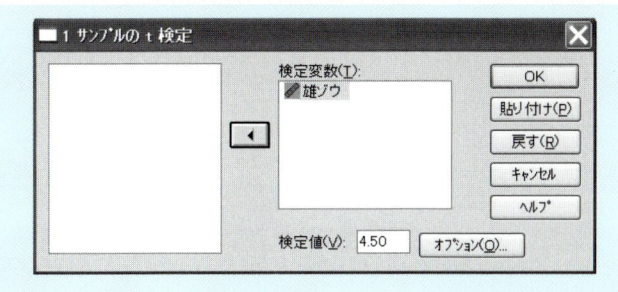

最後に，検定を実行するため，[OK] をクリックする．SPSS では，以下のように出力する．

【t 検定】

1 サンプルの統計量

	N	平均値	標準偏差	平均値の標準誤差
雄ゾウ	16	4.7000	.22509	.05627

1 サンプルの検定

	検定値＝4.50					
	t 値	自由度	有意確率（両側）	平均値の差	差の95%信頼区間	
					下限	上限
雄ゾウ	3.554	15	.003	.2000	.0801	.3199

SPSS は，上の表で必要とするすべての記述統計量を示し，下の表で t 値が 3.554 であることを示している．

◎ステップ3：有意確率を算定する

帰無仮説が真であるとしたときに，t の絶対値 $|t|$ が高い値をとる，すなわちその絶対値 $|t|$ 以上の大きな値をとる確率 P を算定しなければならない．

・電卓使用の場合

求められた $|t|$ の値を，自由度（$N-1$）で，有意水準が5％での臨界値 $t_{(N-1)}$（5％）と比較せねばならない．この臨界値は，付録3の表 S1 に掲載している．

ここの例では，自由度が $16-1=15$ なので，確率が5％以下に下るために $|t|$ が超えなければならない臨界値は 2.131 となる．

・SPSS 使用の場合

SPSS は直ちに，確率 P を計算し，それを**有意確率（両側）**と呼んでいる〔注意：$|t|$ の値が大きくなればなるほど，有意確率（両側）の値はますます小さくなる〕．

ここの例では，有意確率（両側）＝ 0.003 である．

◎ステップ 4：帰無仮説を棄却するかどうかを決定する
・電卓使用の場合
　＊ $|t|$ が臨界値より大きいか等しい場合，帰無仮説を棄却しなければならない．したがって，平均値は期待値と有意に違うと言える．
　＊ $|t|$ が臨界値より小さい場合，帰無仮説を棄却する証拠はない．したがって，平均値は期待値と有意に違わないと言える．
ここの例では，$|t|$ ＝ 3.55 ＞ 2.131 である．

・SPSS 使用の場合
　＊もし有意確率（両側検定）≤ 0.05 であれば，帰無仮説を棄却しなければならない．したがって，平均値が期待値と有意に違うと言える．
　＊もし有意確率（両側検定）＞ 0.05 であれば，帰無仮説を棄却する証拠はない．したがって，平均値は期待値と有意に違わない．
ここの例では，有意確率（両側検定）＝ 0.003 ＜ 0.05 である．
　よって，帰無仮説を棄却でき，雄ゾウが 4.50 トンと有意に違う体重をもつと言える．すなわち，雄ゾウの平均体重は 4.70 トンで，アフリカゾウ全体の平均体重 4.50 トンよりも重い．

◎ステップ 5：信頼限界を算定する
　体重のような測定値についてその平均値に対する信頼区間を見出すことができたように，標本平均値と期待される平均値との間の差に対する信頼区間もまた見出すことができる．

・電卓使用の場合
　差に対する 95 ％の信頼限界は，下記の式によって得られる．
　　　95 ％の CI（差）＝ $\bar{x} - E \pm (t_{(N-1)} (5\%) \times \overline{SE})$　　　(3.2)
ここの例では，平均値は 4.70，その標準誤差が 0.0563 である．そして，自由度 15 の t 値の臨界値は 2.131 である．したがって，
　　　95 ％の CI（差）＝ (4.70 － 4.50) ± (2.131 × 0.0563) ＝ 0.08 ～ 0.32
と求められる．雄ゾウの 95 ％は，4.5 トンより 0.08 ～ 0.32 トン重い体重をもつことになる．

・SPSS 使用の場合
　差に対する 95 ％信頼区間は 1 サンプルの検定の表（51 ページの 2 番目の表）で 0.0801 ～ 0.3199 の間として与えられている．例のごとく，この数値をそのまま書き下してはいけなくて，四捨五入して有効数値までに仕上げるべきである．ここの例では，四捨五入して 0.08 ～ 0.32 となる．

3.7 対の 2 点比較 t 検定

3.7.1 検定の目的

2 組の対になっている測定値についてそれらの平均値が互いに違うかどうかを検定する．例としては，1 つのグループの人について，例えば処理前と処理後の 2 回測定して得られるものが考えられたり，例えば年配の一卵性双生児と若い一卵性双生児といったような同類の人々に 1 回測定して得られるものが考えられる．

3.7.2 検定の考え方

対の 2 点比較 t 検定の背後にある考え方は，それぞれの対になったデータ点の間の差をとってから，これらの差の値の平均値が 0 と違うかどうかを考察することである．したがって，この検定には 2 つの段階がある．まず，測定して得られた各対になった測定値の間でその差 d を計算する．続いて，これらの差を使って，2 組の測定値の間の差の平均値を計算し，そしてこの差の標準誤差を計算する．その結果に 1 標本 t 検定を適用して，差の平均値 $\bar{d}$ が 0 と違うかどうかを決める．そのときの t 検定統計量は，差が 0 から遠ざかっている度合が標準誤差の何倍であるかを表す量である．それは，電卓を使用したり，SPSS を使用したりして，

$$t = \frac{差の平均値}{差の標準誤差} = \frac{\bar{d}}{\mathrm{SE}_d} \tag{3.3}$$

の式で求められる．この手続きは，対になった各データ点の差にのみ注目することで，それぞれの標本の中に含まれる変動性（ばらつき）を取り除くという利点をもつ．そのことにより，差を検出する機会が増加する．

3.7.3 検定を実行してみよう

実際に検定の実行の方法を理解するためには，例を直接経験するのがおそらく最良である．

例題②

9 つの池の pH について，夜明けと夕暮れに測定された 2 系列の測定値の結果が表 3.1 に示されている．

記述統計を実行すると，差 d（= 夕暮れ pH − 夜明け pH）[訳注] の平均値は $\bar{d}$ = 0.19，差の標準誤差は $\overline{\mathrm{SE}}_d$ = 0.043 であることがわかる．

池は，夜明けと夕暮れの時点で違った pH をもつのだろうか？

[訳注] SPSS の計算では逆に，差 d = 夜明け pH − 夕暮れ pH として $\bar{d}$ = − 0.19 となっている．最後に注意書きがある．

表3.1 夜明けと夕暮れで得られた，9つの池のpH濃度，ならびにこれらの濃度の間の差

池	夜明けpH	夕暮れpH	差 d (＝夕暮れpH－夜明けpH)
1	4.84	4.91	0.07
2	5.26	5.62	0.36
3	5.03	5.19	0.16
4	5.67	5.89	0.22
5	5.15	5.44	0.29
6	5.54	5.49	－0.05
7	6.01	6.12	0.11
8	5.32	5.61	0.29
9	5.44	5.70	0.26
$\bar{x}$	5.362	5.552	0.190
s	0.352	0.358	0.129
$\overline{SE}$	0.1174	0.1194	0.0431

解答

◎ステップ 1：帰無仮説を設定する

帰無仮説を，"差の平均値 $\bar{d}$ が 0 に違わない"とする．ここの例では，帰無仮説は"pH 濃度の差の平均値が 0 である"，すなわち，"池は夜明けと夕暮れで同じ濃度 pH をもつ"とする．

◎ステップ 2：検定統計量を算定する

・電卓使用の場合

式 3.3 を用いて，t 検定統計量の値が

$$t = \frac{0.190}{0.0431} = 4.40$$

と計算できる．この差は，標準誤差の 4.40 倍ほど 0 から離れている．

・SPSS 使用の場合

SPSS は，検定における他の重要な要素はもちろんのこと，t 値も直ちに計算できる．並んでいるデータを，対になっている各観測値が同じ行になるように，2 つの縦欄に入力して，それぞれの縦欄に名前を命名する（ここでは，「夜明け pH」と「夕暮れ pH」と命名する）．続いて，[分析] メニューをクリックして，[平均の比較] バー上に移動して，[対応のあるサンプルの t 検定] バーをクリックする．SPSS は，[対応のあるサンプルの t 検定] ダイアログボックスを立ち上げる．比較したい縦欄の両方をそれぞれクリックし矢印をクリックすると，画面 3 に示されるように [対応のある変数：] ボックスに入力される．仕上がったデータとダイアログボックスを画面 3 に示す．

画面3

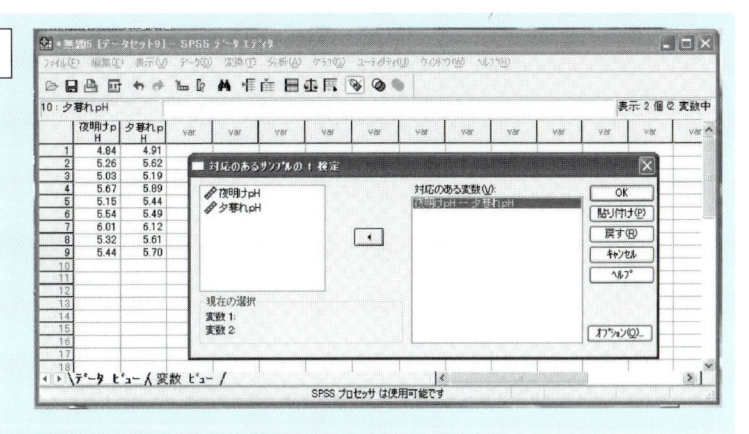

最後に，[OK] をクリックして，検定を実行する．SPSS は次の出力結果をもたらす．

【t 検定】

対応サンプルの統計量

	平均値	N	標準偏差	平均値の標準誤差
ペア1 　夜明けpH	5.3622	9	.35220	.11740
夕暮れpH	5.5522	9	.35818	.11939

対応サンプルの相関係数

	N	相関係数	有意確率
ペア1 　夜明けpH & 夕暮れpH	9	.934	.000

対応サンプルの検定

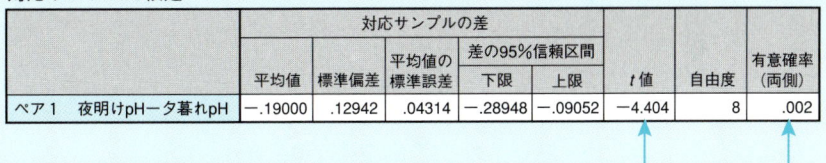

	対応サンプルの差					t 値	自由度	有意確率(両側)
	平均値	標準偏差	平均値の標準誤差	差の95%信頼区間 下限	差の95%信頼区間 上限			
ペア1　夜明けpH−夕暮れpH	−.19000	.12942	.04314	−.28948	−.09052	−4.404	8	.002

SPSS は，1番目の表で記述統計量を示し，3番目の最後の表で t 検定統計量の値を − 4.404 と算定している．

◎ステップ3：有意確率を算定する

もし帰無仮説が真であるとしたときに，検定統計量 t の絶対値 $|t|$ がそれ以上の値をとる確率 P を算定する．

・電卓使用の場合

求められた $|t|$ の値を，自由度 ($N - 1$) で，5％有意水準での t 統計量の臨界値 $t_{(N-1)}$（5％）と比較する．ただし，N は観測値の対の個数である．この臨界値は付録3の表 S1 に与えられている．

ここの例では，9 − 1 = 8 の自由度で，5％有意水準での t の臨界値は 2.306 で

ある．

・SPSS 使用の場合

SPSS では，直ちに確率 P が計算できる．この確率は有意確率（両側検定）と呼ばれている．

ここの例では，有意確率（両側検定）= 0.002 である．

◎ステップ4：帰無仮説を棄却するかどうかを決定する

・電卓使用の場合

* $|t|$ の値が臨界値以上であれば，帰無仮説を棄却しなければならない．したがって，差の平均値は有意に 0 と違うと言える．

* $|t|$ の値が臨界値より小さいならば，帰無仮説を棄却する証拠はない．したがって，差の平均値は有意に 0 と違わないと言える．

ここの例では，$|t|$ = 4.40 > 2.306 である．

・SPSS 使用の場合

*有意確率（両側検定）$\leq$ 0.05 ならば，帰無仮説を棄却しなければならない．したがって，差の平均値は有意に 0 と違うと言える．

*有意確率（両側検定）> 0.05 ならば，帰無仮説を棄却する証拠はない．したがって，差の平均値は有意に 0 と違わないと言える．

ここの例では，有意確率（両側検定）= 0.002 < 0.05 である．

結局，帰無仮説を棄却しなければならない．夜明けと夕暮れの間の差の平均値は 0 と有意に違うと言える．換言すれば，池の pH 濃度は，夕暮れと夜明けとでは有意に違う．すなわち，池の pH 濃度は夜明けよりも夕暮れに高くなる．

◎ステップ5：信頼限界を算定する

差の平均値についての 95 %信頼限界は，

$$95\%のCI（差）= \bar{d} \pm (t_{(N-1)}(5\%) \times \overline{SE}_d) \tag{3.4}$$

の式で求められる．

・電卓使用の場合

95 %信頼区間は式 3.4 から算定される．

$$95\%のCI（差）= 0.19 \pm (2.306 \times 0.043)$$
$$= 0.09 \sim 0.29$$

夜明けの pH 濃度よりも，0.09 ～ 0.29 ぐらい夕暮れの pH 濃度のほうが高くなることが 95 %の確率でありうるようである．

・SPSS 使用の場合

SPSS は差に対する 95 %信頼区間を −0.0905 ～ −0.2895 と与える．なお注

意すべきは，差が夜明け pH －夕暮れ pH と計算されたためにその差が負になったのであって，逆に差をとった場合は正になることに注意すべきである．

3.8 2 標本 t 検定

3.8.1 検定の目的

対になっていない 2 組の測定値の平均値が互いに違っているかどうかを検定する．例えば，実験用に処理された生物が対照群と違うかどうかを検定したり，ある 1 つの種が別のもう 1 つの種と違うかどうかを検定したりするために使われる．

3.8.2 検定の考え方

この検定は先の 2 つの t 検定よりはむしろより複雑である．その理由は，2 つの標本平均値の分布が重なり合う確率を決定しなければならないからである（図 3.2）．そのためには，2 つの集団の平均値の差を，2 つの集団の間の**差についての標準誤差**※と比較するようにして，t 検定統計量を計算しなければならない．

すなわち，

$$t = \frac{\text{平均値の差}}{\text{差についての標準誤差}} = \frac{\overline{x}_A - \overline{x}_B}{\mathrm{SE}_d} \quad (3.5)$$

の式を使って計算する．

しかしながら，この場合の，差についての標準誤差 $\overline{\mathrm{SE}}_d$ を算定することは，かなり複雑である．その理由は，この計算の中には第 1 の集団の各測定値を第 2 の

※**差についての標準誤差（SE_d）**
2 組の標本平均値間の差について，その差の広がりを表す尺度．

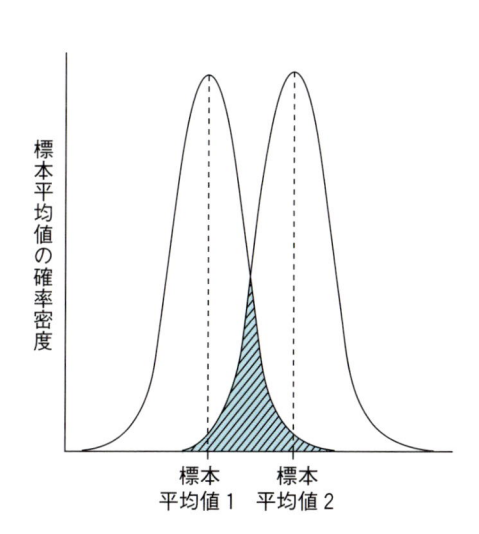

図 3.2 重なり合う集団
標本データの結果から作成された 2 つの重なり合う集団について，これらの集団について予想される確率分布

集団の各測定値と比較することが含まれているからである．電卓を使って計算する場合，2つの集団の分散が同じであると仮定して，$\overline{SE}_d$を推定することが可能である．すると$\overline{SE}_d$は，

$$\overline{SE}_d = \sqrt{(\overline{SE}_A)^2 + (\overline{SE}_B)^2} \tag{3.6}$$

の式で求められる．ここで，$\overline{SE}_A$と$\overline{SE}_B$は2つの集団それぞれの標準誤差である．集団が同じようなサイズであれば，$\overline{SE}_d$はどちらか一方の集団の標準誤差の$\sqrt{2}$（= 1.414 すなわちほぼ 1.5）倍の大きさとなる．SPSS は，このような簡略化の仮定をしないで，より複雑な計算を遂行して$\overline{SE}_d$を求めることもできる．

2標本 t 検定ではまた，測定値について重要な仮定をしていて，2組の測定値が互いに**独立**であると仮定している．こうした仮定は，例題②で調べた池に関するデータにおいては真でないであろう．なぜなら，各測定値が対になっており，1日の異なった時刻に同じ池からとられた測定値だからである．したがって，2標本 t 検定をこうしたデータに対して実行することは，妥当でない．

3.8.3　検定を実行してみよう

検定を実際に実行する方法を理解するためには，例について直接学ぶことがおそらく最良である．

例題③　以下のデータは，すでに体重が測定された 16 匹の雄ゾウと同様，16 匹の雌ゾウについて体重を測定したものである．雄ゾウが雌ゾウと違った平均体重をもつかどうかについて検定を行ってみよう．

雄ゾウの体重（トン）

4.6, 5.0, 4.7, 4.3, 4.6, 4.9, 4.5, 4.6,
4.8, 4.5, 5.2, 4.5, 4.9, 4.6, 4.7, 4.8

雌ゾウの体重（トン）

4.3, 4.6, 4.5, 4.4, 4.7, 4.1, 4.5, 4.4,
4.2, 4.3, 4.5, 4.4, 4.5, 4.4, 4.3, 4.3

解答

記述統計量を求めると，次の結果：
　雄ゾウ：標本平均値 = 4.70, s = 0.23, $\overline{SE}$ = 0.056
　雌ゾウ：標本平均値 = 4.40, s = 0.15, $\overline{SE}$ = 0.038
が得られた．雄のほうがより重いようであるが，それらは有意に重いのだろうか？

◎ステップ 1：帰無仮説を設定する

帰無仮説を，"平均値の差が 0 と違わない"とする．換言すれば，"2 つのグループは同じ平均値をもつ"とする．ここの例での帰無仮説を，"雄ゾウと雌ゾウが同じ平均値をもつ"とする．

◎ステップ 2：検定統計量を算定する

・電卓使用の場合

式 3.5 と式 3.6 を使用して，

$$t = (4.70 - 4.40)/\sqrt{(0.056^2 + 0.038^2)}$$
$$= 0.30/0.068 = 4.43$$

と計算できる．平均値の間が標準誤差の 4.43 倍ぐらい離れている．

・SPSS 使用の場合

SPSS で 2 標本 t 検定を実行するためには，まずすべてのデータ値を同じ縦欄に入力しなければならない．というのは，それぞれの重さの測定が異なった生物について行われたからである．その測定で得られたデータを総称して「体重」と呼ぶことにしよう．2 グループ間を区別するために，1 と 2，その 2 つの値のどちらか一方の値をとる添字を表す縦欄を，2 番目の縦欄として作成しなければならない．この縦欄を「性」と呼ぶとしよう．2.12 節で述べたように，[変数ビュー] タブで縦欄「性」に対する [値] ボックスを用いて 1 と 2 の添字をそれぞれ同定できる．データがこのようにして入力されれば，[分析] メニューをクリックし，[平均の比較] バー上に移動して，[独立したサンプルの t 検定] をクリックする．SPSS は [独立したサンプルの t 検定] ダイアログボックスを立ち上げて，このダイアログボックスが一部分のデータと一緒に表示されている（画面 4）．

画面 4

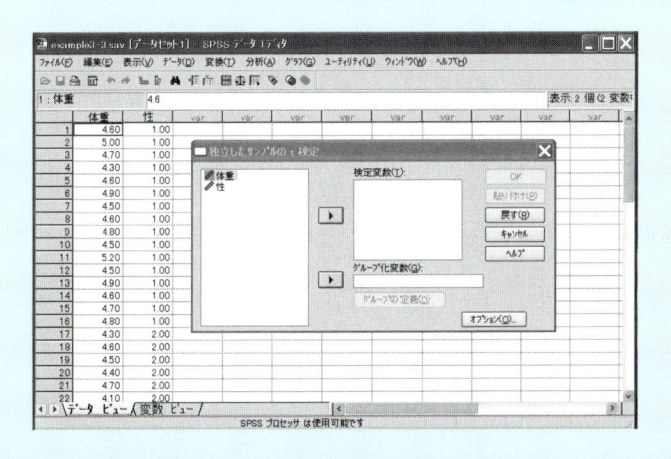

検定したい変数（ここでは「体重」）を [検定変数:] ボックスに入力し，添字を示す縦欄（ここでは「性」）を [グループ化変数:] ボックスに入力する．[グループの定義] タブをクリックすると，[グループの定義] ダイアログボックスが出現するので，

グループを定義しよう．添字の縦欄の値（ここでは 1 と 2）をそのボックスに入れると，画面 5 に示すボックスが完成する．

画面 5

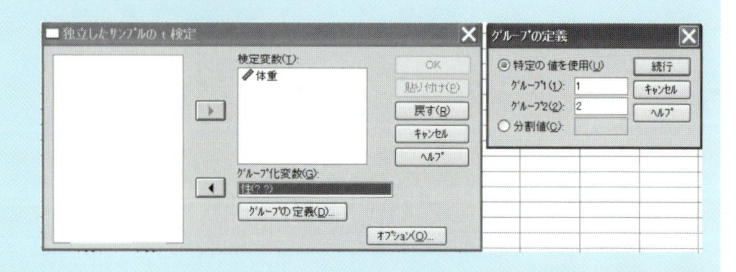

［続行］をクリックして［独立したサンプルの t 検定］ダイアログボックスに戻り，最終的に［OK］をクリックして検定を実行する．SPSS は，以下の結果をもたらす．

【t 検定】
グループ統計量

性		N	平均値	標準偏差	平均値の標準誤差
体重	雄ゾウ	16	4.7000	.22509	.05627
	雌ゾウ	16	4.4000	.15055	.03764

独立サンプルの検定

		等分散性のためのLeveneの検定		2つの母平均の差の検定						
		F値	有意確率	t値	自由度	有意確率（両側）	平均値の差	差の標準誤差	差の95%信頼区間 下限	上限
体重	等分散を仮定する	2.301	.140	4.431	30	.000	.30000	.06770	.16174	.43826
	等分散を仮定しない			4.431	26.183	.000	.30000	.06770	.16089	.43911

上の 1 番目の表は 2 つの性に関する記述統計量を提供している（注意すべきは，添字の値 1 と 2 のかわりに命名された名前が記入されていることである）．それから，分散が等しいと仮定した場合とこの仮定をしなかった場合との両方で t 検定を行っている．ここの例では，両方の場合で，t 値が $t = 4.431$ となっている．こうした t 値は通常，両方の場合で同じような値である．等分散を仮定した場合の 1 番目の t 検定は，分散が有意に違わないときにのみ有効であって，この点は実際に，等分散に対する Levene の検定で調べられる．その検定結果が 2 番目の表の左側に与えられている．もし有意確率 < 0.05 ならば，その検定は有効でない．この例では有意確率 = 0.140 なので，2 つの場合のいずれの検定も使用できることになった．しかし迷ってしまう場合には，2 番目の等分散を仮定しないときの t 検定結果で，より正確な結果のほうを使うとよい．

◎ステップ 3：有意確率を算定する

・電卓使用の場合

t 値の絶対値 $|t|$ を，自由度 $N_A + N_B - 2$ に対する t 統計量の臨界値と比較する．

ここで N_A と N_B は，グループ A と B の標本の大きさである．

ここの例では，自由度が，16 + 16 − 2 = 30 であって，有意水準 5％での t の臨界値が，2.042 である．

・SPSS 使用の場合

　SPSS は直ちに，有意確率（両側）の確率を計算する〔注意すべきは，$|t|$ の値が大きくなればなるほど，有意確率（両側）の値がますます小さくなることである〕．

　ここの例では，有意確率（両側）= 0.000 である．

◎ステップ 4：帰無仮説を棄却するかどうかを決定する

・電卓使用の場合

　* $|t|$ が臨界値以上の場合，帰無仮説を棄却しなければならない．したがって，平均値の差は 0 と有意に違うと言える．

　* $|t|$ が臨界値より小さい場合，帰無仮説を棄却する証拠はない．したがって，平均値の差が有意に 0 と違わないと言える．

　ここの例では，t = 4.43 ＞ 2.042 である．

・SPSS 使用の場合

　*有意確率（両側）≦ 0.05 であれば，帰無仮説を棄却しなければならない．したがって，平均値の差が 0 と有意に違うと言える．

　*有意確率（両側）＞ 0.05 ならば，帰無仮説を棄却する証拠はない．したがって，平均値の差は 0 と有意に違わないと言える．

　ここの例では，有意確率（両側）= 0.000 ＜ 0.05 である．

　結局，帰無仮説は棄却されねばならない．雄ゾウと雌ゾウの平均体重は違っていると言える．すなわち，雄のほうが雌よりも有意に重かった．

◎ステップ 5：信頼限界を算定する

　平均値の差に対する 95 ％信頼区間は，

$$95\%\text{の CI（差）} = \overline{x}_A - \overline{x}_B \pm (t_{N_A + N_B - 2} (5\%) \times \overline{SE}_d) \tag{3.7}$$

の式で求められる．

・電卓使用の場合

　　95 ％の CI（差）= 4.70 − 4.40 ±（2.042 × 0.0680）
　　　　　　　　　= 0.16 〜 0.44

・SPSS 使用の場合

　SPSS は直ちにこれらの信頼限界を算定し，0.16089 〜 0.43911 となる．しかし，小数点以下 2 桁の有効数字にして，0.16 〜 0.44 と求められる．

Exercise 練習問題 （解答は210～213ページ）

問題 3.1

統計学のテストで25人の学生の（パーセントで表した）点数が，以下の通りだった．

> 58, 65, 62, 73, 70, 42, 56, 53, 59, 56, 60, 64, 63,
> 78, 90, 31, 65, 58, 59, 21, 49, 51, 58, 62, 56

これらの点数について，平均値，平均値に対する標準偏差，そして標準誤差を算定せよ．最終試験の学生の平均成績は58％と期待される．1標本 t 検定を実行して，これら25人の学生の成績が期待される点数58％と有意に違っているかどうかを決定せよ．

問題 3.2

商業用の温室で栽培されたトマトからランダムに抽出された16個のトマトの重量(g)は，以下の通りだった．

> 32, 56, 43, 48, 39, 61, 29, 45,
> 53, 38, 42, 47, 52, 44, 36, 41

他の栽培者によれば，この種のトマトの平均重量が50 g であることがわかっている．1標本 t 検定を実行して，この温室育ちのトマトの平均重量が期待される重量50 g と違うかどうかを決定せよ．また，平均重量に対する95％信頼区間を求めよ．

問題 3.3

運動する物体の振る舞いを理解できるようになったかどうかについて．ニュートン力学の授業を受ける前と受けた後とで学生にテストを行った．そのときの点数が表Q3.3（次ページ）に示されている．その授業への出席がテストの点数へ有意な効果をもたらしたのだろうか？ そして，もしそうだったら，どれくらいの効果があったかを示せ．

問題 3.4

サボテン細胞のpHを，夜明けと夕暮れにマイクロプローブを使用して測定した．以下の結果が得られた．

> 夜明け：5.3, 5.6, 5.2, 7.1, 4.2, 4.9, 5.4, 5.7, 6.3, 5.5, 5.7, 5.6
> 夕暮れ：6.7, 6.4, 7.3, 6.2, 5.2, 5.9, 6.2, 6.5, 7.6, 6.4, 6.5

(a) 統計ソフト SPSS を利用して，2標本 t 検定を実行し，これらの時間差において，細胞のpH間に有意差があったのかどうかを決定せよ．

(b) 各サボテン細胞は識別でき，そのサボテン細胞に夜明けと夕暮れの2組の測定が実行された．それでも，なぜ対の2点比較 t 検定を使ってこの実験を解析できないのか？

表Q3.3 ニュートン力学の授業を受講する前と受講した後での学生の成績（点）

	前	後
Martha	45	42
Denise	56	50
Betty	32	19
Amanda	76	78
Eunice	65	63
Ivy	52	43
Pamela	60	62
Ethel	87	90
Letitia	49	38
Patricia	59	53

問題 3.5

機械的なサポートが小麦の収率に効果があるのかどうかを調査するため，ある実験が行われた．20個の対照群の小麦から産生された種の重量（グラム）と，小麦の成長全般を通して機械的にサポートされた茎をもつ20個の小麦から産生された種の重量（グラム）は以下の通りである．

対照群	9.6, 10.8, 7.6, 12.0, 14.1, 9.5, 10.1, 11.4, 9.1, 8.8, 9.2, 10.3, 10.8, 8.3, 12.6, 11.1, 10.4, 9.4, 11.9, 8.6
機械的にサポートされたグループ	10.3, 13.2, 9.9, 10.3, 8.1, 12.1, 7.9, 12.4, 10.8, 9.7, 9.1, 8.8, 10.7, 8.5, 7.2, 9.7, 10.1, 11.6, 9.9, 11.0

SPSSのような統計ソフトを使用して，2標本t検定を実行し，機械的なサポートが収率に有意な効果をもつのかどうかを決めよ．

4章 2つ以上のグループ間の差に対する検定：分散分析（ANOVA）

グループ間の差について述べる際には，注意を要することがわかる….

4.1 はじめに

前の3章で，1組の測定値を期待される値と比較するために，または2組の測定値同士を互いに比較するためにどのように t 検定を使用できるかを説明してきた．しかしながら，生物学においては，3つ以上のグループを比較することにより，時間と労力を節約したいと考える場合が多々ある．

- 2つ以上のグループの実験用処理された生物や細胞を対照群と比較したい場合．例えば，別々の染色体上に突然変異のある2組のラットは，『野生型』ラットの対照群と違った寿命をもつだろうか？
- 3つ以上のグループの生物や細胞を比較したい場合．例えば，4種類の薬物療法を受けている人々はそれぞれ違った血圧をもつだろうか？ 5種類のバクテリアの菌株は，それぞれ違った成長率をもつだろうか？
- 関連した3組以上の測定値や，単一の母集団に3回以上繰り返された測定で得

られる3組以上の測定値を比較したい場合．同一の組の魚が含有するアルミニウム濃度を3回以上の時期に測定したとき，各時期の濃度に違いがあるだろうか？ 4種類の鳥の数が餌場で1時間ごとに記録されたとき，それぞれの鳥の数が互いに違っているだろうか？
- 2種類の別々の処理が加えられた生物や細胞を比較したい場合．窒素とリンの両方が違った濃度の下で成育した小麦では，収量が違っているだろうか？

4.1.1 t検定が不適切であるのはなぜか

これらの類いの問いかけに答えるには，t検定を使って，各グループをその他のすべてのグループと単に比較すればよいと考えるかもしれない．しかしながら，そうしてはいけない2つの妥当な理由がある．第1の理由として，便宜的な問題がある．すなわち，比較しようとするグループの数が増加するにつれて，実行しなければならないt検定の回数が，急速に増加するからである．3つのグループを比較しようとするときは3回の検定ですむが，10個のグループのときには，45回の検定になる．これら全部の検定を行うには多くの時間を要し，それらすべての結果を示すのは，不可能に近い！

グループ数	3	4	5	6	7	8	9	10
t検定の回数	3	6	10	15	21	28	36	45

さらに，第2のより重要な理由がある．100％の信頼ではなく95％の信頼で帰無仮説を棄却するということは，20回の検定のうち1回は，実際には存在しないのにグループ間に有意差が存在すると誤って予想すること（第1種の誤差）を意味する．もし多数回の検定を実行すると，そのような誤りをする可能性は急速に高くなる．そこでもし45回の検定を実行した場合，効果が存在しない場合でも，有意な効果だとして見出される可能性が約90％の確率であることになる．

したがって，多くのグループの間に差があるかどうかを決定するためには，むしろt検定と違った統計的検定を使用しなければならず，これは**分散分析**（**ANOVA**と略記される）※と呼ばれる．そうした分散分析はすべて同様の論理を使うが，その最も簡単な形の検定である**1元配置分散分析**から始めると，分散分析がどのように進められるかをおそらく最も容易に理解できる．

※**分散分析（ANOVA）**
グループの間に有意差があるかどうかを決定できる一連の検定で，広く用いられる分析である．

4.2　1元配置分散分析

4.2.1　検定の目的

2組以上の無関係な測定値の組についての平均値が互いに違うかどうかを検定することである．例えば，1組以上の実験用処理された生物が，対照群の生物と違うのかどうか，または，2つ以上の種が，互いに違うかどうかを検定するのに使用される．

4.2.2 検定の考え方

1元配置分散分析は，t 検定とは非常に違った方法で進められる．分散分析は，平均値間の差を直接吟味するよりはむしろ，データの**変動**（ばらつき）に着目する．2組の小さな魚の標本（グループ1およびグループ2）について，体重の平均値を比較するという簡単な例について調べてみる（図 4.1a）．全体の変動量（ばらつき度合を表す量）は，各データ点から全体の平均値までの距離を2乗に

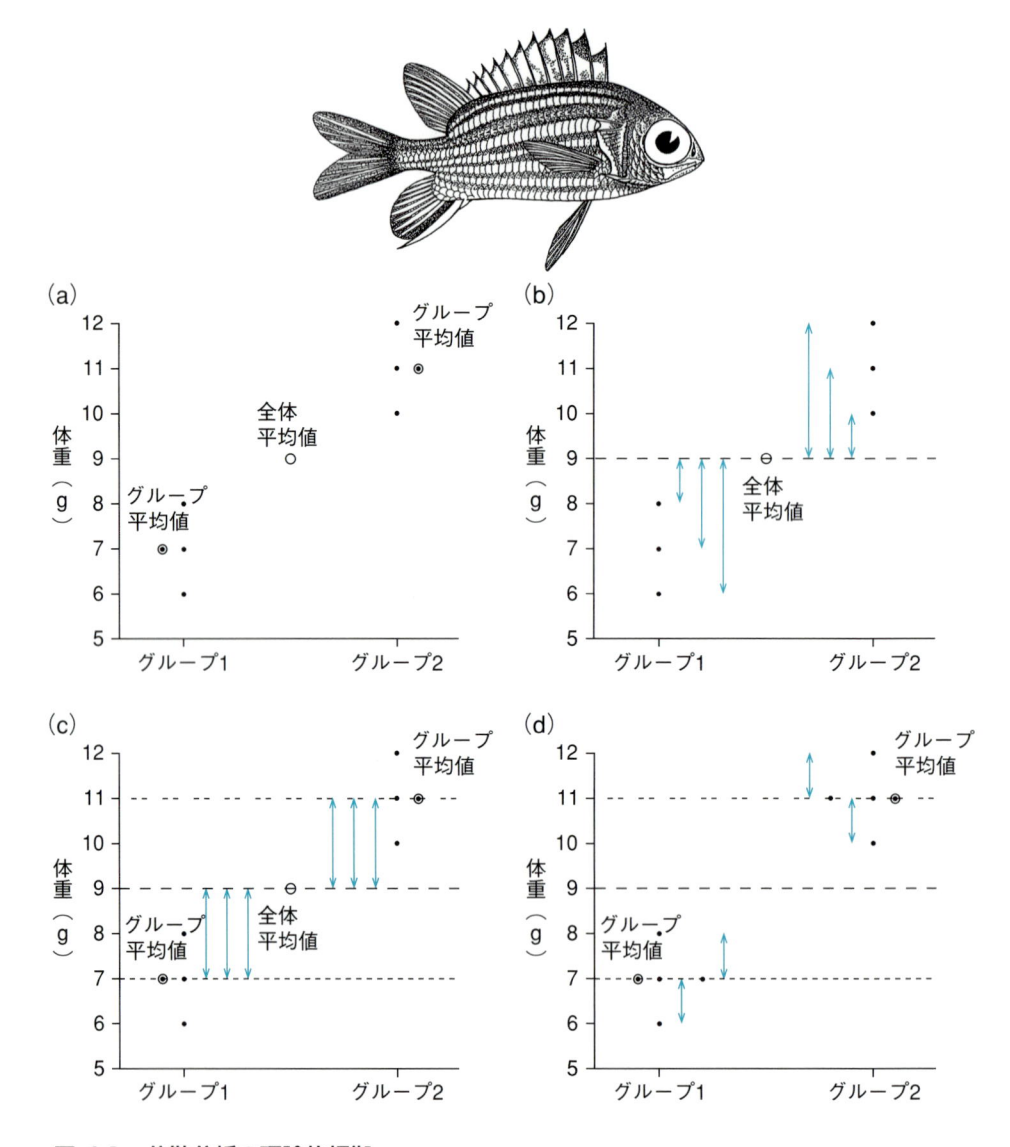

図 4.1　分散分析の理論的根拠
　魚の2つの標本に対して推測される体重．(a) 全体平均値とグループ平均値を算定する．(b) 全変動量は，各データ点から全体平均値までの距離を2乗したものの合計である．この総和は，グループ間の変動量とグループ内の変動量とに分解される．(c) グループ間の変動量は，各グループのデータ点に対する平均値から全体平均値までの距離を2乗したものを足し合わせた合計である．(d) グループ内の変動量は，各データ点からそのグループ平均値までの距離を2乗したものを足し合わせた合計である

したものの総和（図 4.1b）であって，ここの例では，$3^2 + 2^2 + 1^2 + 3^2 + 2^2 + 1^2$ = 28 である．しかしながら，この総和は 2 つの部分に分解される．まず 1 番目の部分として，各グループの平均値の間の差によったグループ間の変動量がある．これは，全体平均値から各グループのデータ点に対する平均値までの距離を 2 乗したものを足し合わせた合計（図 4.1c）であって，この例では $(6 \times 2^2) = 24$ である．2 番目の部分として，各グループの中でのばらつきによったグループ内の変動量がある．これは，各データ点からそのグループの平均値までの距離を 2 乗にしたものを足し合わせた合計（図 4.1d）であって，この例では $(4 \times 1^2) + (2 \times 0^2) = 4$ である．

　分散分析は，グループ間の変動量とグループ内の変動量とを比較する．これがどのように役立つかを示すため，2 つの対照的な状況についてみてみよう．図 4.2a においては 2 つのグループ平均値がかなり離れていて，各グループ内でほとんどばらつきがない場合である．この場合明らかに，グループ間の変動量はグループ内の変動量よりもはるかに大きくなる．図 4.2b においては，2 つのグループ平均値が接近していて，各グループでのばらつきがかなり大きい場合である．この場合，グループ間の変動量はグループ内の変動量よりも小さくなる．

　分散分析での検定統計量は，F 統計量であり，これはグループ内の変動量に対するグループ間の変動量の割合を表す尺度である．しかしながら，この F を計算する手順は非常に長い過程を含み，次ページの表と後述の例題①に示されるような表を制作する過程が含まれている．

① 第 1 段階は，各因子による変動量を計算すること，いわゆる**平方和（SS）**を求めることである．
② しかしながら，これらの平方和はいろいろ異なった個数のデータ点を足し合わ

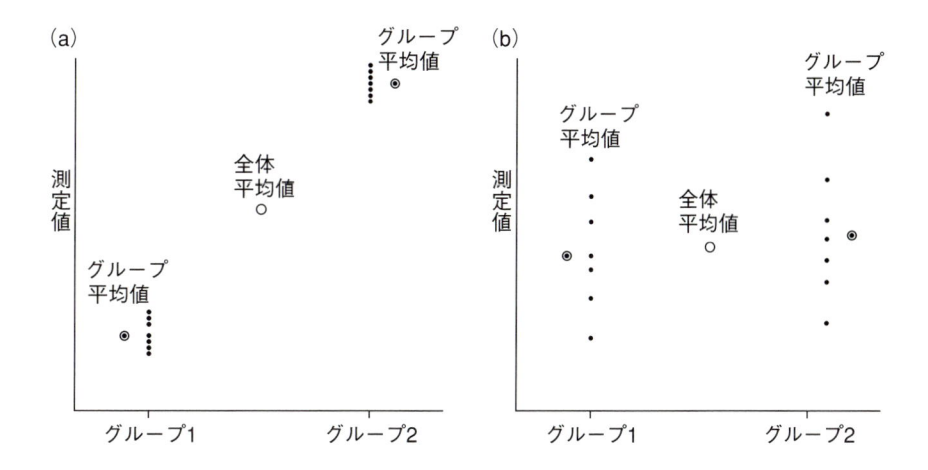

図 4.2　2 つの対照的な状況
　　　　（a）変動量の大部分が，各グループ内の平均値が遠ざかっていることに起因する．（b）変動量の大部分が，各グループ内でのばらつきの差に起因する

魚の重量

	平方和	自由度	平均平方	F値	有意確率
グループ間	24.000	1	24.000	24.000	.008
グループ内	4.000	4	1.000		
合計	28.000	5			

※**平均平方（MS）**
分散分析において，ある特定の因子による分散．

せた結果であるので，それらの平方和を直接比較することができない．そこで次の段階は，各因子による**分散**，すなわち**平均平方（MS）**※を求めることである．平均平方は，各因子による平方和をそれぞれ，相当する適切な**自由度（DF）**で割ることによって求められる．

(a) もし n 個のグループがあるならば，グループ間の自由度は $DF_B = n − 1$ である．

(b) もし全部で N 個の項があって，各グループごとに r 個の項があるならば，各グループごとの自由度は $r − 1$ なので，全体での自由度は $n(r − 1) = N − n$ となる．すなわち，グループ内の自由度は $DF_W = N − n$ である．

(c) もし全部で N 個の項があるとすれば，自由度の総数は $DF_T = (n − 1) + (N − n) = N − 1$ となる．

③最後の段階は，検定統計量 F を算定することである．この F 量は，グループ内の平均平方 MS_W に対するグループ間の平均平方 MS_B の比で，

$$F = \frac{MS_B}{MS_W} \tag{4.1}$$

の式で求められる．

F の値が大きくなればなるほど，平均値が有意に違う可能性がますます高くなる．

4.2.3 名称に関する問題点

残念なことに，分散分析は科学のいろんな分野ごとに別々に開発されてきたので，その命名法についても問題が残っている．間（between）と内（within）に対して，それぞれ2つの同義語をもち，

　　間（between）＝ 処理（treatment）＝ 因子（factor）
　　内（witihn）　＝ 誤差（error）　　＝ 残差（residual）

のように用いられている．科学的な書類やコンピュータソフトで異なった名称が使われる場合があることを知っておかなければならない．そうすれば，いかなる統計関連書籍にも，いかなる講師にも対応できるであろう！

4.2.4 SPSS を使って検定を実行してみよう

分散分析検定の実際のしくみは，全く複雑であるので，SPSS のようなコンピュータソフトを使用して計算することをおすすめする．分散分析検定は，すでに

行った t 検定と同様に，4つの基本的なステップを含んでいる．繰り返すが，検定を理解するためには，簡単な例について学習するのが最良である．ここでは，図 4.1 で示した魚の場合について述べる．

例題①

グループ 1 の体重： 6, 7, 8
グループ 2 の体重：10, 11, 12

2つのグループの魚の体重が互いに有意に違っているだろうか？

解答

◎ステップ 1：帰無仮説を設定する

帰無仮説を，"グループが同じ平均値をもっている"とする．ここの例の場合，"2つのグループの魚が同じ平均体重をもっている"という仮説をとる．

◎ステップ 2：検定統計量を算定する

SPSS 使用の場合，2 標本 t 検定の場合のように，1 元配置分散分析を実行するときも，すべてのデータ点を，1つの縦欄に入力する．この入力したデータを「魚の体重」と命名するとしよう．グループ別のデータを区別するために，各グループごとに 1 と 2 の整数値のどちらか一方の値をとる添字を表す縦欄を，2 番目の縦欄として作成する．この縦欄を「標本」と命名する．検定を実行するために，[分析] メニューをクリックし，それから [平均の比較] バーへ移動して，[1 元配置分散分析] をクリックする．SPSS は [1 元配置分散分析] ダイアログボックスを立ち上げる．

検定しようとする変数（ここでは，「魚の体重」）を [従属変数リスト:] ボックスに入力し，因子（ここでは「標本」）を [因子:] ボックスに入力する．[オプション] をクリックし，[記述統計量] をチェックすると，SPSS は各グループの平均値，標準偏差と標準誤差を算出する．完成したデータシートならびにダイアログボックスを，画面 1 に示す．

画面 1

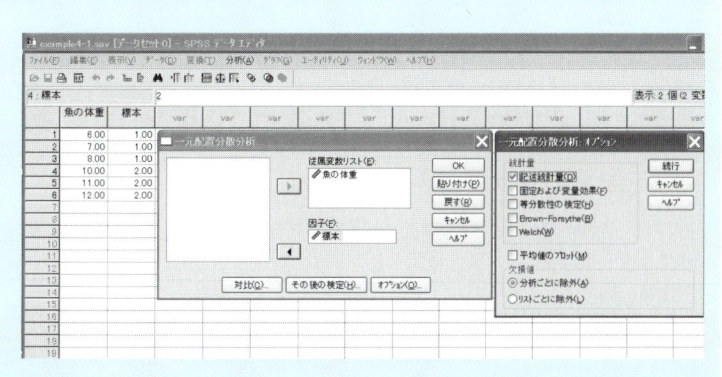

[続行] をクリックして元のダイアログボックスに戻り，最後に，[OK] をクリックすると検定が始まる．SPSS は，以下の結果を出力する．

4 章 2つ以上のグループ間の差に対する検定：分散分析（ANOVA）

【1元配置分析】

記述統計
魚の体重

	度数	平均値	標準偏差	標準誤差	平均の95%信頼区間		最小値	最大値
					下限	上限		
1.00	3	7.0000	1.00000	.57735	4.5159	9.4841	6.00	8.00
2.00	3	11.0000	1.00000	.57735	8.5159	13.4841	10.00	12.00
合計	6	9.0000	2.36643	.96609	6.5166	11.4834	6.00	12.00

分散分析
魚の体重

	平方和	自由度	平均平方	F 値	有意確率
グループ間	24.000	1	24.000	24.000	.008
グループ内	4.000	4	1.000		
合計	28.000	5			

　第1の表は，2つのグループに対する記述統計量を示す．第2の表は，分散分析が実行されて得られた結果の完成表であり，F統計量の値が $F = 24.00$ であることを示す．

◎ステップ3：有意確率を算定する
　SPSSは自動的に検定統計量Fの値だけでなく，有意確率の値も算定し，ここの例では，その値は 0.008 である．

◎ステップ4：帰無仮説を棄却するかどうかを決定する
 * 有意確率≦ 0.05 ならば，帰無仮説を棄却しなければならない．
 * 有意確率＞ 0.05 ならば，帰無仮説を棄却する証拠がないことになる．

　ここの例では，有意確率 = 0.008 < 0.05 となるので，帰無仮説を棄却できて，魚の2つのグループはそれぞれ違った平均体重をもつと言える．すなわち，標本2としたグループのほうが1としたグループよりも有意に重い．

4.3　どのグループが違うかを決定する：ポストホック検定

※ポストホック（その後の）検定
分散分析で有意であることが確かめられた後に実行する統計的な検定で，どのグループ同士に互いに差があるかどうか，決定するのに使用される．

　基礎的な分散分析検定で問題なのは，グループ間に違いがあるかどうかについてわかるが，その違いがどれくらい大きいかや，どのグループ同士が違うかなどについてはわからないことである．こうしたことは，例題①の魚の場合には単に2つのグループがあるだけだから問題にならないが，3つ以上のグループがある場合には問題となる．幸いにも，統計学者はいくつかの異なった**ポストホック（その後の）検定**[*]について研究しており，これらのポストホック検定を使ってどのグループ同士が互いに違うかを考察できる．ただし，それができるのは<u>分散分</u>

析それ自体が有意であるときのみである．

SPSS は，いくつかのポストホック検定を実行できるようにしている．そして検定したいことによって，いろいろと違ったポストホック検定を使用できる．

・もし各グループをそれ以外のあらゆるグループと比較したいのであれば，生物学者が最もよく使う検定は，**Tukey 検定**と **Scheffe 検定**である．
・もし実験用に用意されたグループを 1 つの対照群のグループと比較したいのであれば，使用する検定は，**Dunnett 検定**である．

1 元配置分散分析およびそれに関連するポストホック検定をどのように実行するかを考察するため，代表的な例について調べてみよう．

例題② 抗生物質のバクテリア増殖への効果

あるバクテリアの成長に対する 3 つの異なる抗生物質の効果を検定するために，これらの抗生物質をバクテリアを接種したペトリ皿にそれぞれ加えた．バクテリアのコロニーの直径（ミリメートル）を，3 日後に測定し，抗生物質を加えなかった対照群でも同様に測定した．以下の結果が得られた．

対照群：	4.7,	5.3,	5.9,	4.6,	4.9,	5.0,	5.3,	4.2,
	5.7,	5.3,	4.6,	5.8,	4.7,	4.9		
抗生物質 A：	3.5,	4.6,	4.4,	3.9,	3.8,	3.6,	4.1,	4.3,
	4.3,	4.8,	4.1,	5.0,	3.4,	4.3		
抗生物質 B：	4.7,	5.2,	5.4,	4.4,	6.1,	4.8,	5.3,	5.5,
	4.7,	5.2						
抗生物質 C：	4.3,	5.7,	5.3,	5.6,	4.5,	4.9,	5.1,	5.3,
	4.7,	6.3,	4.8,	4.9,	5.2,	5.4,	4.8,	5.0

1 元配置分散分析検定を実行し，いずれかの抗生物質で処理されたものがバクテリアの成長に影響を及ぼしたかどうかを決定せよ．そしてまた，どの抗生物質処理が効果を及ぼしたかを決定せよ．

解答

◎ステップ 1：帰無仮説を設定する

帰無仮説を，"4 つのバクテリアのグループのコロニーの平均直径に差はなかった"とする．

◎ステップ 2：検定統計量を算定する

SPSS では，コロニーの直径の測定値をすべて 1 つの縦欄に入力し，この縦欄を「直径」と命名するとしよう．続いて，対照群に対しては 1 を，抗生物質 A，B，C に対してはそれぞれ 2，3，4 を割り当てた添字をもつ 2 番目の縦欄を作成し，この縦欄を「処理」と命名するとしよう．

4 章　2 つ以上のグループ間の差に対する検定：分散分析（ANOVA）　71

検定を実行するには，[分析] メニューをクリックして，それから [平均の比較] バーへ移動して，[1元配置分散分析] をクリックする．SPSS は，[1元配置分散分析] ダイアログボックスを立ち上げる．検定しようとする変数（ここでは「直径」）を [従属変数リスト：] ボックスに入力し，因子（ここでは「処理」）を [因子：] ボックスに入力する．[オプション] をクリックし，[記述統計量] をチェックして，SPSS が，各グループについて平均値，標準偏差と標準誤差を算定できるようにする．こうして完成されたダイアログボックスを，画面2に示す．

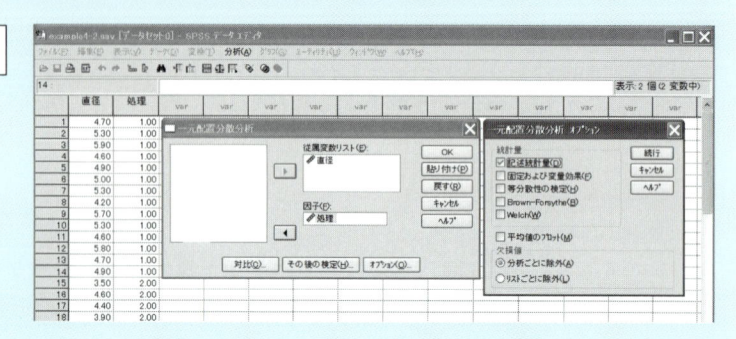

画面2

　最後に，[続行] をクリックし，それから [OK] をクリックすると，検定が始まり，SPSS は以下の結果を出力する．

【1元配置分析】

記述統計

直径

	度数	平均値	標準偏差	標準誤差	平均の95%信頼区間		最小値	最大値
					下限	上限		
コントロール	14	5.0643	.50476	.13490	4.7728	5.3557	4.20	5.90
抗生物質A	14	4.1500	.47677	.12742	3.8747	4.4253	3.40	5.00
抗生物質B	10	5.1300	.49453	.15638	4.7762	5.4838	4.40	6.10
抗生物質C	16	5.1125	.49379	.12345	4.8494	5.3756	4.30	6.30
合計	54	4.8537	.63713	.08670	4.6798	5.0276	3.40	6.30

分散分析

直径

	平方和	自由度	平均平方	F値	有意確率
グループ間	9.389	3	3.130	12.905	.000
グループ内	12.126	50	.243		
合計	21.514	53			

　SPSS は，F 統計量の値を $F = 12.905$ と算定する．

◎ステップ3：有意確率を算定する

　SPSS は，有意確率 $= 0.000$ と計算する．

◎ステップ 4：帰無仮説を棄却するかどうかを決定する

　ここの例では，有意確率 = 0.000 < 0.05 なので，帰無仮説を棄却することができ，バクテリアコロニーの直径の平均値についてその間に有意差があると言える．

◎ステップ 5：どのグループが違っているのかを決定する

　実験の目的は，どの処理がバクテリアコロニーの直径を変えるかを，もし変えるのであれば，検定することである．そこで，それぞれの処理を対照群と比較する必要がある．使用する検定は，Dunnet 検定である．もう一度，1元配置分散分析を繰り返すが，[その後の検定] をクリックすると，[1元配置分散分析: その後の多重比較] ダイアログボックスが現れる．[Dunnett] をチェックする．対照群に添字 1 が割り当てられているので，[対照カテゴリ:] で [最後] を [最初] に変更する必要がある．完成したダイアログボックスを，画面 3 に示す．

画面 3

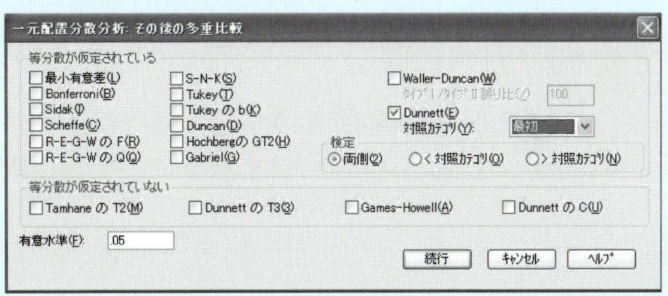

　最後に，[続行] をクリックし，元の [1元配置分散分析] ダイアログボックスで [OK] をクリックする．分散分析での結果はもちろんのこと，それに加えて下に示す表が出力される．

【ポストホック（その後の）検定】

多重比較

従属変数：直径
Dunnett t（両側）[a]

(I) 処理	(J) 処理	平均値の差 (I−J)	標準誤差	有意確率	平均の95%信頼区間	
					下限	上限
抗生物質A	コントロール	−.91429*	.18613	.000	−1.3658	−.4628
抗生物質B	コントロール	.06571	.20390	.978	−.4289	.5603
抗生物質C	コントロール	.04821	.18022	.987	−.3890	.4854

a：Dunnett t 検定は1つのグループを対照カテゴリとして扱い，他のすべてのグループと比較する
＊：平均値の差は.05有意水準で重要である

　上の表の中の重要な縦欄は「有意確率」の縦欄である．これは，3つのグループ2, 3, 4 のうち，2（抗生物質 A）だけが対照群（コントロール）と有意に違った平均値をもつ（というのは，このとき有意確率 = 0.000 で，この値は 0.05 より小さいから）ことを告げている．処理グループ 2 での平均直径 4.15 mm は対照群の平均直径 5.06 mm よりも 1 mm ぐらい小さい．処理グループ 3（抗生物質 B）と 4（抗生物

質C）における，有意確率 0.978 と 0.987 は 0.05 をはるかに超えているので，これらのグループは対照群と違わない．

4.4　反復測定分散分析

4.4.1　検定の目的
2組以上の関連した測定値について，これらの組の平均値が互いに違うかどうかを検定することである．例えば，実験用に処理される生物のある1つのグループについてその処理前後に数回測定され，得られた各回ごとの測定値の組が違うかどうかを検定する際，あるいは決まった時点で測定されて得られた2組以上の測定値の組が互いに違っているかどうかを検定する際，などに使用される．

4.4.2　検定の考え方
反復測定分散分析は，1元配置分散分析と同様に行われる．しかし，ちょうど対の2点比較 t 検定のときと同様に，グループ内の変動性を取り除くことによって，グループ間の違いを検出する可能性を高くする．

4.4.3　SPSS を使って検定を実行してみよう
SPSS で反復測定分散分析検定を実行することは，1元配置分散分析を実行するよりもさらに長い過程を経ることになるので，例を示すのが最良の方法であろう．

例題③

兵士が砂漠で訓練をすることによる発汗率への効果について，その時間経過に伴う発汗率の変化を調べた実験結果が以下のように得られた．

兵士	1	2	3	4	5	6	7	8	9	10
訓練前の率（リットル/時間）	3.6	3.9	4.2	4.0	3.8	3.5	4.2	4.0	3.9	3.8
訓練中	4.5	4.4	4.8	4.3	4.6	4.5	5.0	4.6	4.1	4.6
訓練1時間後	3.9	4.4	3.7	3.9	3.5	4.2	4.0	4.1	3.6	4.6

反復測定分散分析を実行し，発汗率が，訓練前と比べて訓練中と訓練後では変化したかどうかを検定してみよう．

解答

◎ステップ1：帰無仮説を設定する

帰無仮説を，"測定値がとられた時点の間で，発汗率の差がなかった"とする．

◎ステップ2：検定統計量を算定する

　SPSSで，各兵士からの測定結果が，訓練前，訓練中，訓練後の各時点で同じ行に入力されることを確かめながら，それぞれの時点の発汗率の測定値をそれぞれ別の3つの縦欄に入力する．これら3つの縦欄をそれぞれ，「訓練前」，「訓練中」，そして「訓練後」と命名する．

　検定を実行するために，[分析] メニューをクリックし，そして，[一般線型モデル] バーへ移動し，[反復測定] をクリックする．SPSS は，[反復測定の因子の定義] ダイアログボックスが立ち上がる．まず，コンピュータに，その測定結果に影響を及ぼす可能性をもった因子の名前を入力する必要がある．ここの例では，その因子が訓練前，訓練中，訓練後を表す時間なので，[被験者内因子名] ボックスに「時間」と記入する．次に，どれぐらいの数の実験的な条件，すなわち水準があるのかをコンピュータに告げる必要がある．ここの例では，こうした水準が3個（訓練前，訓練中，訓練後）あるので，[水準数：] ボックスに「3」と記入する．続いて，この記入データを入力するために [追加] をクリックする．コンピュータは大きなボックスに「時間(3)」と出力する．完成した表を画面4に示す．

画面4

[定義] タブをクリックして，[反復測定] ダイアログボックスに入る．次に，どれが3つの [被験者内変数（時間）] であるかをコンピュータに入力するため，3つの縦欄の訓練前，訓練中，そして訓練後をそれぞれ，順番にクリックしてから1番上の矢印をクリックすると [被験者内変数（時間）：] ボックスに入力される．完成したボックスとデータ画面のデータを，画面5に示す（次ページ）．

　他に有益な統計量を得るため，[オプション] をまたクリックしなければならない．すると，[反復測定: オプション] ダイアログボックスが立ち上がる．[記述統計] をクリックし，平均値と標準偏差が得られるようにしておく．残念なことに，グループを対照群と比較する Dunnett 検定はないが，**Bonferroni 検定**を使えば各グループをその他のものと比較できる．この点については付録2 参考文献：Field, 2000 を参照されたい．同書では，Bonferroni 検定が反復測定分散分析に対する最も信頼できるポストホック検定であることを示唆している．Bonferroni 検定を実行するために，[推定周辺平均] ボックスの中の [時間] をクリックしてから，矢印をクリックする

4章　2つ以上のグループ間の差に対する検定：分散分析（ANOVA）　75

画面5

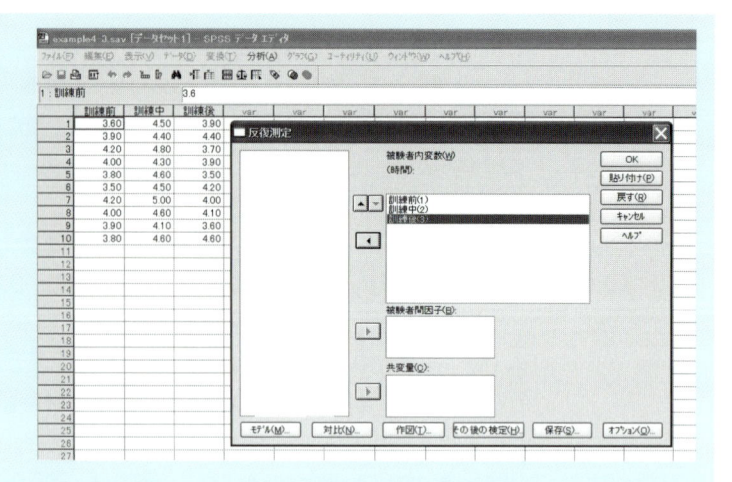

ことでそれを［平均値の表示：］ボックスに移す．すると［主効果の比較］をチェックできて，［信頼区間の調整：］ボックスで［LSD（なし）］を［Bonferroni］に変更できる．完成したボックスを画面6に示す．

画面6

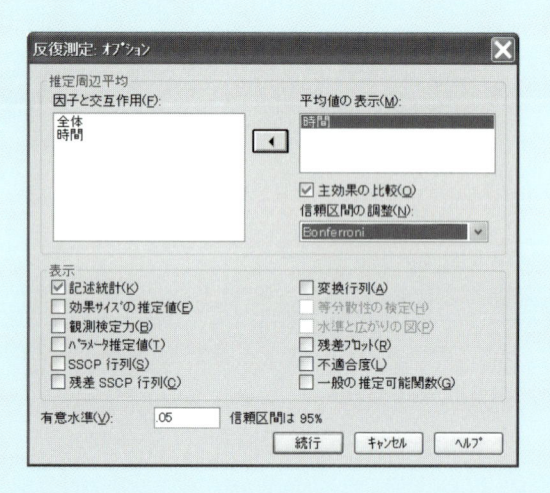

最後に，［続行］タブをクリックすると，［反復測定］ダイアログボックスが再び現れるので，［OK］をクリックし，検定を実行する．SPSSにより，膨大な量の結果が得られるが，重要なものだけを下に示す．

【一般線形モデル】

記述統計量

	平均値	標準偏差	N
訓練前	3.8900	.22828	10
訓練中	4.5400	.25033	10
訓練後	3.9900	.34785	10

Mauchlyの球面性検定[a]
測定変数名：MEASURE 1

被験者内効果	MauchlyのW	近似カイ2乗	自由度	有意確率	イプシロン[b]		
					Greenhouse-Geisser	Huynh-Feldt	下限
時間	.681	3.069	2	.216	.758	.880	.500

正規直交した変換従属変数の誤差共分散行列が単位行列に比例するという帰無仮説を検定する

a：計画：欠片
　　被験者内計画：時間

b：有意性の平均検定の自由度調整に使用できる可能性がある．修正した検定は，被験者内効果の検定テーブルに表示される

被験者内効果の検定
測定変数名：MEASURE 1

ソース		タイプIII 平方和	自由度	平均平方	F値	有意確率
時間	球面性の仮定	2.450	2	1.225	16.662	.000
	Greenhouse-Geisser	2.450	1.517	1.615	16.662	.000
	Huynh-Feldt	2.450	1.760	1.392	16.662	.000
	下限	2.450	1.000	2.450	16.662	.003
誤差（時間）	球面性の仮定	1.323	18	.074		
	Greenhouse-Geisser	1.323	13.650	.097		
	Huynh-Feldt	1.323	15.836	.084		
	下限	1.323	9.000	.147		

ペアごとの比較
測定変数名：MEASURE 1

(I) 時間	(J) 時間	平均値の差 (I-J)	標準誤差	有意確率[a]	差の95%信頼区間[a]	
					下限	上限
1	2	-.650*	.082	.000	-.891	-.409
	3	-.100	.144	1.000	-.522	.322
2	1	.650*	.082	.000	.409	.891
	3	.550*	.129	.006	.171	.929
3	1	.100	.144	1.000	-.322	.522
	2	-.550*	.129	.006	-.929	-.171

推定周辺平均に基づいた．
a：多重比較の調整：Bonferroni
＊：平均値の差は.05水準で有意である

　最初に確認しなければならないことは，データが，第2の表のMauchlyの球面性検定に合格するかどうかである．データが有意な非球面性を示すならば，有意確率＜0.05となる．ここの例では幸いにも，有意確率＝0.216＞0.05なので，[被験者内効果の検定] ボックスの中に [球面性の仮定] に対するF値の比を吟味することに進める．ここの例では，それがF＝16.662の値である．

◎ステップ3：有意確率を算定する

　SPSSにより，有意確率は0.000と算定される．

◎ステップ４：帰無仮説を棄却するかどうかを決定する
＊有意確率≦ 0.05 ならば，帰無仮説を棄却しなければならない．
＊もし有意確率＞ 0.05 ならば，帰無仮説を棄却する証拠がない．
　ここの例では，有意確率＝ 0.000 ＜ 0.05 なので，帰無仮説を棄却できる．そこで，３つの時点での平均発汗率の間に有意な差があると言える．

◎ステップ５：どのグループが違うかを決定する
　実験の目的は，いつの発汗率が訓練前と違うかを検定することであった．ここの例では，訓練前（グループ１）に対して訓練中（グループ２）では有意確率が 0.000 なので，明らかに兵士は訓練中により多く発汗した．しかしながら，訓練前（グループ１）に対して訓練後（グループ３）では有意確率が 1.000 なので，明らかに兵士は，訓練後の発汗が訓練前と有意に違わなかった．

注意：ここで述べた例は，この検定の非常に基本的な部分をカバーしただけである．反復測定分散分析の背後にある理論的考え方や，球面性が意味すること，ならびにその重要性について理解するためには，**参考文献**：Field（2000）のようなより詳述した本に進むことをアドバイスする．

4.5　２元配置分散分析

4.5.1　検定の目的

　同時に２つの因子の効果をみることができる実験や試験を解析することである．例えば，以下のような場合で使用される．
・硝酸肥料とリン酸肥料を違った量加えたときに，トウモロコシの収穫高への効果を調べたい場合．
・複数種類の小麦に硝酸肥料を違った量加えたときに，その小麦の収穫高への効果を調べたい場合．

4.5.2　検定の考え方

　２元配置分散分析は，１元配置分散分析と同様に行われるが，２つの因子があることによって２元配置分散分析は次の３つの問いかけを検定する．

※**相互作用**
２元配置分散分析を使って調べることにより，２つの因子が相乗的に作用したり，抑制的に作用したりする効果．

①第１因子に起因する差があるか？
②第２因子に起因する差があるか？
③２つの因子は互いに**相互作用**※するか？　換言すれば，一方の因子が他方の因子を受けた被験者への応答を変えるか？　例えば，硝酸肥料を加えることが，リン酸肥料を受けたトウモロコシへの応答に影響を及ぼすか？　または，硝酸肥料へ

の応答に関して，ある変種はその他の変種よりも大きな応答を示すか？

4.5.3 SPSSを使って検定を実行してみよう

SPSSで2元配置分散分析の検定を実行することも，かなり長い過程なので，例を示すのが最良である．

例題④

肥料の効果をみるための野外試験において，小麦は，リン酸肥料を添加する，添加しない2つの濃度の場合と，硝酸肥料を添加する，添加しない2つの濃度の場合とで栽培された．分析できるようにするため，2つの違った硝酸肥料濃度と2つの違ったリン酸肥料濃度を組合わせて，可能なあらゆる組合わせの下で小麦が栽培された（全部で2×2＝4個の組合わせがあった）．この試験で得られた収量（トン/ヘクタール）が，下の表に示されている．

> 硝酸肥料もリン酸肥料も添加しない： 1.4, 1.8, 2.1, 2.7, 1.7, 1.9, 1.5, 2.0, 2.1
> 平均値 ＝ 1.91，s ＝ 0.39，$\overline{SE}$ ＝ 0.128
> 硝酸肥料だけ添加： 2.4, 2.7, 3.1, 2.9, 2.8, 3.0, 2.6, 3.1, 2.6
> 平均値 ＝ 2.80，s ＝ 0.24，$\overline{SE}$ ＝ 0.082
> リン酸肥料だけ添加： 3.5, 3.2, 3.7, 2.8, 4.0, 3.2, 3.9, 3.6, 3.1
> 平均値 ＝ 3.44，s ＝ 0.40，$\overline{SE}$ ＝ 0.132
> 硝酸肥料とリン酸肥料を両方添加： 7.5, 6.4, 8.1, 6.3, 7.2, 6.8, 6.4, 6.7, 6.5
> 平均値 ＝ 6.88，s ＝ 0.61，$\overline{SE}$ ＝ 0.203

硝酸肥料とリン酸肥料が収量に与える効果を決めるために，**2元配置分散分析**を使用して，この試験を解析せよ．

解答

◎ステップ1：帰無仮説を設定する

3つの帰無仮説がある．
① "硝酸肥料の添加が，その収量に何ら効果をもたなかった"とする．
② "リン酸肥料の添加が，その収量に何ら効果をもたなかった"とする．
③ "硝酸肥料とリン酸肥料の間には，何らの相互作用がなかった"とする．

◎ステップ2：検定統計量を算定する

SPSSにおいては，すべての収量の測定値を1つの縦欄に入力し，この縦欄を「収量」と命名する．続いて，2つの縦欄を作成する．2番目の縦欄を「硝酸肥料」と命名し，硝酸肥料が添加されなかったとき添字0を，添加されたとき添字1をとるとする．3番目の縦欄を「リン酸肥料」と命名し，リン酸肥料が添加されなかったとき添字0を，添加されたとき添字1をとるとする．

検定を実行するには，［分析］メニューをクリックする．それから，［一般線型モデ

ル] バーへ移動する．そして，[1 変量] をクリックする．SPSS では，[1 変量] ダイアログボックスが立ち上がる．「収量」を [従属変数:] ボックスに入力し，「硝酸肥料」と「リン酸肥料」を [固定因子:] ボックスに入力する．次に，各試験処理による平均収量などの記述統計量を得るため，[オプション] タブをクリックし，[記述統計] ボックスをクリックする．データと完成した [1 変量] ダイアログボックスを画面7に示す．

画面7

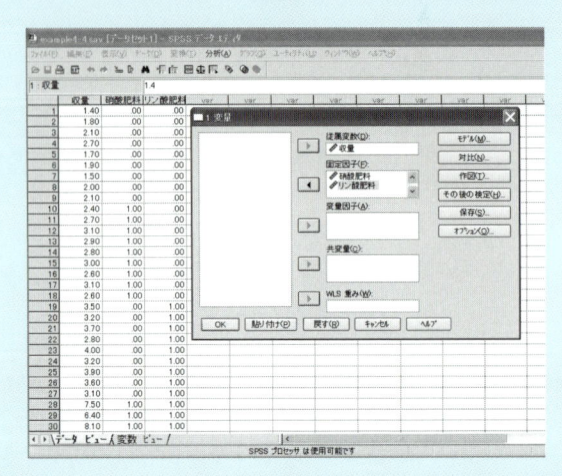

最後に，[続行] タブをクリックし，[1 変量] ダイアログボックスに戻って，[OK] をクリックする．SPSS は，多くの結果をもたらすが，そのうち最も重要な表が以下の表である．

【一般線型モデル】

記述統計量

従属変数：収量

硝酸塩	リン酸塩	平均値	標準偏差	N
.00	.00	1.9111	.38550	9
	1.00	3.4444	.39721	9
	総和	2.6778	.87552	18
1.00	.00	2.8000	.24495	9
	1.00	6.8778	.60782	9
	総和	4.8389	2.14562	18
総和	.00	2.3556	.55436	18
	1.00	5.1611	1.83532	18
	総和	3.7583	1.95176	36

被験者間効果の検定

従属変数：収量

ソース	タイプIII平方和	自由度	平均平方	F 値	有意確率
修正モデル	127.441a	3	42.480	230.923	.000
切片	508.503	1	508.503	2764.227	.000
硝酸肥料	42.034	1	42.034	228.495	.000
リン酸肥料	70.840	1	70.840	385.089	.000
硝酸肥料*リン酸肥料	14.567	1	14.567	79.186	.000
誤差	5.887	32	.184		
総和	641.830	36			
修正総和	133.328	35			

a：R 2 乗 = .956（調整済みR 2 乗 = .952）

すでに1元配置分散分析においてみてきたように，2元配置分散分析は変動量，すなわち分散を分割する．しかしながら，変動性をもたらす可能な効果は2つではなく，次の4つあって，硝酸肥料の効果，リン酸肥料の効果，硝酸肥料とリン酸肥料の間の**相互作用**（ここでは，この原因による変動量を「リン酸＊硝酸肥料」と示す）による効果，そして最後に，グループ内の変動量（ここでは，これを「誤差」と呼ぶ）による効果である．

　これら4つの可能な変動量により，誤差に対する次の3つの比の F 統計量が算定され，それらの F 量によりそれぞれ帰無仮説を検定する．
　①硝酸肥料の効果：$F = 228.5$
　②リン酸肥料の効果：$F = 385.1$
　③硝酸肥料とリン酸肥料の間の相互作用：$F = 79.2$

◎ステップ3：有意確率を算定する
　①硝酸肥料の効果に対しては，有意確率 = 0.000 である．
　②リン酸肥料の効果に対しては，有意確率 = 0.000 である．
　③相互作用に対しては，有意確率 = 0.000 である．

◎ステップ4：帰無仮説を棄却するかどうかを決定する
　①ここでは，有意確率 = 0.000 < 0.05 であるので，帰無仮説を棄却できて，硝酸肥料が収量に有意な効果をもたらすと言える．実際のところ，記述統計量をみると，硝酸肥料の添加が 0.89（トン/ヘクタール）だけ収量を増加させていることがわかる．
　②ここでは，有意確率 = 0.000 < 0.05 なので，帰無仮説を棄却できて，リン酸肥料が収量に有意な効果をもたらすと言える．実際，記述統計量をみると，リン酸肥料の添加も 1.53（トン/ヘクタール）だけ収量を増加させていることがわかる．
　③ここでは，有意確率 = 0.000 < 0.05 なので，帰無仮説を棄却できて，硝酸肥料とリン酸肥料が，有意な相互作用をもたらすと言える．これは，何を意味するか？　記述統計量をみると，硝酸肥料とリン酸肥料の両方の添加による収量が非常に大きいことがわかる．もし硝酸肥料，リン酸肥料を別々に一方だけを添加したときの効果が一緒に足し合わされた場合，そのときの効果は，0.89 + 1.53 = 2.42（トン/ヘクタール）だけ収量を増やすと考えられる．しかしながら，それらが同時に加えられたときの実際の収量の増加は，4.97（トン/ヘクタール）で，このときのほうがずっと大きくなっている．したがって，この場合，2つの栄養分が，互いの効果を強化していることになる（それらが互いの効果を**阻害**したとしても，有意な相互作用を得ることもあるだろうが）．

◎ステップ5：どのグループが違っているかを決定する
　ちょうど1元配置分散分析の場合のように，2元配置分散分析においても，それぞ

れの主な効果に対してポストホック検定を実行することが可能である．だが，ここの例では，2つの違った硝酸肥料濃度と2つの違ったリン酸肥料濃度とがあるだけなので，ポストホック検定を実行することが不可能である．もし3つ以上の違った濃度の場合があれば，［その後の検定］タブをクリックして，調べたい因子を入力し，実行したいポストホック検定をチェックすれば実行できる．

Exercise 練習問題　　　（解答は213〜218ページ）

問題 4.1

カルシウム結合タンパク質活性のレベルを，熱ショック刺激をかけたあとに，単離した植物プロトプラストにおいて調べた．6つのプロトプラストの標本において，測定値は刺激を加えた直前，刺激を加えてから1，2，4と8時間後にそれぞれとられた．そして，以下の結果が得られた．

刺激前：	3.2	2.2	3.8	2.8	2.7	3.0
1時間後：	3.4	2.7	3.2	4.0	2.8	2.9
2時間後：	3.5	3.7	4.1	3.6	4.7	3.8
4時間後：	4.5	4.3	4.9	5.1	3.9	4.4
8時間後：	3.4	3.1	3.6	2.7	3.5	3.2

SPSSを使用して，実験の時間経過にともなって，タンパク質活性が変化する様子を調べよ．1元配置分散分析を実行するとともに，いずれの変化が有意な違いを示しているかを決めるために適切なポストホック検定を実行せよ．

問題 4.2

以下の分散分析表を解釈せよ．何個くらいのグループが比較されていたか？　観測値の総数はいくらだったか？　そして，グループ間に有意差があったか？

	平方和	自由度	平均平方	F	有意確率
グループ間で	654	4	164	1.71	0.35
グループ内で	2386	25	95		
合計	3040	29			

問題 4.3

カタツムリがアルミニウムを摂取する量を研究するための実験において，20匹のカタツムリが最初アルミニウム水溶液の入った8つの水槽（モル濃度 20 mM）にそれぞれ置かれた．実験を始めてから，各水槽の水溶液が1週間隔で5週間にわたって抽出され，アルミニウム濃度が測定された．以下の結果が得られた（次ページ）．

反復測定分散分析を実行し，アルミニウム濃度が時間経過とともに有意に変化しているかどうかを検定せよ．アルミニウム濃度が期間全体を通じて下がり続けるかどうかを決めるために，ポストホック検定を実行せよ．

水槽	1	2	3	4	5	6	7	8
1週	16.5	14.3	14.6	15.5	13.1	15.2	14.5	13.9
2週	12.1	11.2	12.5	10.9	10.5	11.6	13.2	10.5
3週	10.9	8.6	10.2	8.7	8.9	9.3	11.0	9.5
4週	10.5	7.8	9.6	7.6	6.8	8.0	9.1	8.5
5週	10.2	7.4	8.6	7.9	5.7	7.6	8.4	8.2

問題 4.4

野外試験で，2つの異なる小麦の品種（WidgeonとHereward）が，3つの違った単位面積当たりの硝酸肥料濃度で栽培された．表Q4.4-1 と表Q4.4-2 の結果が得られた．

表Q4.4-1　小麦の品種Widgeonの収量への硝酸肥料添加の効果

Widgeon	加えられた硝酸肥料（kg m^{-2}）		
	0	1	2
収量 （トン/ヘクタール）	4.7	6.4	7.8
	5.3	7.5	7.4
	5.1	6.9	8.3
	6.0	8.1	6.9
	6.5	5.9	6.5
	4.8	7.6	7.2
	5.6	7.1	6.3
	5.8	6.4	7.9
	5.4	8.6	7.7

表Q4.4-2　小麦の品種Herewardの収量への硝酸肥料添加の効果

Hereward	加えられた硝酸肥料（kg m^{-2}）		
	0	1	2
収量 （トン/ヘクタール）	1.3	6.1	10.8
	2.2	7.2	9.8
	2.1	7.4	11.4
	3.3	8.6	10.6
	1.8	5.7	12.2
	2.4	7.2	9.6
	2.6	6.7	11.1
	2.7	6.9	10.4
	3.1	8.4	10.9

以下の問いに答えるために，2元配置分散分析を SPSS で実行せよ．

(a) 小麦の品種の違い，硝酸肥料添加，そしてこれらの相互作用という3つの可能な効果のうち，いずれの効果が有意であるのか？
(b) 記述統計量を考察して，前述の結果が実質的に何を意味しているのかを解明せよ．

5章 データ間の関連の見分け方

本当にますます陽気になるかどうか調べる試験

5.1 はじめに

3章で，1対の測定で得られる2組のデータの間に差があるかどうかを決定するのに対の2点比較 t 検定が使用できることについて述べた．例えば，学生がコーヒーを飲んだ後の心拍数が，飲む前と比べて違うかどうかを調べることができる．しかしそのことよりも，飲む前と飲んだ後の2組の測定値が**関連**※しているかどうか，そしてどの程度に関連しているかどうかを知りたい場合があるかもしれない．コーヒーを飲む前に高い心拍数をもった学生は，飲んだ後さらに高い心拍数をもつであろうか？　または，これとは違った次のような問いかけをすることもできよう．蛇の体長は年齢とどの程度関連しているのであろうか？　鳥の翼の表面積は体重とどの程度関連しているのであろうか？　または，脳卒中の患者の血圧は心拍数とどの程度関連しているのであろうか？

※**関連**
2組の測定値の間にある数値的なつながり．

本章では以下の3つについて解説する．まず最初は，変数が関連しているかどうかをみるために，データをどう考察したらよいかを示す．次に，本来避けられない変動性があるにもかかわらず，本当に変数の間に**直線的関連**があるのかどうか調べるのに統計的検定をどのように使えばよいかを示す．そしてこのような直線的な関連がある場合，どのような直線的関連であるか決定する方法を示す．最後に，生物学的な変数が非直線的な形で関係づけられる場合をいくつか考察する．このようなデータをどう変換すれば直線的関係をもつようにできるか，またそのときの直線的な関係式を統計的に決定する方法について述べる．

5.2 データが関連しているかどうかの調べ方

※散布図
2つの変数の間に関連があるかどうかを視覚的に決定できるよう，点をプロットしたグラフ．

※独立変数（説明変数）
回帰において，別の変数に影響を及ぼすが，それ自体は影響を受けない変数．

※従属変数（目的変数）
回帰において，別の変数によって影響を受ける変数．

　2つの変数間に関連があるかもしれないと察知したら，まず最初にすべきことはその一方の変数がとる値をもう一方の変数がとる値に対してプロットして，**散布図**※を描くことである．すると，一見するだけでどう変化しているかをみることができる．例えば図 5.1 から明らかなように，卵の日齢が増加するに伴ってその卵の重さが減少していくことがわかる．ただし，グラフをありのまま正確に描くことが重要であって，グラフは変数が互いにどのように影響し合っているかに依存する．変数の一方は**独立変数**※とよばれ，もう一方の変数は**従属変数**※とよばれる．独立変数は，従属変数に影響を及ぼすことができるが，それ自体が影響を受けることはない．横軸（x 軸）に沿って独立変数の値をプロットし，縦軸（y 軸）に沿って従属変数の値をプロットする．要するに，独立変数に対して従属変数をプロットすることになる．図 5.1 では，日齢が独立変数で，その卵の重さが従属変数である．これは，日齢のほうはその卵の重さに影響を及ぼすが，その重さのほうが日齢に影響を及ぼすことはないためである．

　時には，こうした独立変数と従属変数の選び方が必ずしも明白ではないことがある．血圧が心拍数に影響を及ぼすのか，逆に心拍数が血圧に影響を及ぼすのかを述べることは実質的に不可能である．血圧と心拍数はともに，おそらくこれらとは別の第 3 の変数の動脈硬化によって影響されると考えられる．このような場合，独立変数と従属変数の選び方は問題とならない．血圧と心拍数の関係で予測したいほうを縦軸にとればよい．

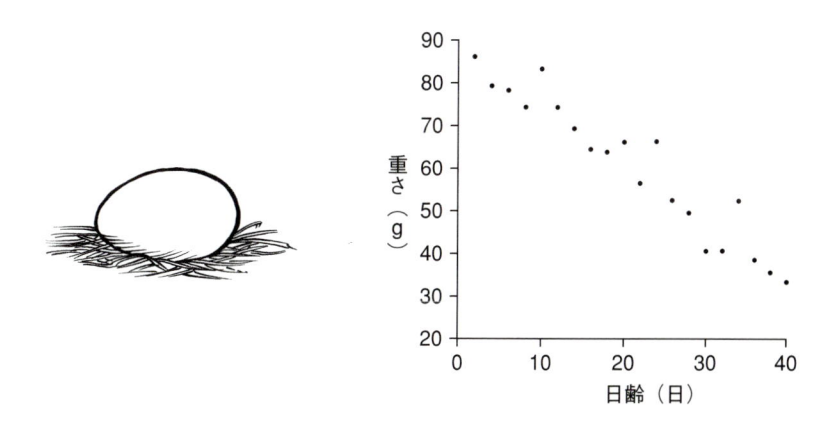

図 5.1　卵の日齢とその重さの間の関係
従属変数（重さ）が縦軸にプロットされることに注意する

5.3 グラフを考察する方法

　グラフをひとたびプロットすれば，その関連がどうなっているか吟味すべきである．変数同士がどのように関係づけられるかについては，主に以下のような関連性がある．

・変数の間に何ら関係が見出されなく，プロット点がグラフ用紙全体に散らばっている場合（図 5.2a）．
・正の関連（図 5.2b）：独立変数の値が増加するに伴って従属変数の値が増大する場合．
・負の関連（図 5.2c）：独立変数の値が増加するに伴って従属変数の値が減少する場合．
・直線的な関係より複雑な関係にある場合：図 5.2d は，独立変数の値が増加するに伴って，従属変数の値が上昇してから下降していることを示す．

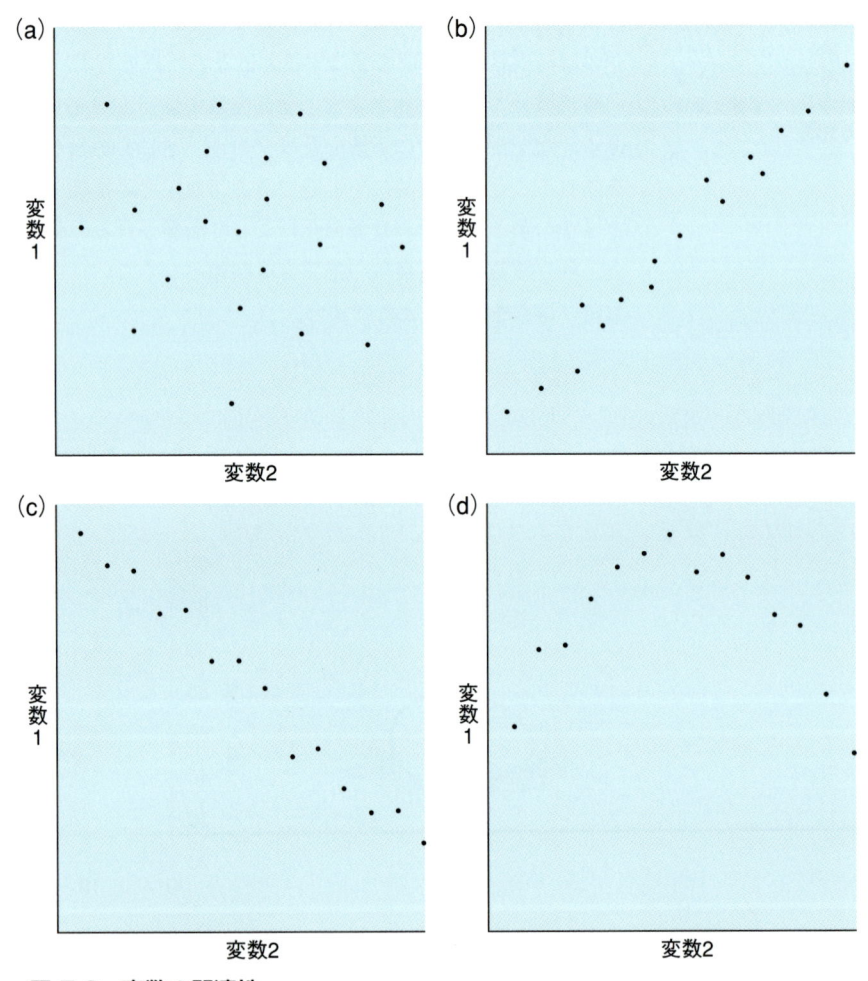

図 5.2　変数の関連性
　　　(a) 無関連．(b) 正の関連．(c) 負の関連．(d) 複雑な曲線をなす関連

5.4 直線的な関係

2つの変数が関係づけられる仕方は無数にあり，そのほとんどの関係はむしろ複雑なものである．そのうち，記述するうえで最も簡単な関係は図 5.3 に示したような直線の関係である．

この場合，従属変数 y は独立変数 x に次の式 5.1 で関係づけられる．

$$y = a + bx \tag{5.1}$$

※傾き
直線の勾配．

b は直線の**傾き**※で，a は**切片**※の定数項である．この切片の定数項は，直線が y 軸と交差するときの y の値である．この式は，多くの学生が高等学校で習った形の式

※切片
直線が y 軸と交差する点．

$$y = mx + c \tag{5.2}$$

と全く同じものであることに注目すべきである．

この直線的な関係は，統計的分析をするうえで最も容易なものなので，重要である．生物学関係者が2つの変数が関係しているかどうか吟味するとき，通常はこれらの変数の間に直線的な関係があるかどうかを調べようとする．幸運にも，生物学では変数間に直線的な関係が成り立つことが驚くぐらいよくみられる．それ以外でみられる直線的でない関係についてもその多くは，5.8 節で述べるように，データ値の対数をとるような**変換**※を施すことによって直線的な関係に変えることができる．

※変換
数学的な関数を利用して，データの度数分布がより対称なパターンになるよう変換することにより，パラメトリック検定が有効になるようにする操作．

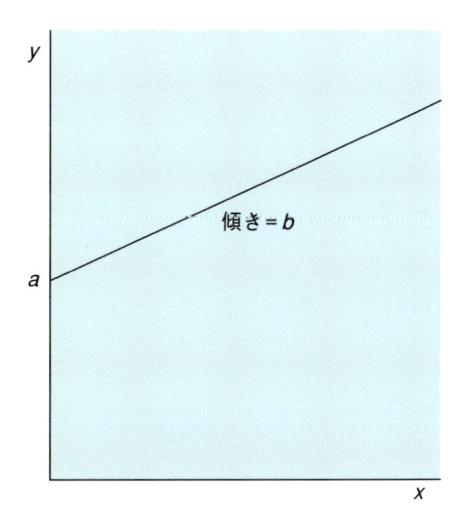

図 5.3　直線の関係
直線 $y = a + bx$ は，y 切片 a と傾き b をもつ

5.5　直線的関連に対する統計的検定

　生物が本来もっている変動性のため，プロット点がきっちり直線上をたどったり，ある数学の関数で表される曲線上をきっちりたどったりということは決してない．いつもこうした線上から離れ散らばっている．2組の測定値が本当に関連しているかどうかを決定する際に起こる困難は，本当は母集団の中で関連がないにもかかわらず，母集団から直線上に乗ったデータ点だけを標本として選択したのかもしれないということにある．ほんの少数のデータ点だけを選択しわずかの関連があるような場合にも，全く同様な直線上に乗ったデータ点を選択した可能性が考えられる（図 5.4a）．それに対し，本当に関連がない場合，多数個のデータ点すべてを直線に沿って選択するような可能性はありえない（図 5.4b）．それゆえに，はっきり識別できる関連を得る確率を求めるために統計的検定を実行せねばならない．また，もし関連があれば，どんな直線的な関係があるかを求めることができよう．関連に対する検定には主に，以下に述べる相関と回帰の2つがある．

5.6　相関分析

5.6.1　検定の目的

　相関とは，対の2組の測定値において，そのいずれの組の測定値も明らかにその他の組と独立していないような測定値の間に，直線的な関連があるかどうかを調べることである．

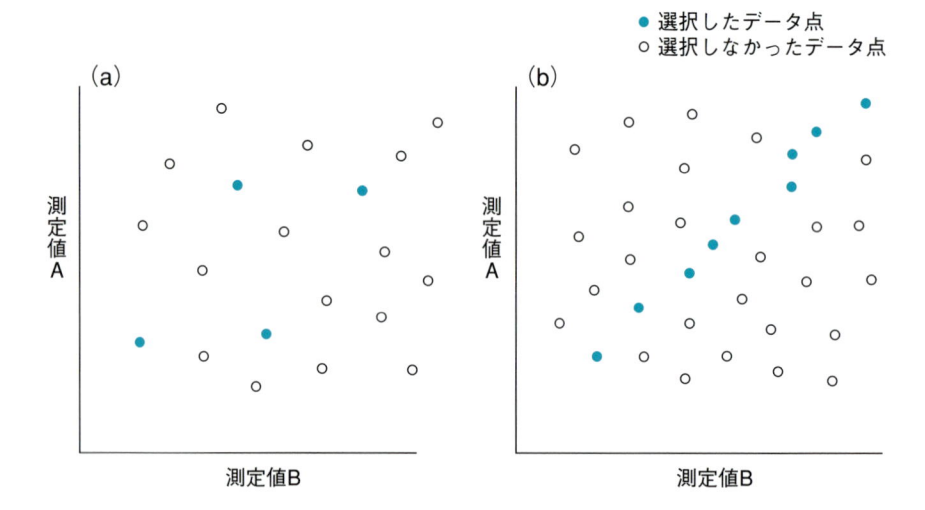

図 5.4　はっきり識別できる関連を得ようとするときの，標本の大きさの効果
　（a）たとえ本当に関連がなくても，関連を示すような少数のデータ点を選んだ可能性があるのかもしれない．（b）しかし大きな標本であれば，選んだすべてのデータ点がある直線上に乗るというようなことは全くありえない

5.6.2 検定の考え方

※**相関分析**
2組の測定値の間に線形な関連があるかどうかを決定する統計的分析.

相関分析※は，2組の測定値がどの程度の正の直線的相関の強さを示すか，どの程度の負の直線的相関の強さを示すかを考察することである．その基本的な考え方は，正の相関があれば，すべての点が分布の中央値 ($\bar{x}$, $\bar{y}$) より右上にあるか左下にあるか（図 5.5a），負の相関があれば，すべての点が分布の中央値より左上にあるか右下にあるか（図 5.5b）ということである．相関がなければ，プロット点があらゆる側に散らばっている（図 5.5c）．

相関分析は，たった1つの統計量のピアソン（Pearson）**相関係数** r を計算することによって関連の度合を評価する．これは次の3つのステップを通して計算される．

● ステップ1

まず最初に，2組の測定値について，それぞれの平均値 $\bar{x}$ と $\bar{y}$ を計算する．

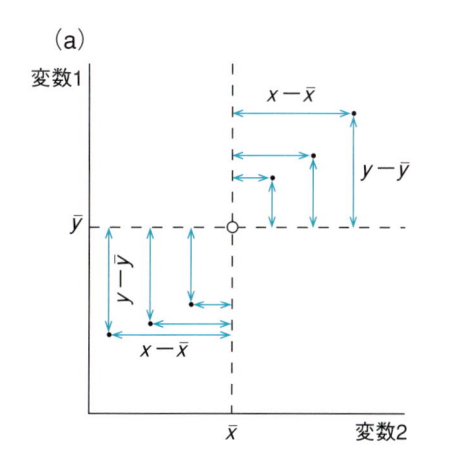

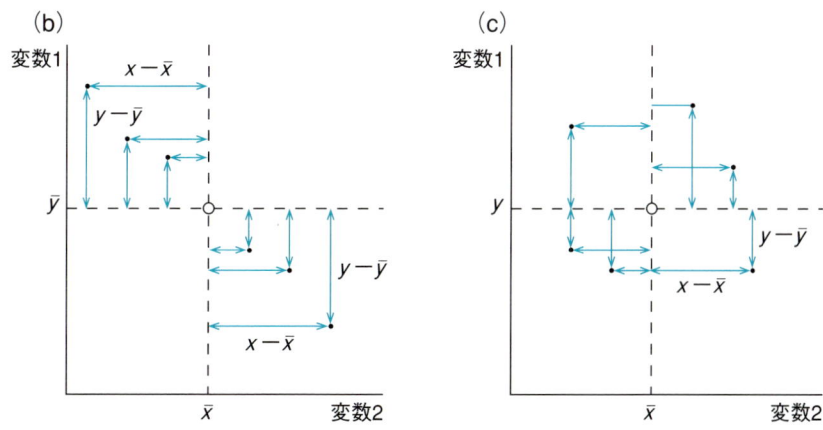

図 5.5 相関
(a) 正の相関：偏差積和 $\Sigma(x-\bar{x})(y-\bar{y})$ が正で，大きな値．(b) 負の相関：$\Sigma(x-\bar{x})(y-\bar{y})$ が負で，この絶対値が大きな値．(c) 無相関：$\Sigma(x-\bar{x})(y-\bar{y})$ の絶対値が小さな値

● ステップ 2

次のステップとして，各プロット点において，x の値の平均値 $\bar{x}$ からの偏差と y の値の平均値 $\bar{y}$ からの偏差との積から，$(x-\bar{x})(y-\bar{y})$ を計算する．注目すべきは，x と y の値がともにその平均値より大きければ $(x-\bar{x})$ と $(y-\bar{y})$ が両方とも正となるので，この場合のグラフは正の傾きをもつ．また，x と y の値がともにその平均値より小さい場合も，$(x-\bar{x})$ と $(y-\bar{y})$ が両方とも負となり，これらの積は正となるので，この場合のグラフも正の傾きをもつ．しかし，一方の変数の値がその平均値より大きくて，もう一方の変数の値がその平均値より小さいときには，これらの積 $(x-\bar{x})(y-\bar{y})$ は負になってしまう．

全プロット点についてその平均値からの偏差の積 $(x-\bar{x})(y-\bar{y})$ を足し合わせ，

$$偏差積和 = \Sigma(x-\bar{x})(y-\bar{y})$$

とする．

・プロット点がすべて，その平均値の右上か左下にある正の関連（図 5.5a）の場合には，偏差積和は正の大きな値をとる．
・プロット点がすべて，その平均値の左上か右下にある負の関連（図 5.5b）の場合には，偏差積和は負の大きな値をとる．
・関連がない場合には，プロット点がその平均値のあらゆる側に散らばり，正と負の値が互いに打ち消し合うことになる．そこで，偏差積和は 0 に近い小さな値をとる．

● ステップ 3

最後のステップは，ステップ 2 で得られた偏差積和を，それぞれの組の測定値が本来もっている変動性を表す偏差平方和の平方根 $\sqrt{\Sigma(x-\bar{x})^2}$ と $\sqrt{\Sigma(y-\bar{y})^2}$ の積で割ることによって見積ることである．よって，相関係数 r は次の式 5.3 で与えられる．

$$r = \frac{\Sigma(x-\bar{x})(y-\bar{y})}{\sqrt{\Sigma(x-\bar{x})^2 \Sigma(y-\bar{y})^2}} \tag{5.3}$$

しかし，この式はむしろ扱いにくいので，これは簡略化でき多少より迅速に計算できる形に書き換えられて，

$$r = \frac{n\Sigma xy - \Sigma x \Sigma y}{\sqrt{[(n\Sigma x^2 - (\Sigma x)^2)(n\Sigma y^2 - (\Sigma y)^2)]}} \tag{5.4}$$

と与えられる．

相関係数は，−1（完全な負の相関）から 0（無相関）を通過して 1（完全な正の相関）の値まで変化する．相関係数 r が 0 からますます外れ，標本の大きさがますます大きくなればなるほど，測定値の間に本当に関連がなければ，このような相関はますます起こりえなくなる．

5.6.3 検定を実行してみよう

相関分析がどのように実行できるかをみる最善の方法は，実例を調べることである．

例題① 年配患者の心臓血管の健康状態を調べるため，30人の患者の心拍数と血圧が測定されて次のような測定結果が得られた（表5.1）．これらの変数（心拍数と血圧）の間に直線的な関連があるのだろうか？

表5.1 30人の年配患者の心拍数と血圧

患者	心拍数（1分当たり）	血圧（mm Hg）
1	67	179
2	75	197
3	63	175
4	89	209
5	53	164
6	76	180
7	98	212
8	75	187
9	71	189
10	65	176
11	69	167
12	74	186
13	80	198
14	58	170
15	76	187
16	68	175
17	64	169
18	76	190
19	79	176
20	72	168
21	60	158
22	67	160
23	63	167
24	90	221
25	50	149
26	73	180
27	64	168
28	68	162
29	65	168
30	70	157

解答

SPSSでデータをプロットし関連を調べる

　SPSSを使用すると，統計的検定を実行することはもちろんのこと，まずデータをグラフで考察できる．データを2つの縦欄に入力し，これらの変数名を「心拍数」と「血圧」とする．次に［グラフ］メニューに移って［散布図/ドット］をクリックする．小さなダイアログボックスが現れたら，［単純散布図］をクリックし，［定義］をクリックする．すると，SPSSは［単純散布図］ダイアログボックスを立ち上げる．［Y軸］の欄で「心拍数」を選び，［X軸］の欄で「血圧」を選ぶ（実は，これらの変数を

逆にひっくり返して選んでもかまわない）．入力したデータの画面とともに，[単純散布図] ダイアログボックスが示される（画面 1）．

画面 1

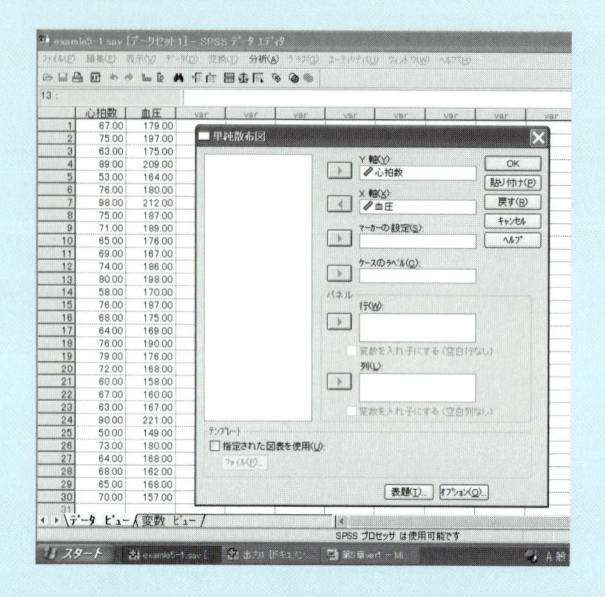

最後に [OK] をクリックすると，グラフが描かれる．以下のようなグラフが作成される．

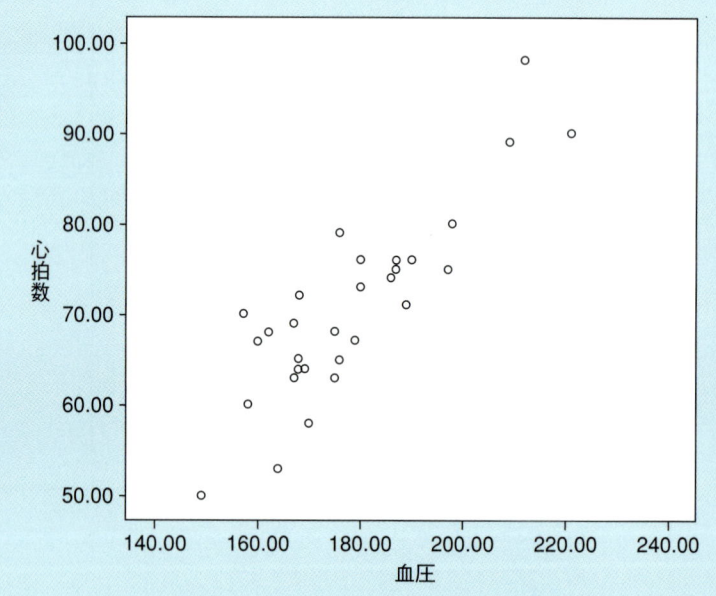

この図にはっきり正の相関のあることがみてとれるが，こうした判断は有意なのだろうか？ それに答えるためには相関分析を実行しなければならない．

◎ステップ 1：帰無仮説を設定する

相関に関しては，"2 組の測定値の間に関連がない，すなわちこれらの測定値をプロ

ットするとランダムに散らばっている"という帰無仮説を設定する．ここの例での帰無仮説は，"血圧と心拍数の間に関連がない"という仮説を設定する．

◎ステップ2：検定統計量を算定する

・電卓使用の場合

データ値を式 5.4 に代入して計算するか，電卓の相関計算の機能を使うかによって，相関の検定統計量（相関係数）の値が 0.86 と求められる．

・SPSS 使用の場合

相関の検定統計量は式 5.4 を使って計算できるが，SPSS を使ったほうが容易に得られる．［分析］メニューをクリックし，［相関］バーの上に移動し，［2 変量］をクリックする．SPSS は［2 変量の相関分析］ダイアログボックスを立ち上げる．「心拍数」と「血圧」をそれぞれ矢印をクリックし［変数:］ボックスに移して，［Pearson］にチェックがついていることを確かめる．このように仕上げられたダイアログボックスを画面 2 に示す．

画面 2

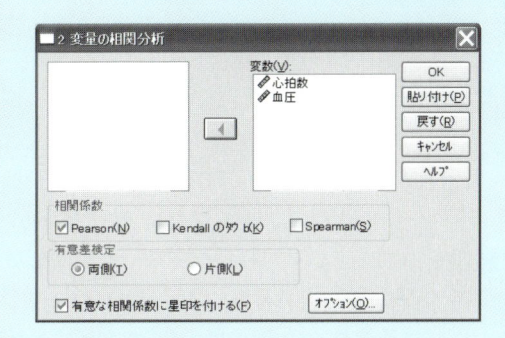

最後に［OK］をクリックすれば，SPSS は次のような結果を出力する．

相関係数

		心拍数	血圧
心拍数	Pearson の相関係数	1	.860**
	有意確率（両側）		.000
	N	30	30
血圧	Pearson の相関係数	.860**	1
	有意確率（両側）	.000	
	N	30	30

＊＊：相関係数は 1％水準で有意（両側）である

この出力表から，ピアソン相関係数が $r = 0.860$ と読める．

◎ステップ3：有意確率を算定する

・電卓使用の場合

巻末付録 3 の表 S2 に，有意確率 P が 0.05 より小さくなる，すなわち関連が有意であるために要求される相関係数の絶対値 $|r|$ の臨界値を，ある範囲の自由度にわた

って示す．N が観測値の対の個数であるとき，表 S2 で自由度（$N-2$）に対する r の臨界値を調べねばならない．$N = 30$ の場合，自由度 28 の臨界値は $r_{crit} = 0.36$ と得られる．

- **SPSS 使用の場合**
  SPSS は**有意確率（両側）**を直接計算する．ここでは 0.000 と得られている．

◎ステップ 4：帰無仮説を棄却するかどうかを決定する
- **電卓使用の場合**
  * もし $|r|$ がその臨界値より大きいか等しいならば，帰無仮説を棄却せねばならない．このとき，2 つの変数が有意な相関を示していると言える．
  * もし $|r|$ がその臨界値より小さいならば，帰無仮説を棄却できない．このときは，2 つの変数の間に直線的な関連があるという証拠がない．

  ここでは $r = 0.86 > 0.36$ である．

- **SPSS 使用の場合**
  * もし有意確率（両側）≤ 0.05 ならば，帰無仮説を棄却せねばならない．そこで，変数の間に有意な関連があると言える．
  * もし有意確率（両側）> 0.05 ならば，帰無仮説を棄却する証拠がない．そこで，変数の間に有意な関連がないと言える．

  ここでは有意確率（両側）$= 0.000 < 0.05$ である．
  そこで，いずれの場合でも帰無仮説を棄却せねばならない．心拍数と血圧は有意に相関していると言える．すなわち，$r (= 0.860) > 0$ であることはそれらの間に有意な正の直線的な関連があることを示している．

5.6.4　相関係数の利用

相関分析は 2 組の測定値が関連しているかどうかを表すことから，これは有用な手法であり，一方の変数が他方の変数に依存しさえすれば使用できる手法である．ただし，相関分析で得られる結果については次の 3 つの点に注意しながら取り扱う必要がある．

- 相関は単に測定値の間の直線的な関連を見出すだけで，相関が有意でないことが必ずしも変数間に関連のないことを証明するものではない．
- 有意な相関が 2 組の測定値の間に**因果関係**[※]のあることを暗示するものでない．
- 相関係数の絶対値の大きさは，2 組の測定値の間に成立する直線的関係式の傾きを反映するものではなく，これらの測定値の間にどれぐらい強く緊密な関連があるかを反映するものである．もし 2 組の測定値の間に成立する直線的関係式についての特性を決めたいならば，次に述べる回帰分析を実行する必要があ

※**因果関係**
2 つの変数間で，一方の変数は他方の変数に影響を及ぼすが，変数はそれ自身によって影響されることはないような 2 つの変数の間に成り立つ関係．

る．ただし，回帰分析が有効なのは，2組の測定値に対応するそれぞれの変数のうち，一方の変数が他方の変数から明らかに独立していて，これをグラフの x 軸としてプロットできる場合に限られる．

5.7 回帰分析

5.7.1 検定の目的

※回帰分析
1組の測定値が別の組の測定値によってどのように影響（通常は，線形な影響）を及ぼされるかを調べる統計的分析．

回帰分析※とは，対の2組の測定値において，そのうちの一方の組が明らかにその他の組と独立しているような測定値の組の間で，それらの間に成り立つ直線的な関係式を定量的に決めることである．独立変数としての良い例は次のようなものである．

・年齢や時間など．
・実験的にコントロールできる変数で，例えば温度や湿度など．

5.7.2 検定の考え方

回帰分析とは，グラフ上に散らばったデータ点に対し，これに最も適合した直線（すなわち，回帰直線）$y = \bar{a} + \bar{b} x$ を推定することである．いま各データ点について回帰直線から測った y 軸方向の鉛直距離（図 5.6a）をとるとき，最も適合した直線は，この鉛直距離を2乗し，全データ点について足し合わせた量を最小にするようにして求められる．

回帰直線の傾き $\bar{b}$ についての推定値は，実は相関係数の場合と同様にして算定され，次の式 5.5 で与えられる．

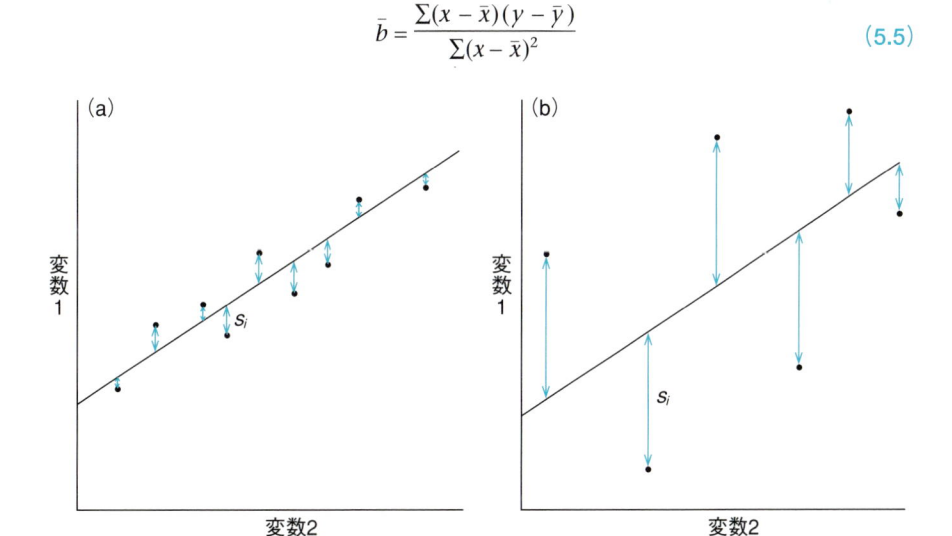

$$\bar{b} = \frac{\sum(x - \bar{x})(y - \bar{y})}{\sum(x - \bar{x})^2} \tag{5.5}$$

図 5.6 回帰分析
最適な直線はその直線からの変動量 Σs_i^2 を最小にする．(a) 有意な回帰分析：Σs_i^2 が小さい値である．(b) 有意でない回帰分析：Σs_i^2 が大きい値である

この式は簡略化されて，

$$\bar{b} = \frac{n\Sigma xy - (\Sigma x)(\Sigma y)}{n\Sigma x^2 - (\Sigma x)^2} \tag{5.6}$$

と書き直すことができる．最も適合した回帰直線は必ず x と y の平均値 $\bar{x}$ と $\bar{y}$ の点 $(\bar{x}, \bar{y})$ を通るので，直線の切片を表す定数 $\bar{a}$ は点 $(\bar{x}, \bar{y})$ の値を直線の方程式 $y = \bar{a} + \bar{b}x$ に代入することによって求められ，

$$\bar{a} = \bar{y} - \bar{b}\bar{x} \tag{5.7}$$

で与えられる．

　こうして回帰直線の式を得ることができたが，例えば図 5.6 に示したように，データ点の散らばりが非常に違ったデータにおいても同一の回帰直線をもつことができる．図 5.6a では明らかに直線的関係式が成り立っている．しかし，図 5.6b では，本来は変数間に直線的関係式が成り立っていないのかもしれないのだが，たまたまその関係式が成り立つことを暗示するような標本データを選んだのかもしれない．

　そこで，真にその関係式が成り立っているのかどうかを検定するため，1つか，あるいは複数の統計的検定を実施せねばならない．それを行うためには多少長い複雑な計算をする必要があり，今ではコンピュータソフトを使うほうがずっと効率的である．SPSSは回帰方程式を求めてくれるだけでなく，2つの統計的検定を実行してくれるとともに，その他の検定を実施するうえで必要な情報を提供してくれる．

・$\bar{a}$ と $\bar{b}$ の **標準誤差** をそれぞれ算出する．そして，これらの標準誤差の値を使い，$\bar{a}$ と $\bar{b}$ の値が0と有意差があるかどうかを決定するために $\bar{a}$ と $\bar{b}$ それぞれについて **t 検定**※ を実行する．また，データを使って，$\bar{a}$ と $\bar{b}$ に対する95％信頼区間を算定する．

・回帰直線で説明される変化量を，データ点が回帰直線から散らばることによる変動量と比較することが必須であるために，**分散分析** 検定を実行する．この検定により回帰直線が有意な傾きをもつかどうか，すなわち $\bar{b}$ が0と有意差があるかどうかがわかる．

・またこの回帰分析検定により，回帰直線が説明する全変化量の割合も知ることができる．このときの r^2 の値は相関係数の2乗に相当するものである．

※ **t 検定**
1つの母集団における測定値とそこでの期待値の間に違いがあるかどうか，対の2組の測定値の間に差があるかどうか，対でない2組の測定値の間に差があるかどうか，を分析する統計的検定．

5.7.3　検定を実行してみよう

　繰り返し述べるが，実例を使って回帰分析を実行する手続きを説明することは最良の手段である．

例題②

鶏卵の重さが産卵後減少していく経過を研究する調査で，2日ごとに1個ずつ産卵された卵を収集し，各卵は恒温器（インキュベーター）の中に保存した．40日後に，収集された全部で20個の卵の重さを測定した．その測定結果が下の表にまとめられ，これをプロットしたものは先の図5.1に示されている．回帰分析を実行し，卵の日齢が有意にその卵の重さに影響を及ぼすかどうかを決定してみよう．そして，もしそれらの間に関係があれば，どんな関係式が成立するか決めてみよう．

卵の日齢（日）	2	4	6	8	10	12	14	16	18	20	22
重さ（g）	87	80	79	75	84	75	70	65	64	67	57
卵の日齢（日）	24	26	28	30	32	34	36	38	40		
重さ（g）	67	53	50	41	41	53	39	36	34		

解答

◎ステップ1：帰無仮説を設定する

帰無仮説を，"卵の日齢はその卵の重さに影響しない"と設定する．すなわち，"回帰直線の傾きが0である"と設定する．

◎ステップ2：検定統計量を算定する

SPSSを用いて検定を実行するためには，まず「重さ」と「日齢」と命名された縦欄にそれぞれのデータを入力しなければならない．続いて［分析］メニューをクリックし，［回帰］バーに移って［線型］をクリックする．すると，SPSSは［線型回帰］ダイアログボックスを立ち上げる．従属変数（ここでは「重さ」）を［従属変数:］ボックスに選び，独立変数（ここでは「日齢」）を［独立変数:］ボックスに選ぶ．入力されたダイアログボックスならびにデータの画面を画面3に示す．

画面3

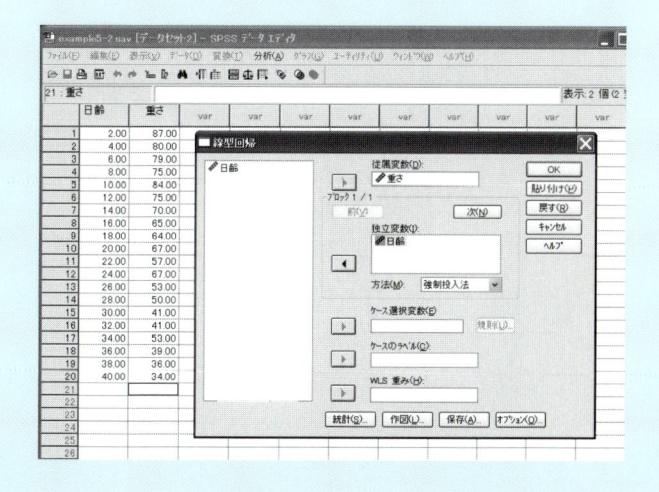

最後に［OK］をクリックすると，SPSSは次の結果を出力する（次ページ）．

【回帰分析】

投入済み変数または除去された変数[a]

モデル	投入済み変数	除去された変数	方法
1	日齢[b]		投入

a 従属変数：重さ
b 必要な変数がすべて投入された

モデル集計

モデル	R	R2乗	調整済みR2乗	推定値の標準誤差
1	.959[a]	.919	.915	4.90669

a 予測値：(定数)，日齢

分散分析[a]

モデル		平方和	自由度	平均平方	F 値	有意確率
1	回帰	4929.188	1	4929.188	204.738	.000[b]
	残差	433.362	18	24.076		
	全体	5362.550	19			

a 従属変数：重さ
b 予測値：(定数)，日齢

係数[a]

| モデル | | 非標準化係数 | | 標準化係数 | t | 有意確率 |
		B	標準誤差	ベータ		
1	(定数)	89.437	2.279		39.238	.000
	日齢	−1.361	.095	−.959	−14.309	.000

a 従属変数：重さ

最も重要なのは最後の係数の表で，これは式 5.1 における切片（定数）と傾き（日齢）についての推定値を与えている．こうして，最適な直線の方程式は

重さ = 89.437 −（1.361 ×日齢）

と書ける．回帰直線の傾きは −1.36 で，これは 0 より十分下にある値であるが，その値は 0 と有意に違うのだろうか．また，SPSS はその傾きの標準誤差を 0.095 と算定し，これが 0 と有意差があるかどうかを決定するため t 検定を行った．この例では，その t 値が −14.309 であった．

◎ステップ 3：有意確率を算定する

また，SPSS はその傾きが 0 と違う有意確率を直接算出した．この例では，有意確率 = 0.000 であった．

◎ステップ 4：帰無仮説を棄却するかどうかを決定する

＊有意確率 ≤ 0.05 なら，帰無仮説を棄却すべきである．そこで，傾きは 0 と有意

差があると言える.
*有意確率 > 0.05 なら，帰無仮説を棄却する根拠がない．そこで，傾きは 0 と有意差がないと言える．

この例では，有意確率 = 0.000 < 0.05 である．そこで，帰無仮説を棄却せねばならず，傾きは 0 と有意に違うと言える．卵の日齢はその卵の重さに有意な効果をもち，すなわち，日齢の高い，日数を経た卵ほどより軽くなると言える．

◎ステップ 5：信頼限界を算定する

また，SPSS はその傾きに対する信頼区間を計算する．検定を実行する際，[線型回帰] ダイアログボックスの中で [統計] タブに入り [信頼区間] ボックスをチェックして実行するだけでよい．すると，SPSS は下に示すような前より多少項目が増えた係数の表を出力する．

係数a

モデル		非標準化係数		標準化係数	t	有意確率	Bの95%信頼区間	
		B	標準誤差	ベータ			B	標準誤差
1	（定数）	89.437	2.279		39.238	.000	84.648	94.226
	日齢	−1.361	.095	−.959	−14.309	.000	−1.561	−1.161

a 従属変数：重さ

これは，回帰直線の傾きに対する信頼区間が −1.561 と −1.161 の間にあることを示す．

5.7.4 回帰データに関するその他の検定

● 期待値との差

コンピュータで算出される t 検定は，回帰直線の傾きと切片定数が 0 と違うかどうかを考察する．このときの t 値は次の簡単な式 5.8 で与えられる．

$$t = \frac{\text{推定値} - 0}{\text{標準誤差}} \tag{5.8}$$

しかしまた，SPSS の出力から，その傾きや切片定数がそれぞれ対応する期待値と違っているかどうかを決定するために，一貫した **1 標本 t 検定**を実施することも可能である．そのときの t 値は次の式 5.9 で与えられる．

$$t = \frac{\text{推定値} - \text{期待値}}{\text{標準誤差}} \tag{5.9}$$

式 3.1 の場合と同様にすればよく，その傾きや切片定数が 0 と違うかどうか決定するには，自由度 $N - 2$ での t 検定をコンピュータで自動的に実行すればよい．

例題③ 例題②における卵の重さについてのデータから，最初の卵の重さが一般の母集団の平均値 90 g と有意差があるかどうかを決めたい．すなわち，切片の値（SPSS で定数と呼んでいる値）が 90 と違うかどうかを検定せよ．

解答

◎ステップ 1：帰無仮説を設定する

帰無仮説を"切片定数が 90 に等しい"と設定する．

◎ステップ 2：検定統計量を算定する

必要になるデータは例題②における SPSS の出力結果から得られる（98 ページを参照）．表より切片定数の推定値が 89.437，その標準誤差が 2.279 と得られる．そこで，期待値が 90 とすると，検定統計量の t 値は

$$t = \frac{89.437 - 90}{2.279} = -0.247$$

である．

◎ステップ 3：有意確率を算定する

この例では，この t の絶対値 $|t|$ を自由度 20 − 2 = 18 での臨界値 $t_{\text{crit}} = 2.101$ と比較する．

◎ステップ 4：帰無仮説を棄却するかどうかを決定する

$|t| = 0.247 < 2.101$ である．その結果，帰無仮説を棄却する根拠がなく，最初の卵の重さは 90 g と有意差がないと言える．

● 2 つの回帰直線の間の差

もし 2 つの回帰直線を求めて，それらの傾きや切片が互いに異なるかどうかを検定したいときには，2 標本 t 検定を実行すればよい．このとき，式 3.5 と式 3.6 を用いて，例えば傾きに対する検定統計量は

$$t = \frac{傾き1 - 傾き2}{\sqrt{[(\overline{SE}_{傾き1})^2 + (\overline{SE}_{傾き2})^2]}} \tag{5.10}$$

で与えられる．ここで $\overline{SE}_{傾き1}$ と $\overline{SE}_{傾き2}$ はそれぞれ，傾き 1 と傾き 2 の標準誤差である．この検定統計量 t は自由度 $N + M - 4$ の t 分布に従う．ただし N と M はそれぞれ，2 つの回帰直線を計算する際の 2 つの標本の大きさを示す．

5.7.5　回帰分析が有効でない場合

回帰分析を適切に使用するには注意が必要である．というのは，有効でない場

合が多々あるからである．

- 独立変数が存在しないようなデータに対しては，単純な回帰分析は有効でない．例えば，心拍数を血圧に対して回帰すべきではなく，それは一方の変数が他方の変数に影響を及ぼすからである．こうした場合には，**より単純化された主軸による回帰分析**を使うことができるが，この方法ですら本当に有効かどうかについて論争が続いている（それほど難しいものではないが）．この分析法を実行する方法についての詳細は付録2 参考文献：Zar（2005）を参照．
- 測定値のすべてが独立でなければならない．例えばある植物の高さを異なった時刻に測るような，反復測定値を分析するときには回帰を使用すべきでない．そうした場合には，成長分析と呼ばれる分析法を使用する必要がある．

5.8 よくある非線形な関係式についての考察

変数間の関係式は必ずしも線形だとは限らない．実は，生物学での測定値において，特によくみられる2つの非線形な関係が存在する．幸運にも，以下で述べるように，これらの非線形な関係式は変数のうち一方を，または両方の変数を変換することにより線形な関係式に変えることができる．よって，これまでの回帰分析を用いて定量的に考察できることになる．

5.8.1 スケーリングとべき乗の関係式

※べき乗の関係
$y = ax^b$ の一般式で変化する関係．

いろいろ大きさの違った生物を調査すると，これら生物の特性の多くは**べき乗の関係**※に従って変化する．ある生物が一定の比率で大きさを変えるとき，ある生物種の特性はこの比率の2乗や，3乗，またはその他のべき乗に従って増加したり，減少したりする（スケーリング）．例えば，単細胞の藻類の重量はその直径の3乗に比例して増大するとか，哺乳動物の代謝率がその重量のほぼ0.75乗のべきで増大するとかいったことがある．また，それ以外の物理的な過程においてもこうしたべき乗に比例する関係式が成り立つ．鳥の翼で生成される揚力は，その飛ぶ速さの2乗に比例して大きくなる，などということもある．こういった類の関係式が成り立つとき，独立変数 x を従属変数 y に関係づける一般式は

$$y = ax^b \tag{5.11}$$

と表される．

こうした関係式で表される曲線（図 5.7a）を一見すると，定数 a と b の値を決定するのが非常に困難であるようにみえる．しかしながら，ある巧妙な数学的トリックを用いることによって，直線のグラフを導くことが可能となり，それゆえ a と b の値が容易に求められる．最初にすべきことは式 5.11 の両辺の常用対数をとることで，すると

$$\log_{10} y = \log_{10}(ax^b) \tag{5.12}$$

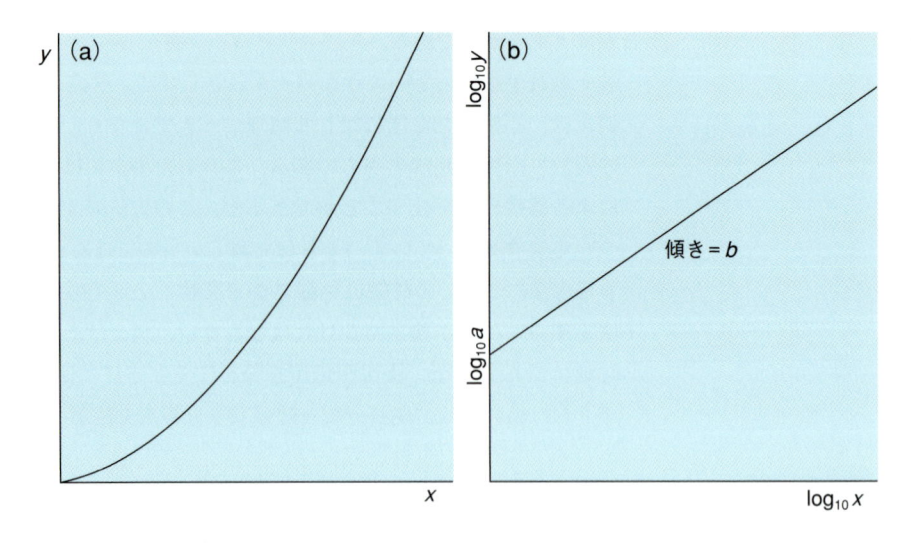

図 5.7　べき乗の関係式のグラフ
曲線 $y = ax^b$ の関係式（a）は，x と y の両方について常用対数（$\log_{10}$）をとることにより直線（b）に変換される．このときのグラフは y 切片が $\log_{10} a$ で，傾きが b の直線である

が得られる．なお，対数は次の 2 つの重要な性質：

$$\log_{10}(c \times d) = \log_{10} c + \log_{10} d \tag{5.13}$$

と

$$\log_{10}(c^d) = d \times \log_{10} c \tag{5.14}$$

をもつ．これらの性質を使うと，式 5.12 を整理し直すことができ，

$$\log_{10} y = \log_{10} a + b \log_{10} x \tag{5.15}$$

と表せる．

その結果，$\log_{10} y$ を $\log_{10} x$ に対してプロットすると，傾きが b で，切片が $\log_{10} a$ の直線が導かれる（図 5.7b）．

5.8.2　指数関数的に増大・減衰する関係式

※**指数関数的関係**
$y = ae^{bx}$ の一般式で変化する関係．$b > 0$ のときにはこの関係は指数関数的に増大することを示し，$b < 0$ のときには指数関数的に減少することを示す．

　生物学で現れるもう 1 つの現象は，時間の経過に伴って**指数関数的関係**※で変化するものである．こうした場合，ある定まった期間を経過すると，いくつかの特性はある比率で増加したり，減少したりする．例えばバクテリアのコロニーは，そのバクテリアの個数が数時間ごとに 2 倍に増えるという指数関数的な増大を示す．それに対し，放射能はある定まった期間を経過すると半分になるという指数関数的な減衰を示す．またそのほかに，物理的な過程においても，指数関数的な関係式が成り立つ．ほとんどの生物において，その反応率，すなわち代謝率は，温度が高くなるに伴って指数関数的に増大する．

　この類の関係式が成り立つとき，独立変数 x を従属変数 y に関係づける一般式は，

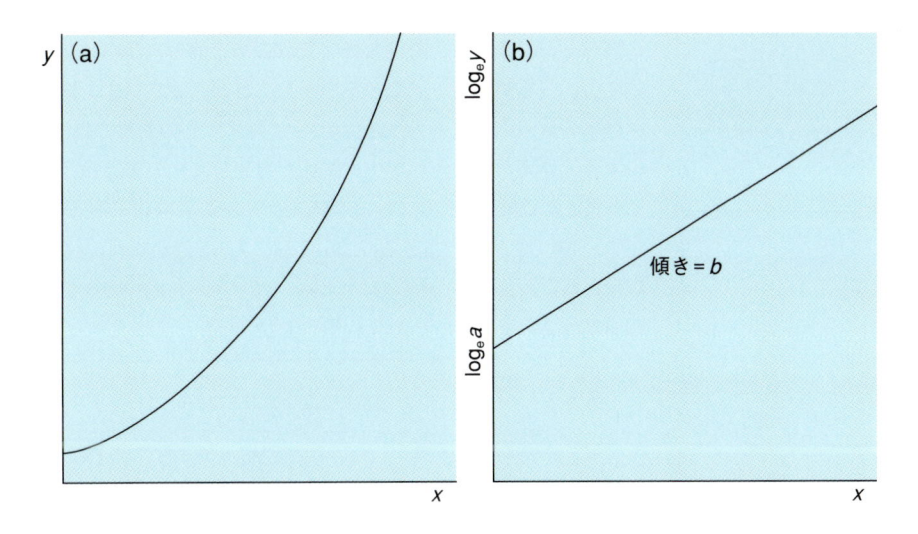

図 5.8　指数関数の関係式のグラフ
曲線 $y = ae^{bx}$ の関係式（a）は，y について自然対数（$\log_e$）をとることにより直線（b）に変換される．このときのグラフは y 切片が $\log_e a$ で，傾きが b の直線である

$$y = ae^{bx} \tag{5.16}$$

と表される．ここで e は自然対数の底である（$e = 2.718$）．こうした関係式で表された曲線（図 5.8a）を一見すると，べき乗の関係式の場合と同様，定数 a と b の値を決定することが非常に困難であるようにみえる．しかしながら，再び巧妙な数学的トリックを用いると，直線のグラフを導くことができる．べき乗の場合と同様，最初にすべきことは式 5.16 の両辺の自然対数をとることである．すると，

$$\log_e y = \log_e(ae^{bx}) \tag{5.17}$$

となる．整理し直すと，

$$\log_e y = \log_e a + bx \tag{5.18}$$

が得られる．その結果，$\log_e y$ を x に対してプロットすると，傾きが b で，y 切片が $\log_e a$ である直線が導かれる（図 5.8b）．

例題④　働きアリの頭部のあご幅を測る調査が実施された．大きさが違って見える 20 匹の働きアリについて，その体長と頭部のあご幅を測定した．次の結果が得られた．

体長（mm）	3.2	3.6	4.2	4.3	4.6	5.0	5.2	5.3	5.5	5.5
あご幅（mm）	0.23	0.29	0.32	0.38	0.45	0.44	0.55	0.43	0.60	0.58
体長（mm）	5.7	6.2	6.6	6.9	7.4	7.6	8.5	9.2	9.7	9.9
あご幅（mm）	0.62	0.73	0.74	0.88	0.83	0.93	1.03	1.15	1.09	1.25

前ページの表から，より大きなアリのあご幅の方が小さなアリのあご幅よりも相対的に広い（相対成長：アロメトリー）ことが示唆された．確かに，最大のアリの体長は最小のアリのほぼ 3 倍も長いように見え，その頭部のあご幅はほぼ 4～5 倍も広いように見える．こうした比例関係が有意な変化であるかどうかを考察するため，まず体長とあご幅の両方について常用対数をとる変換を SPSS を用いて行う必要がある（データ値の変換を行う方法については，7.3.5 節を参照）．この例のデータ値に常用対数をとる変換を施し，それをプロットしたグラフは SPSS での ［単純散布図］ ダイアログボックスを実行して次のように与えられる．

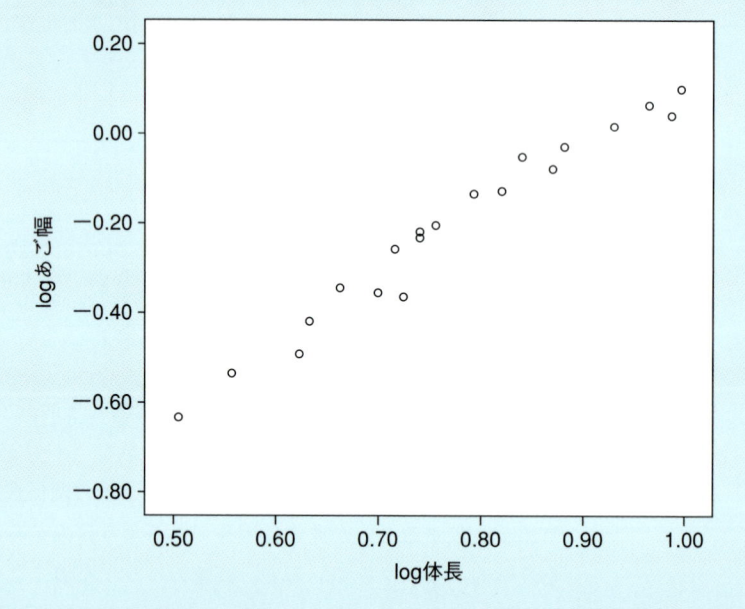

　もしアリがすべて等大に比例して大きくなっていくなら，頭部のあご幅も体長に直接比例するはずで，グラフの傾きは 1 に等しくなるであろう．そこで，このグラフの傾きが 1 と有意差があるかどうかを検定する必要がある．

解答

◎ステップ 1：帰無仮説を設定する

　帰無仮説を "上記の log/log グラフの直線の傾きが 1 に等しい" と設定する．

◎ステップ 2：検定統計量を算定する

　$\log_{10}$ 体長対 $\log_{10}$ あご幅についての回帰分析を SPSS で実行すると，次のような結果を出力する．

【回帰分析】
投入済み変数または除去された変数[a]

モデル	投入済み変数	除去された変数	方法
1	log体長[b]		投入

a　従属変数：logあご幅
b　必要な変数がすべて投入された

モデル集計

モデル	R	R2乗	調整済み R2乗	推定値の標準誤差
1	.983[a]	.966	.964	.04022

a 予測値：（定数），log体長

分散分析[a]

モデル		平方和	自由度	平均平方	F 値	有意確率
1	回帰	.817	1	.817	504.939	.000[b]
	残差	.029	18	.002		
	全体	.846	19			

a 従属変数：logあご幅
b 予測値：（定数），log体長

係数[a]

モデル		非標準化係数		標準化係数		
		B	標準誤差	ベータ	t	有意確率
1	（定数）	−1.362	.052		−26.294	.000
	log体長	1.485	.066	.983	22.471	.000

a 従属変数：logあご幅

そこで，最適な回帰曲線は

$$\log_{10} \text{あご幅} = 1.485 \log_{10} \text{体長} - 1.362$$

と与えられる．これはあご幅を体長に関係づける式が

$$\text{あご幅} = 10^{-1.362} \times \text{体長}^{1.485}$$
$$= 0.0435 \times \text{体長}^{1.485}$$

であることを意味する．指数 1.485 が 1 より大きいようにみえるが，これが 1 と有意に違うかどうかを調べるため，SPSS で t 検定を実行しなければならない．このときの t 検定統計量は

$$t = \frac{\text{傾き} - \text{傾きの期待値}}{\text{傾きの標準誤差}} = \frac{1.485 - 1}{0.066} = 7.35$$

と算定される．

◎ステップ 3：有意確率を算定する

次に，この $|t|$ の値を自由度 20 − 2 = 18 での臨界値 $t_{\text{crit}} = 2.101$ と比較する．

◎ステップ 4：帰無仮説を棄却するかどうかを決定する

$|t| = 7.35 > 2.101$ であるので，帰無仮説を棄却する根拠が存在する．すなわち，傾きが 1 と有意に違うと言うことができる．そして，アリは正の相対成長を示し，より大きなアリのあご幅の方が小さなアリのあご幅よりも相対的に広いことを意味する．

Exercise 練習問題

(解答は218〜222ページ)

問題 5.1
一連のデータをどんな曲線でプロットしたらよいだろうか？
(a) 胚中の細胞数と受精からの経過時間．
(b) 雌鳥の序列とそのひなの序列．
(c) 女性の身長と体重．
(d) カサガイの体長と幅．

問題 5.2
いろんな広さをもったブドウの葉の中にある気孔の密度を調べて，次の表の結果が得られた．2つの変数，葉の面積と気孔密度との間の相関係数 r を求め，これが有意な相関であるかどうかを決めよ．葉の面積と気孔密度の間の関係式についてどんなことを言うことができるか？

葉の面積 (mm^2)	45	56	69	32	18	38	48	26	60	51
気孔密度 (mm^{-2})	36	28	27	39	56	37	32	45	24	31

問題 5.3
年配女性の骨が年をとればとるほどもろくなる理由を調べる調査で，年齢の違った24人の閉経後の女性に対してその骨密度が測定された．若い女性の平均骨密度に対する割合（パーセント）で表記した相対骨密度がデータ値として示された．

年齢（歳）	43	49	56	58	61	63	64	66	68	70	72	73
相対骨密度	108	85	92	90	84	83	73	79	80	76	69	71
年齢（歳）	74	74	76	78	80	83	85	87	89	92	95	98
相対骨密度	65	64	67	58	50	61	59	53	43	52	49	42

(a) データをプロットせよ．
(b) SPSSを使って，年齢と骨密度の間に成り立つ関係を決めるため，回帰分析を実行せよ．骨密度は年齢とともに有意に変わるのであろうか？
(c) 年齢が70歳の女性に対して期待される骨密度を計算せよ．

問題 5.4
多毛類のゴカイ *Nereis diversicolor* が亜鉛汚染を阻止する能力について考察する実験で，亜鉛濃度 [Zn]$_{溶液}$ を含む溶液中で育てられたゴカイの体内での亜鉛濃度 [Zn]$_{体内}$ が測定された．その結果，次のデータが得られた．

$\log_{10}$[Zn]$_{溶液}$	1.96	2.27	2.46	2.65	2.86	2.92	3.01	3.24	3.37	3.49
$\log_{10}$[Zn]$_{体内}$	2.18	2.23	2.22	2.27	2.25	2.30	2.31	2.34	2.36	2.35

(a) このデータをプロットせよ．
(b) SPSS を使って，溶液中の亜鉛がゴカイの体内濃度にどのように影響するかどうかを決めるため，回帰分析を実行せよ．もしゴカイが亜鉛濃度を有効にコントロールしなければ，そのゴカイの体外と体内における濃度が等しいはずで，回帰直線の傾きが 1 になるはずである．この傾き 1 をデータの回帰分析で得た直線の傾きと比較するために，その場合の t 検定統計量の値を算出し，ゴカイが亜鉛濃度を有効にコントロールしているかどうかを決定せよ．

問題 5.5

小麦畑の収穫量への播種密度の効果を調べた調査により次の結果を得た．

播種密度（mm^{-2}）	50	80	100	150	200	300	400	500	600	800
収穫量（トン）	2.5	3.9	4.7	5.3	5.6	5.9	5.4	5.2	4.6	3.2

(a) 播種密度に対してその収穫量のグラフをプロットせよ．
(b) SPSS を使って，播種密度とその収穫量との間に有意な直線的な関係が成り立つかどうかを決めるため，回帰分析を実行せよ．
(c) 播種密度とその収穫量の間の関係についてどんなことが言えるか？

問題 5.6

(a) 鳥の翼の面積 A とその体長 L について，これら両方の常用対数をとると直線の関係式 $\log_{10}A = 0.3 + 2.36 \log_{10}L$ で関係づけられる．このとき，A と L の間にはどんな関係式が成り立っているのか？
(b) あるバクテリアのコロニー中におけるバクテリアの個数 N について，この自然対数 $\log_e N$ がその経過時間 T に関係づけられる式が $\log_e N = 2.3 + 0.1T$ で与えられるとする．このとき，N と T の間にはどんな関係式が成り立っているのか？

問題 5.7

Coecilian（アシナシイモリ：ミミズに似た両生類の一種）のある種について，その代謝の温度依存性についての研究が行われた．捕獲された動物は 2 ℃ 間隔で 0 ℃ から 30 ℃ までの温度で保持されて，そのときの代謝率が二酸化炭素 CO_2 の排出割合を測定することによって求められた．その結果が次のようなデータとして得られた．

温度（℃）	0	2	4	6	8	10	12	14
CO_2 発生量（ml/分）	0.35	0.43	0.45	0.55	0.60	0.78	0.82	0.99
温度（℃）	16	18	20	22	24	26	28	30
CO_2 発生量（ml/分）	1.32	1.43	1.64	1.71	2.02	2.35	2.99	3.22

(a) CO_2 の発生量に対しその自然対数をとることによってデータを変換せよ．
(b) 温度と代謝率の間に成り立つ関係を考察するため，回帰分析を実行せよ．

6章 データをカテゴリーに分類して処理する方法

教授の中に，期待される数より有意に多い数の変なヤギがいる

6.1 はじめに

　生物学ではしばしば，生物や他の種目などについて**測定値**をとるのではなく，それらを異なった**カテゴリー**に分類したりすることがある．例えば，鳥がいろいろと異なった種類に属したり，いろいろと異なった色調をもったりする．生息環境（もしくは 細菌培養用ペトリ皿）はある特定の生物種を生存できるようにしたり，生存できないようにしたりする．人々は健康だったり，病気だったりする．このように自由に定義できるものに対しては直感的に数値を割り当てることはできない．緑色が黄色より大きいと実感することはない．こうした理由から，3，4，5章で実施してきた測定値間の差や関連を考察する統計的検定はいずれも使用できない．

　その代わり，こうしたカテゴリーデータはそれぞれ異なるカテゴリーに属する観察個数を数えることによって適切に定量化される．すなわち，異なった特性を

もつ各状態が起こる**度数（頻度）**を算出できるようにする．そのとき，このデータを利用すれば以下の2つの問いかけのいずれか一方に答えることができるようになる．

- 1つのグループの中で，各特性が起こる度数がそれぞれ期待される値と違うかどうかを知りたい．例えば，迷路の中にいるラットが右に回るか，左に回るかについて，それぞれの起こる度数が期待される1：1の度数と違うかどうか？または，小さな炭鉱町でのくる病患者の度数が一般の母集団における度数と違うかどうか？
- 2つ以上の複数個のグループの間で，各特性が起こる度数が互いのグループで違っているかどうかを知りたい．すなわち，各特性がグループ間で関連しているかどうかを知りたい．例えば，喫煙者は女性より男性の方が多いのか？または，異なった種の昆虫は優先的に訪れる花が異なるのか？

6.2 データの変動（ばらつき）の問題をどう解決するか

　一見すると，特性の起こる度数が違っているかどうか述べることは容易であると考えるかもしれない．ある羊の標本を見て8匹が黒くて6匹が白かったなら，黒い方が白い方よりも多いものだと結論づけるかもしれない．母集団中では黒い羊と白い羊は同数だったのだが，不運なことに，標本としてたまたま黒い方をちょっと多く抽出したのかもしれない．

　実際には，ある特性状態が小標本で現れる度数は，これが母集団全体で現れる度数と全く同じであるようなことはない．白い方が50％，黒い方が50％いる羊の母集団から標本を抽出したとき，どんなことが起こるか考えてみよう．2匹の羊から成る標本の場合では，白い方と黒い方の割合が1：1の比となる確率は50％で，それ以外のときは両方の羊がともに黒かったり，白かったりである．4匹の羊の標本の場合では，1：1の比となるのは全16回のうち6回にすぎず，3：1か1：3となる比は16回のうち4回あり，そして4：0か0：4となる比は16回のうち1回ある．

　標本中の羊の個数が増加するに伴い，最も起こりうる度数はますます1：1の比に近づいていくが，その度数が正確に1：1の比に一致することはめったにない．つまり，標本の大きさをNとするとき，こうした1：1の比が起こる度数xについての確率分布は，その**平均値**$\bar{x}$が$\frac{N}{2}$で，**標準偏差** sが$\frac{\sqrt{N}}{2}$である**二項分布**に従い（**図6.1**），Nが増加するとともにその平均値の周辺により集中的に分布する．ところで，標本の大きさNが増大するに伴い，比が1：1に近いほうの確率はますます増加するが，それから外れたほうの比の確率はますます減少する．しかし，この外れたほうの確率は，その値がますます小さくなろうとも，常に有限な値をもち，全部が白い羊を抽出するようなことも起こりうる．

　期待される度数の比が1：1と違ったり，カテゴリーの個数が2個より多くな

ったりすると，事はより複雑になるが，本質的には同じパターンが現れる．標本の大きさが増すとともに，標本における度数分布は母集団での度数分布に近づいていくが，めったに一致することはない．標本の度数分布について母集団と同じような度数分布を得る確率は上昇するが，それでもなお，母集団と標本との度数分布が非常に違う確率が有限の値として残る．ある特性状態が確率 p の度数で起こる母集団から無作為抽出した標本について，この特性が起こる平均比率を表す標本比率も p であることが期待される．しかしながら，この標本比率のばらつき度合を表す標準誤差 SE は次のようなちょっと複雑な式 6.1 で与えられる．

$$\text{SE} = \sqrt{\frac{p(1-p)}{N-1}} \tag{6.1}$$

そこで，標本からの結果が期待される度数分布と違ったとしても，これが実は標本を抽出した母集団が違っていたためであると確信することはできない．たとえ 100 匹の羊を無作為抽出し，それが全部白い羊であったとしても，母集団はなお白と黒の羊を 1：1 の比で含んでいて，この標本抽出がたまたま不運だったのかもしれない．しかし，標本の大きさがますます増大するにつれて，標本からの結果と期待される度数分布との差がますます大きくなるような不運な状況はますます起こらなくなる．その期待される度数分布との差がどれくらいの確率で実現するかどうかを決めるため，何種類かの検定が使用できる．**カイ 2 乗（χ^2）検定**[※]，**G 検定**，**コルモゴロフ‐スミルノフ（Kolgomorov–Smirnov）1 標本検定**，そして**フィッシャー（Fisher）の正確計算検定**などである．その中でも最も普通に使われるのが**カイ 2 乗（χ^2）検定**で，ここではこの検定について考察するとしよう．

χ^2 検定には主に以下の 2 種類がある．

・差に対する χ^2 検定
・関連に対する χ^2 検定

※**カイ 2 乗（χ^2）検定**
1 組のカテゴリーにおいて実際の度数と期待される度数との間に差があるかどうか，または 2 組のカテゴリーの間に関連があるかどうかを決定する統計的検定．

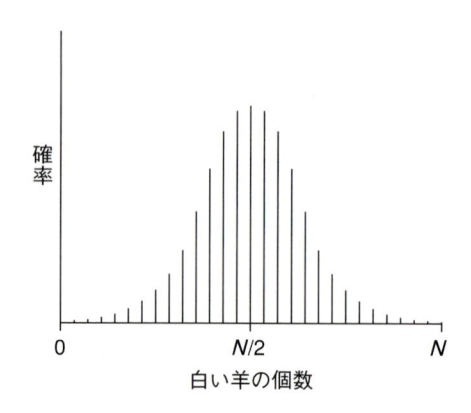

図 6.1　二項分布
50 ％の白い羊がいる母集団から抽出される大きさ N の標本に関して，その中に含まれる白い羊の個数がいろんな値をとるときの確率分布

6.3 差に対する χ^2 検定

6.3.1 検定の目的

各特性の度数分布が期待される値と違うかどうか検定するためのものである．この検定は，異なったカテゴリーの個数が特定の比で期待されるときに，最もよく使用される．ここでいくつか例を挙げておく．

・メンデルの法則に従った遺伝学の実験
・迷路や部屋選択の試験
・性比を吟味すること
・結果を文献からの数と比較すること
・小標本からの度数を全国的な平均と比較すること

6.3.2 検定の考え方

この検定ではカイ2乗量（χ^2）を計算するが，この量は観測度数と期待される度数（期待度数）との間の差を表す尺度である．基本的には，この統計量 χ^2 の値が大きくなればなるほど，もし母集団の度数が期待度数であるとしたら，そうした期待度数の結果がたまたま得られるようなことがますます起こらなくなる．

χ^2 統計量は次の式 6.2 で与えられる．

$$\chi^2 = \sum \frac{(O-E)^2}{E} \tag{6.2}$$

ここで O と E はそれぞれ，各特性状態に対する観測度数と期待度数を表す．これらの度数の間の差が大きくなるに伴って，χ^2 の値はますます大きくなり，観測度数と期待度数がたまたまちょっとだけ違うようなことが起こらなくなる．また，標本の大きさが大きくなるに伴って，O と E はますます大きな値をとるようになる結果，χ^2 の値もますます大きくなる．というのは，式 6.2 の中の分数でその分子の 2 乗の項が大きくなるためである．そこで，より大きな標本をとればとるほど，観測度数と期待度数との差をより検出できる可能性がますます高まる．

分類可能なカテゴリーの個数が増えるとともに，χ^2 分布の自由度の数がますます大きくなるが，このこともまた χ^2 の値を増大する傾向をもたらす．一連の自由度に対する χ^2 分布を算出した表を，付録 3 の表 S3 に示す．この表では，χ^2 の値がある臨界値を超えたときに，そうした観測値を偶然得る確率がそれぞれ 5％，1％，0.1％より小さくなるような臨界値を示している．

6.3.3 検定を実行してみよう

差に対する χ^2 検定を実行する方法を理解するには，直接，実例を経験するのが最良の方法である．

例題①

メンデルの法則に従う遺伝実験で，しわのないえんどう豆としわのあるえんどう豆の雑種第1代（F1）が交雑された．その結果，

  しわのないえんどう豆の個数　＝ 69
  しわのあるえんどう豆の個数　＝ 31

が得られた．この100個のF1について，しわ有えんどう豆に対するしわ無えんどう豆の比がメンデルの法則で予想される3：1の比と違うかどうかを検定してみよう．この検定のためには通常，次の4つのステップを実行する．

解答

◎ステップ1：帰無仮説を設定する

 帰無仮説は"得られた比が期待される比に等しい"と設定し，ここでの帰無仮説は"しわ無えんどう豆：しわ有えんどう豆の比が3：1に等しい"とする．

◎ステップ2：検定統計量を算定する

・電卓使用の場合

 まず最初にすることは，期待値を計算することである．この例では3/4がしわ無えんどう豆で，1/4がしわ有えんどう豆であるべきである．100個のF1があるので，

  しわ無えんどう豆の期待される個数　＝ 100 × 3/4 ＝ 75
  しわ有えんどう豆の期待される個数　＝ 100 × 1/4 ＝ 25

と予想される．そこで，次の表のようにまとめられる．

	観測個数	期待個数	観測個数ー期待個数
しわ無えんどう豆	69	75	－6
しわ有えんどう豆	31	25	6

こうして χ^2 検定量を計算すると，

$$\chi^2 = \sum \frac{(O-E)^2}{E}$$

$$= \frac{(69-75)^2}{75} + \frac{(31-25)^2}{25} = \frac{36}{75} + \frac{36}{25} = 0.48 + 1.44 = 1.92$$

が得られる．

・SPSS使用の場合

 型どおりにSPSSで差に対する χ^2 検定を行うには，それぞれの特性ごとに別々の列をもった大きなデータシートの中に，各個体ごとのデータをそれぞれ入力して，その検定を実行することになる．標本の大きさが大きいと，この方法を使うと極端に時間がかかることがある．幸いにも，入力するデータに重みづけをすることによって，よりすばやく計算できる方法がある．

 通常のように，最初にすることはデータを次のような形式で正しく入力することで

ある．データを2つの縦欄にそれぞれ入力しなければならないが，1番目の縦欄には「カテゴリー」別の分類を，各カテゴリーに番号を振って1, 2と入れる．これらのカテゴリー番号に「しわ無」，「しわ有」と命名することもできる．2番目の縦欄に各カテゴリーに属する個数を入力すべきである．これを「重みづけ」とよぶ．完成したデータを画面1に示す．

画面1

それぞれの場合に重みづけをするために，[データ]メニューに入り，[ケースの重み付け]をクリックする．すると，[ケースの重み付け]ダイアログボックスが立ち上がる．ここで[ケースの重み付け]チェックボタンをクリックし，[度数変数:]ボックスに「重みづけ」を矢印を使って入力する．入力済みのダイアログボックスならびにデータを画面2に示す．

画面2

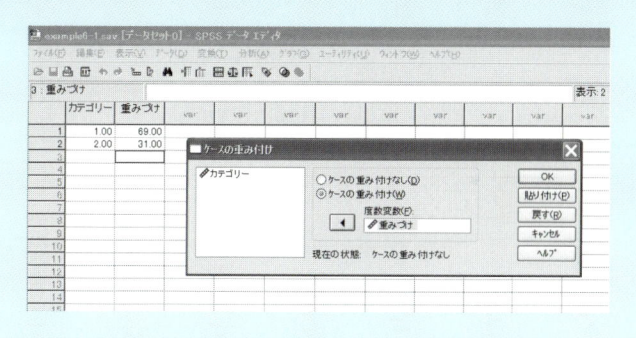

データに重みづけするために[OK]をクリックする．その結果，「69 1」と「31 2」から構成される縦欄が得られたことになり，検定を実行することが可能になった．[分析]をクリックし，[ノンパラメトリック検定]に入って[カイ2乗]をクリックする．すると，[カイ2乗検定]ダイアログボックスが立ち上がる．[検定変数リスト:]ボックスに「カテゴリー」を矢印を使って選び入れる．最後に，ここの2つのカテゴリーに対して期待される比3:1を書き込む必要がある．これをするためには[期待度数]ボックス中の[値:]をクリックして3（カテゴリー1に対する期待値）と書き込み，これを入力するために[追加]をクリックする．同じことをカテゴリー2に行うため，1と書き込みして[追加]をクリックする．入力済みのダイアログボックスならびにデータを画面3に示す（次ページ）．

最後に，[OK]をクリックして検定を実行させる．すると，SPSSは次ページのような結果を出力する．

画面3

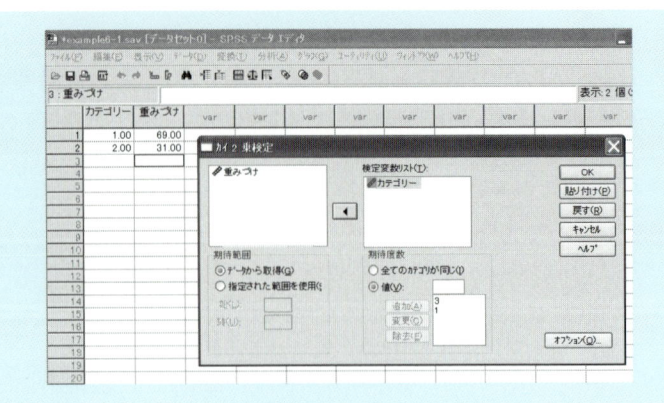

【ノンパラメトリック検定】
【カイ2乗検定】
【度数】

カテゴリー

	観測度数 N	期待度数 N	残差
1.00	69	75.0	−6.0
2.00	31	25.0	6.0
合計	100		

検定統計量

	カテゴリー
カイ2乗[a]	1.920 ←
自由度	1
漸近有意確率	.166 ←

a 0セル（.0%）の期待度数は5以下である．
  必要なセルの度数の最小値は25.0である

観測度数や期待度数は1番目の表に与えられ，検定量 χ^2 の値（ここでは1.92）は2番目の表に与えられる．

◎ステップ3：有意確率を算定する

・電卓使用の場合

　有意水準5％のもとで，この χ^2 の値1.92を自由度（$N-1$）の χ^2 統計量の臨界値と比較する．N は特性状態の個数で，ここでは $N=2$ であり，自由度1（$=2-1$）の臨界値は $\chi^2=3.84$ である．

・SPSS使用の場合

　SPSSは直接，**漸近有意確率**と呼ばれる有意確率を与える．ここでは漸近有意確率 $=0.166$ と求められている．

◎ステップ4：帰無仮説を棄却するかどうかを決定する
・電卓使用の場合
　＊χ^2 の値がその臨界値より大きいか等しいならば，帰無仮説を棄却せねばならない．このときの比の分布は，期待される比と有意差があると言える．
　＊χ^2 の値がその臨界値より小さいならば，帰無仮説を棄却できない．このときの比の分布は，期待される比と有意差がないことがわかる．

ここでは χ^2 = 1.92 ＜ 3.84 だから，しわ無えんどう豆としわ有えんどう豆の比の分布は，メンデルの法則で期待される比と有意差がないと言える．

・SPSS 使用の場合
　＊漸近有意確率 ≦ 0.05 ならば，帰無仮説を棄却せねばならない．このときの比の分布は，期待される比と有意差があると言える．
　＊漸近有意確率 ＞ 0.05 ならば，帰無仮説を棄却できない．このときの比の分布は，期待される比と有意差がないことがわかる．

ここでは漸近有意確率 = 0.166 ＞ 0.05 だから，その比の分布は，メンデルの法則で期待されるものと有意差がないと言える．

このようにどちらでも，帰無仮説を棄却する証拠がない．すなわち，しわ無えんどう豆としわ有えんどう豆との相対度数は，メンデルの法則で期待される 3：1 の比と有意差がない．

6.4 関連に対する χ^2 検定

6.4.1 検定の目的

2つ以上のグループの特性状態の度数同士が互いに違っているかどうか検定するためのものである．すなわち，それら特性状態の間に関連性があるかどうかを検定するためのものである．この検定は期待度数が存在しないときに用いられる．例をいくつか挙げておく．
・生態学的調査：異なった生物種は違った生息環境で見出されるか？
・医療調査：血液型の違ったグループの人に対し，感染率は違うかどうか？
・社会調査：男性と女性では喫煙率が違うかどうか？

6.4.2 検定の考え方

この検定では，特性状態への度数分布が母集団の中にランダムに分布しているとしたときの度数分布と違うかどうかを考察する．この検定の特色は，ランダムに分布しているとして期待度数を求めることにある．なお，これら期待度数がひ

とたび決まってしまえば，χ^2 検定量の値は，式 6.2 を用いて，差に対する χ^2 検定と全く同様にして求められる．

6.4.3　検定を実行してみよう

関連に対する χ^2 検定を実行する方法を理解するためには，例によって実例を試すのが最良である．

例題②

社会調査の結果，男性 30 人中，18 人が喫煙者で残る 12 人が非喫煙者であった，そして女性 60 人中，12 人が喫煙者で残る 48 人が非喫煙者であった．喫煙率が男性と女性の間で有意差があるかどうかを検定せよ．

解答

◎ステップ 1：帰無仮説を設定する

帰無仮説を，"特性状態の間に関連がない"と設定する．ここでの例における帰無仮説として，"性別と喫煙を好むことの間には関連がない"とし，"男女は等しく喫煙を好む"と設定する．

◎ステップ 2：検定統計量を算定する

・電卓使用の場合

検定統計量 χ^2 を計算する前にまず，特性状態の間に関連がないとしたときにそれぞれの特性状態に対して期待される度数を計算しなければならない．そのために，少々長いが次の手続きが必要である．その第 1 段階はデータを **分割表**※ に整理することで，以下のような表にまとめられる．

※分割表
2 組の特性状態についての度数を示す表で，関連に対する χ^2 検定で各特性状態ごとの期待度数を計算できるようにする．

	喫煙者	非喫煙者	合計
男性	18	12	30
女性	12	48	60
合計	30	60	90

喫煙と性別の間に関連がないと仮定すれば，期待度数を計算することが可能になる．調査した人の合計 90 人のうち，その 1/3 の 30 人は男性で，そしてまた合計 90 人のうち，その 1/3 の 30 人が喫煙者である．それゆえ，もし男性が全集団と同じ比率で喫煙するとすれば，30 人の男性のうちの 1/3 の 10 人が喫煙していると期待される．よって，残る 20 人の男性は非喫煙者となるべきである．同様に，全部で 60 人の女性のうち，その 1/3 の 20 人が喫煙者であって，残る 40 人が非喫煙者であると期待される．

分割表の中の各セルで，それぞれの期待度数 E を求める一般的な計算式は，

$$E = \frac{\text{対応する列における合計} \times \text{対応する行における合計}}{\text{観測対象にした合計}}$$

で与えられる．この計算式の分母は調査して得られた観測度数の合計で，ここでは 90 人である．例えば男性喫煙者に対する期待度数は，分子で「対応する列における合計」を 30 とし，「対応する行における合計」を 30 とした分子を，「観測対象にした合計」を 90 とした分母で割ることによって得られ，10 と導かれる．こうして求められた各期待度数は下の分割表の中で括弧の中に記入されている．

	喫煙者	非喫煙者	合計
男性	18 (10)	12 (20)	30
女性	12 (20)	48 (40)	60
合計	30	60	90

よって式 6.2 を使って，χ^2 の値を計算できて，

$$\chi^2 = \sum \frac{(O-E)^2}{E}$$

$$= \frac{(18-10)^2}{10} + \frac{(12-20)^2}{20} + \frac{(12-20)^2}{20} + \frac{(48-40)^2}{40}$$

$$= 6.4 + 3.2 + 3.2 + 1.6 = 14.4$$

と求められる．

・SPSS 使用の場合

SPSS は，それぞれの特性ごとに別々の列をもった大きなデータシートの中に，各個人のデータをそれぞれ入力することによって検定統計量 χ^2 を計算できる．ここでは 90 人いるから，180 個の数をデータ入力することになる．しかしながら，ここでもまた例題①の場合と同様，データに重みづけをすることによりずっと手早く検定を実行できる．

まず，データを 2 つの縦欄に入力する必要があり，一方の縦欄を「性別」として男性に 1 を割り当て，女性に 2 を割り当てるとし，もう一方の縦欄を「喫煙」として非喫煙者に 0 を割り当て，喫煙者に 1 を割り当てるとする．その結果，「性別」の列では最初から 30 番目までの人に 1 が与えられ男性を意味し，31 から 90 番目までの人に 2 が与えられ女性を意味する．「喫煙」の列では最初から 18 番目までの男性に 1 が与えられ喫煙者を意味し，残る 19 番目から 30 番目までの 12 人の男性に 0 が与えられ非喫煙者を意味する．加えて，31 番目から 42 番目までの 12 人の女性に 1 が与えられ，43 番目から最後の 90 番目までの 48 人の女性に 0 が与えられていることになる．

検定をより手早く実行するため，3つの縦欄の「性別」の列，「喫煙」の列，および「重みづけ」の列を生成する．この「性別」の列と「喫煙」の列との組合わせで定まる各カテゴリーに対し1つずつの行を対応させ，ちょうど4つの行が必要となる．そして，最後の「重みづけ」の列に各カテゴリーに属する度数を入力する．入力を終えたものを画面4に示す．

画面4

　入力されたデータに重みづけをするため，[データ]をクリックした後，[ケースの重み付け]をクリックする．それから，立ち上がったダイアログボックスで[ケースの重み付け]ボタンをチェックし，[度数変数：]ボックスに「重みづけ」を選んで挿入させることにより，入力データを重みづけする．こうして入力済みのダイアログボックスを画面5に示す．

画面5

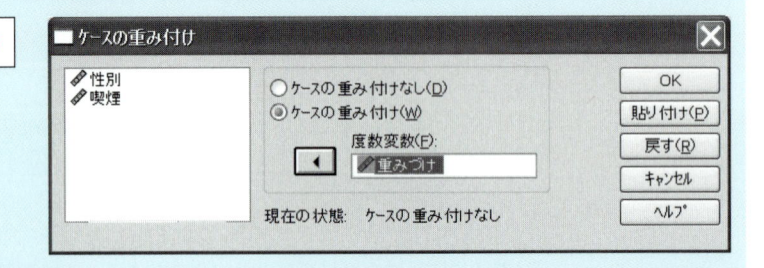

　最後に，カテゴリー全体を重みづけるため[OK]をクリックする．
　検定を実施するため，[分析]をクリックして[記述統計]に移り，[クロス集計表]をクリックする．すると，[クロス集計表]ダイアログボックスが立ち上がる．[行：]のボックスに「性別」を選んで入れ，[列]のボックスに「喫煙」を選んで入れる．続いて，[統計]ボックスをクリックし[クロス集計表：統計量の指定]ダイアログボックスを立ち上げて，[カイ2乗]にチェックをつける．そのときのダイアログボックスならびにデータ画面は画面6のようである（次ページ）．
　[続行]をクリックしてから，[セル]ボックスをクリックすると[クロス集計表：セル表示の設定]ダイアログボックスが立ち上がる．ここで[観測]と[期待]の両方が画面7のようにチェックされていることを確かめる．

画面 6

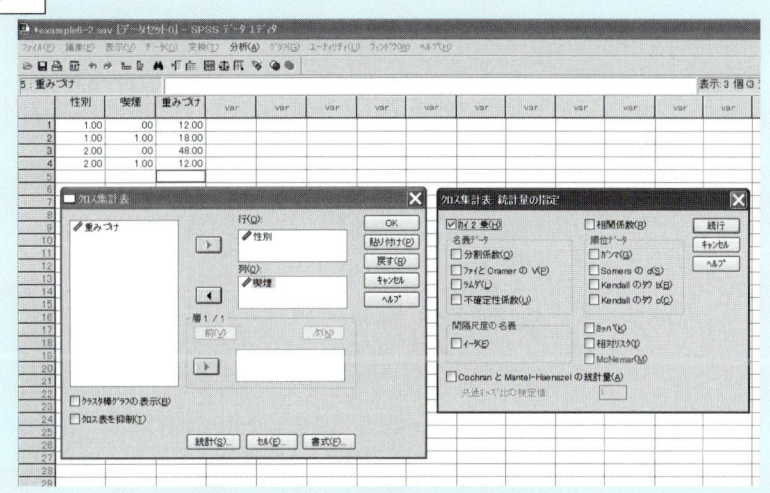

画面 7

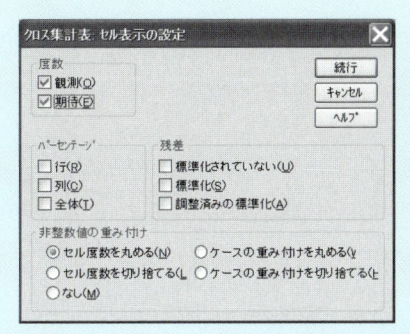

最後に，[続行] をクリックしてから，[OK] して検定を実行する．すると，SPSS は次のような結果を出力する．

【クロス集計表】

処理したケースの要約

	ケース					
	有効数		欠損		合計	
	N	パーセント	N	パーセント	N	パーセント
性別 * 喫煙	90	100.0%	0	.0%	90	100.0%

性別と喫煙のクロス集計表

			喫煙		合計
			.00	1.00	
性別	1.00	度数	12	18	30
		期待度数	20.0	10.0	30.0
	2.00	度数	48	12	60
		期待度数	40.0	20.0	60.0
合計		度数	60	30	90
		期待度数	60.0	30.0	90.0

6 章　データをカテゴリーに分類して処理する方法

カイ2乗検定

	値	自由度	漸近有意確率（両側）	正確有意確率（両側）	正確有意確率（片側）
Pearsonのカイ2乗	14.400[b]	1	.000		
連続修正[a]	12.656	1	.000		
尤度比	14.144	1	.000		
Fisherの直接法				.000	.000
線型と線型による関連	14.240	1	.000		
有効なケースの数	90				

a　2×2表に対してのみ計算
b　0セル（.0%）は期待度数が5未満である．最小期待度数は10.00である

2番目の表が分割表である．求める統計量は**ピアソン（Pearson）のカイ2乗量**であるが，ここの例では，3番目の表にピアソンのカイ2乗量＝14.400と得られている．

◎ステップ3：有意確率を算定する

・電卓使用の場合

有意確率が5%より小さくなるχ^2の値を計算するためには，自由度（$R-1$）×（$C-1$）で確率が5%の限度を超えるようなχ^2の値を調べなければならない．ただし，Rは分割表の行の数で，Cはその列の数である．ここでは2つの行と2つの列があるので，自由度は（$2-1$）×（$2-1$）=1となる．自由度1におけるχ^2の臨界値は3.84である．

・SPSS使用の場合

SPSSでは直接，**漸近有意確率（両側）**と呼ばれる有意確率が導かれる．ここでは漸近有意確率（両側）＝0.000となる．

◎ステップ4：帰無仮説を棄却するかどうかを決定する

・電卓使用の場合

＊χ^2の値がその臨界値より大きいか等しいならば，帰無仮説を棄却せねばならない．観測された度数分布は期待されたものと有意差があり，特性状態の間に有意に関連があると言える．

＊χ^2の値がその臨界値より小さいならば，帰無仮説を棄却できない．観測された度数分布は期待されたものと有意差がなかった．そこで，特性の間に関連があるとの証拠がない．

ここでは，$\chi^2 = 14.4 > 3.84$ となっている．

・SPSS使用の場合

＊漸近有意確率（両側）≤ 0.05 ならば，帰無仮説を棄却すべきである．観測された度数分布は期待されたものと有意差があり，特性状態の間に有意に関連がある

と言える．
* 漸近有意確率（両側）＞ 0.05 ならば，帰無仮説を棄却する証拠がない．観測された度数分布は期待されたものと有意差がなくて，特性の間に関連があるとの証拠がない．

ここでは，漸近有意確率（両側）= 0.000 < 0.05 である．

それゆえ，帰無仮説を棄却できる．性別と喫煙の間に有意な関連があると言える．すなわち，男性と女性の間で喫煙する度数に違いがあって，すなわち，男性の方が女性よりも喫煙する．

なお，分割表の各セルにおける χ^2 の値を眺めることによって，より多くの結果について述べることができる．χ^2 の値が大きければ大きいほど，セルにおける観測度数はますます期待度数と違っている．ここでは，男性喫煙者に対する χ^2 の値は $(18 - 10)^2/10 = 6.4$ で，そのセルの中での最大値である．よって，期待されるよりもより多くの男性が喫煙していると言える．

6.4.4 イェーツの連続修正

このような 2 × 2 分割表の中の各カテゴリーのセルに，整数値のみが入力されるという事実に対し補正すべき点があることに注目してみよう．これは χ^2 の値を過大評価しがちであることからもたらされる．この点を修正するため，各観測度数をその期待度数により近づけるよう観測度数に 0.5 を加えたり，観測度数から 0.5 を引いたりする．このような**連続修正**は χ^2 の値を下げることになり，SPSS の出力結果の中で読み取れる．前述の例で，修正する前の $\chi^2 = 14.400$ の値が修正した後に $\chi^2 = 12.656$ となっている．これが有効な手続きかどうかについては意見が分かれるところである．ただしどんな場合であろうと，この修正は 2 × 2 分割表でのみ可能である．

6.5 χ^2 検定が有効な場合

① χ^2 検定は観測度数についてのみ適用される．決してパーセントに使ってはいけない．というのは，観測度数が大きくなればなるほど，この χ^2 検定により差や関連がますます検出可能になるからである．
② 標本の大きさに関してもう 1 つの点は，すべての期待度数が 5 より大きいときにのみ χ^2 検定が有効であるということである．いずれかの期待度数が 5 より小さい場合には，次の 2 つの可能性を試みることができる．
・2 つ以上のグループからのデータを結合する．ただし，その結合は生物学的に意味をなすときに限られる．例えば**問題 6.4** では異なった生物種の昆虫の

データが結合されているが，これらハチ同士は，その他の昆虫との間の共通性よりも，お互い同士間でより多くの共通性をもつためである．
- データを結合するためのもっともらしい理由がなければ，小さい標本のグループを分析から取り除いてしまう．

例題③

いくつかの人種から成る 300 人についての心疾患の有無の調査で，次の表のような結果が得られた．

	白人	アジア系人種	アフリカ系カリブ人種	混血人種
心疾患有り	35	9	13	3
心疾患無し	162	43	29	6

異なった人種に属する人は，心疾患をもつ可能性に関して違いがあるだろうか？ すなわち，人種と心疾患の有無との間に関連があるのだろうか？

解答

まず注目すべきことは，その調査において混血人種の人数があまりにも少ないことである．例えば，心疾患をもつ混血人種の人に対する期待人数は (9 × 60)/300 = 1.8 で，この値は 5 より十分小さい．混血人種を 1 つのカテゴリーとして取り入れる正当性はなく，この混血人種のデータは無視しなければならない．すなわち，それ以外の 3 つの人種に対して，関連についての χ^2 検定を実行する．

◎ステップ 1：帰無仮説を設定する

帰無仮説を，"人種と心疾患の有無との間に関連がない"と設定する．

◎ステップ 2：検定統計量を算定する

上記の分割表に，計算された期待値を付け加わえて，次の表が得られる．

	白人	アジア系人種	アフリカ系カリブ人種	合計
心疾患有り	35 (38.6)	9 (10.2)	13 (8.2)	57
心疾患無し	162 (158.4)	43 (41.8)	29 (33.8)	234
合計	197	52	42	291

すると，χ^2 の値は式 6.2 を使って求められ，

$$\chi^2 = \frac{(35-38.6)^2}{38.6} + \frac{(9-10.2)^2}{10.2} + \frac{(13-8.2)^2}{8.2} + \frac{(162-158.4)^2}{158.4}$$
$$+ \frac{(43-41.8)^2}{41.8} + \frac{(29-33.8)^2}{33.8}$$
$$= 0.33 + 0.14 + 2.77 + 0.08 + 0.03 + 0.67$$
$$= 4.03$$

と得られる．

◎ステップ3：有意確率を算定する
　自由度（3－1）×（2－1）＝2で，確率が5％の限度を超えるような χ^2 の値を調べねばならない．自由度2におけるそうした χ^2 の臨界値は5.99である．

◎ステップ4：帰無仮説を棄却するかどうかを決定する
　ここでは χ^2 ＝ 4.03 ＜ 5.99 で，帰無仮説を棄却する証拠がない．よって，異なった人種の間で心疾患の発病率に有意差がないと言うことができる．

Exercise　練習問題　　　　　　　　　　　（解答は222〜225ページ）

問題 6.1

マウスの潜在的フェロモンへの反応を調べる実験で，マウスにT字形三叉路の迷路を走らせた．なお，フェロモンはT字形の腕の1つで放たれた．最初に10回試みた後では，3匹のマウスがその匂いの方へ向かったが，残る7匹は逸れてしまった．次に100回試みた後では，34匹がその匂いの方へ向かったが，残る66匹は逸れてしまった．その匂いへ反応する証拠があるかどうかを問うとして，
(a) 10回試みた後では，どうだろうか？
(b) 100回試みた後では，どうだろうか？

問題 6.2

えんどうの2種類の特性，木の高さ〔背丈が高い（H）か低い（h）か〕およびえんどう豆の色〔緑色（G）か黄色（g）か〕について異型接合されたえんどうの間で交雑が実施された．その結果，次のような子孫が得られた．

背丈が高い木で，緑色のえんどう豆	87
背丈が高い木で，黄色のえんどう豆	34
背丈が低い木で，緑色のえんどう豆	28
背丈が低い木で，黄色のえんどう豆	11

同一連鎖群に属さない遺伝子では，そうした各種のえんどうの木で期待される割合は9：3：3：1である．これらの特性の間に遺伝的関連があるという何らかの証拠があるかどうかを決めるため，χ^2 検定を実行せよ．

問題 6.3

ある小さな炭鉱町である幼児期にかかる病気の発病率に関する調査において，165人の子供集団のうち，9人がその病気にかかった．この炭鉱町での発病率を国全体での発病率3.5％と比較するとき，これらの間に差があると言えるであろうか？

問題 **6.4**

昆虫の受粉についての研究で，分類学上違ったグループに属する昆虫が異なった色の花を訪れる回数を調べた．得られた結果が表 Q6.4 に与えられている．

表Q6.4　分類学上違ったグループに属する昆虫が異なった色の花を訪れる回数

訪れる昆虫	花の色			合計
	白色	黄色	青色	
甲虫	56	34	12	102
ハエ	31	74	22	127
ミツバチとスズメバチ	57	103	175	335
合計	144	211	209	564

(a) 昆虫の種類と訪れる花の色との間に関連があるかどうかを決めるため，χ^2 検定を実行せよ．
(b) 表 Q6.4 の中の 9 個のセルのうち，χ^2 の値が最も大きい値をもつ 3 つのセルはどのセルか？ そうして得られる結果は昆虫の好みの違いについて何を告げるのか？

問題 **6.5**

皮膚癌の発病率としみをもつこととの間に関連があるかどうかを決定するため，調査が実施された．調べられた 6,054 人のうち，978 人がしみをもっていて，そのうち 33 人が皮膚癌にかかった．残りのしみをもたない人のうち，95 人が皮膚癌にかかった．しみをもった人ほど皮膚癌にかかるリスクが増大する証拠があると言えるであろうか？

問題 **6.6**

2 種類のイモリについての野外調査の結果，調査された 745 カ所の池のうち，180 カ所にはすべすべしたイモリだけが，56 カ所には水かき足のあるイモリだけが，236 カ所には両方の種類のイモリがいて，残りの池には両方ともいなかったことがわかった．2 種類のイモリの間に関連があるのだろうか？ もし関連がある場合，それは何を意味しているのだろうか？

7章 データの分布を見分ける方法

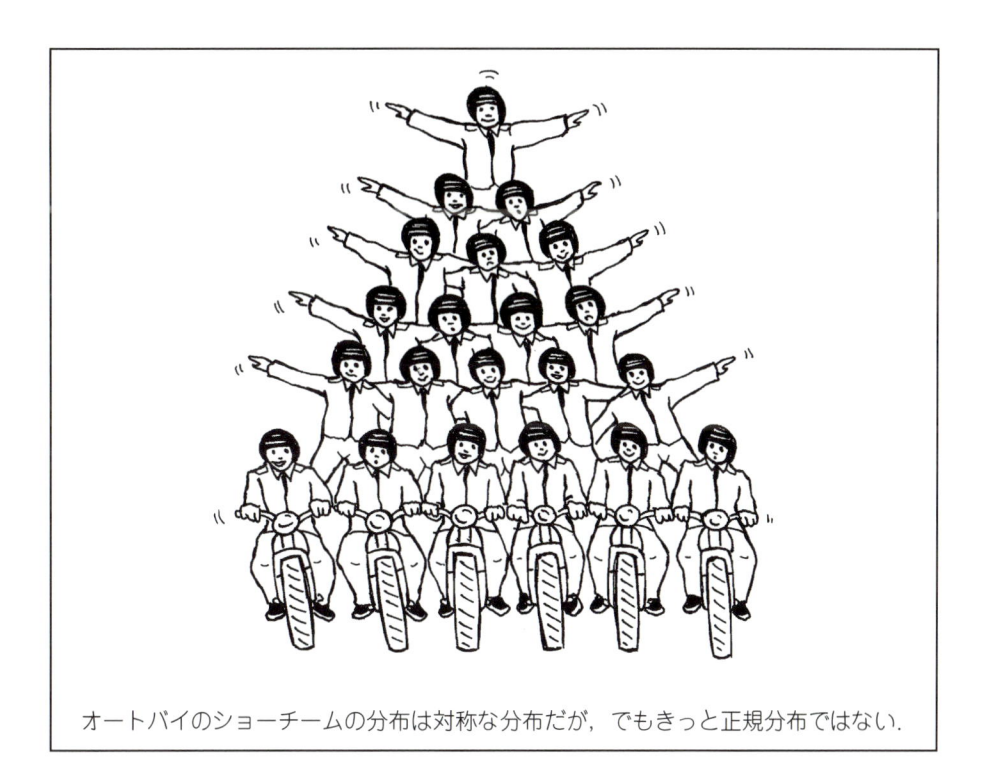

オートバイのショーチームの分布は対称な分布だが，でもきっと正規分布ではない．

7.1 はじめに

　2章で，なぜ多くの生物学的な特性が**正規分布**に従って変化するかについて述べた．それに続いて，母集団から標本を抽出し，電卓や SPSS を使うことによって**記述統計量**を計算することにより，その母集団の特性をどのように推定できるかを示した．3〜5章で述べたように，正規分布で変化する特性はいわゆる**パラメトリック検定**を用いて分析できる．しかし不運にも，生物学的な特性がすべて正規分布に従って変化するわけではない．そうした場合，記述統計やパラメトリック検定は必ずしも有効でなかったり，適切でなかったりする．

　この章では，いろいろな標本の分布をどのようにして考察できるか，そしてこれら標本分布が正規分布から有意に外れているかどうか検定する方法を考察する．また，もし標本分布が正規分布から外れている場合，これら標本分布を正規分布にするにはどう変換すればよいかを考察する．最後に，いろいろ努力してみ

てもそうした正規分布へ変換できないようなデータの取り扱い方について考察する．

7.2 データの分布を考察する方法

データの分布を考察するには，ある状態がとる特定の値に対してその値が生じる度数から**ヒストグラム**を描くのが最も良い．ヒストグラムは手書きできるが，SPSS の中の［探索的］コマンドを使うと，ずっと手早く描くことができる．

例題①

2 章例題②の 16 匹の雄ゾウの重さの分布を調べるために，［分析］バーをクリックし，［記述統計］へ移って［探索的］をクリックする．すると，［探索的分析］ダイアログボックスが立ち上がる．次に，調べたい縦欄を［従属変数：］のボックスに入力するため，左上のボックスにある「雄ゾウ」をクリックし，［従属変数：］を指す矢印をクリックする．［表示］ボックス中の［作図］をチェックし，［作図］タブをクリックする．すると，［探索的分析: 作図］ダイアログボックスが立ち上がるので，［ヒストグラム］をチェックする．こうして仕上がったダイアログボックスならびにデータを画面 1 に示す．

画面 1

ここで，［続行］をクリックする．最後に，実行するために［OK］をクリックすると，SPSS は次のような結果を出力する．

【探索的分析】

処理したケースの要約

	ケース					
	有効		欠損値		合計	
	度数	パーセント	度数	パーセント	度数	パーセント
雄ゾウ	16	100.0%	0	0%	16	100.0%

ヒストグラム

平均値＝4.70
標準偏差＝0.225
N＝16

雄ゾウの幹葉のプロット

度数	幹 & 葉
1.00	4 . 3
13.00	4 . 5556666778899
2.00	5 . 02

幹幅：　　　　　　1.00
それぞれの葉：　　1 case（s）

箱ヒゲのプロット

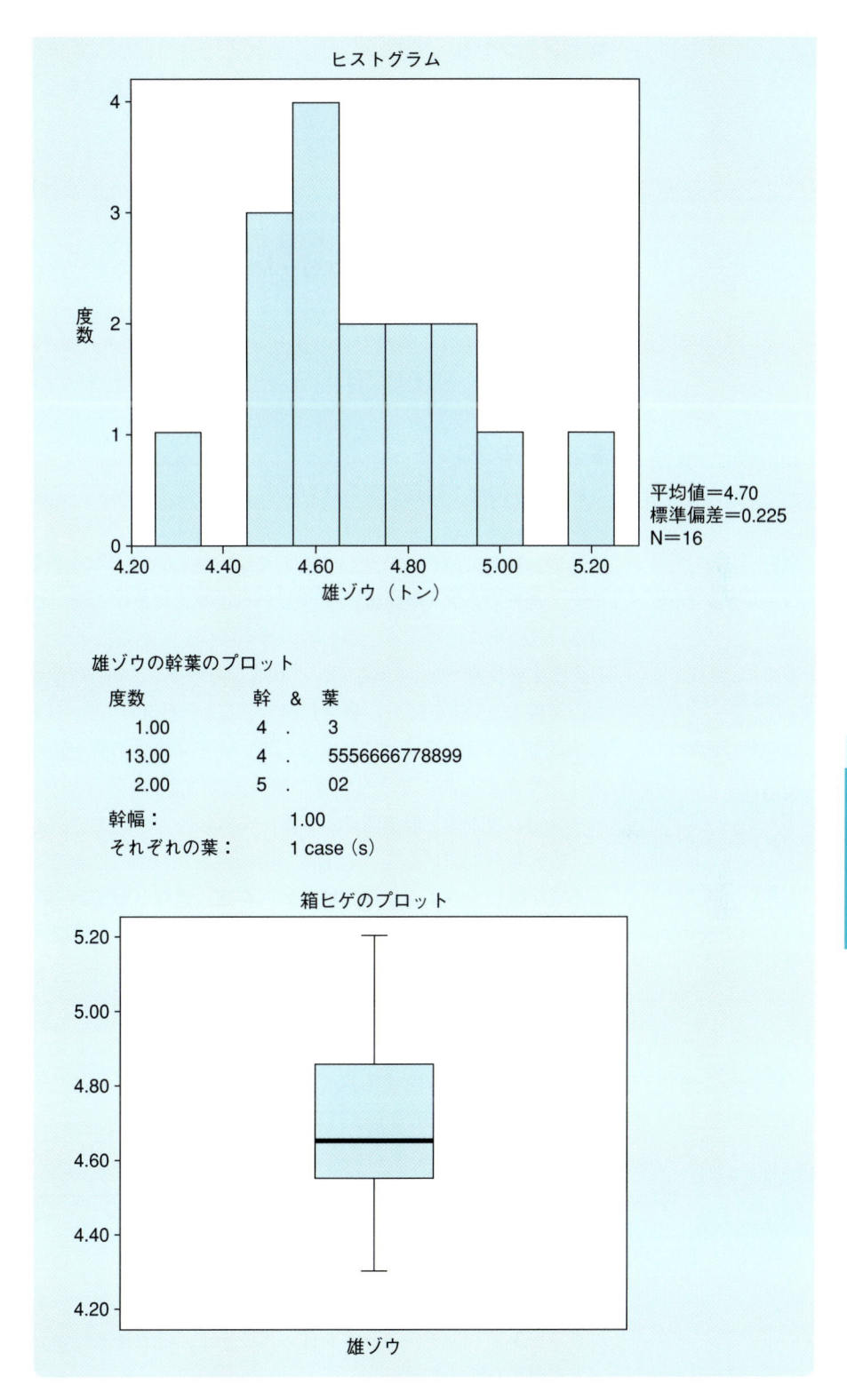

　このように，SPSS はいくつかの結果を出力する．最初の表の説明は省くが，このほかに SPSS はデータの分布を 1 つではなく 3 つの方法で表示している．

7 章　データの分布を見分ける方法　　127

● ヒストグラム

この例のヒストグラムはどちらかというと不揃いのプロットを示しているが，少なくともほどよく正規分布しているようにみえる．このような小標本については，全体として正規分布するようなプロットが現れることは期待できない．

● 幹葉のプロット

2番目のプロットは幹葉のプロットと言われるもので，このプロットはある方向の側面からみたヒストグラムのようなものである．幹は各データ値について共通する構成要素（この例では0.5トン単位の構成要素）を示すのに対し，葉は個々の構成要素（この例では0.1トン単位の構成要素）を示す．

● 箱ヒゲのプロット

最後のプロットは**箱ヒゲのプロット**と言われるもので，これはデータが対称に分布しているか否かを表示するのに便利である．このプロットを描くためには，観測値が昇順に並べられているとして次の5つの統計値を計算する必要がある．まず，**メディアン（中央値）**※，すなわち中央に位置する値（標本の大きさが偶数個ならば中央に位置する2つの値の算術平均）である．そして**下方4分位点**※ Q1 と**上方4分位点**※ Q3 であるが，これらはそれぞれ，Q1が小さい方からのデータ点の個数が25％を超える値を意味し，Q3が小さい方からのデータ点の個数が75％を超える値を意味する．こうして，メディアンの値が箱の中央に描かれ，下方4分位点と上方4分位点の値が箱の両端に描かれる．ヒゲの両端はそれぞれ，データ値の**最大値**と**最小値**を示すが，これら両方の値までが描かれている．ただし，最大値および最小値としては，箱の両端から測って箱の長さの1.5倍と3倍との間に位置するような**飛び地のデータ点（アウトライアー）**や，箱の両端から測って箱の長さの3倍より大きく離れて位置するような**極端なデータ点（エキストリーム）**を含まないものとする．そして，飛び地のデータ点は円形の輪で表示され，極端なデータ点は星印で表示される．この例の場合，プロットがメディアンのまわりにほどよく対称に分布していて（メディアンより上の領域のほうがこれより下の領域よりも少し広くなっているが），飛び地のデータ点や極端なデータ点はいずれも存在しない．

※メディアン（中央値）
度数分布において中央に位置する値（もしくは，標本数が偶数のときには中央に位置する2つの値の平均値）．

※4分位点
上方4分位点は全データ点のうちの大きいほうの25％を仕切るしきい値で，下方4分位点はそのうちの大きいほうの75％を仕切るしきい値である．

7.3　データが正規分布していない場合どうすべきか

生物学ではデータが正規分布しないことが頻繁に生じる．そうしたいくつかの異なったタイプのデータ分布を図 7.1 に示す．それぞれの場合で違った方法でデータを取り扱う必要がある．

7.3.1 対称に分布したデータ

データは正規分布していないが平均値のまわりに対称に分布している場合（図7.1a）は，何ら新たなことをする必要はなく，パラメトリック検定を用いることが有効であると一般に考えられている．というのは，中心極限定理によれば，対称に分布している標本の平均値は，標本の大きさが十分大きくなるに伴って正規分布に従おうとするからである．

7.3.2 ゆがんだ分布をしたデータ※

※**ゆがんだ分布をしたデータ**
非対称な度数分布をもつデータ．

データが非対称な分布をしていて，**正にゆがんでいたり**（図 7.1b），**負にゆがんでたり**（図 7.1c）している場合には，何らかの統計解析を実行する前に，その非対称な分布をより対称な分布に変える**変換**を行うことが必要になる．

正にゆがんだデータは自然界の個体集団を調べたときによくみられる．というのは，このような集団では若くて小規模な生物体のほうが老いて大規模な生物体よりも数多く存在する傾向にあるためである．この正にゆがんだデータの場合は，

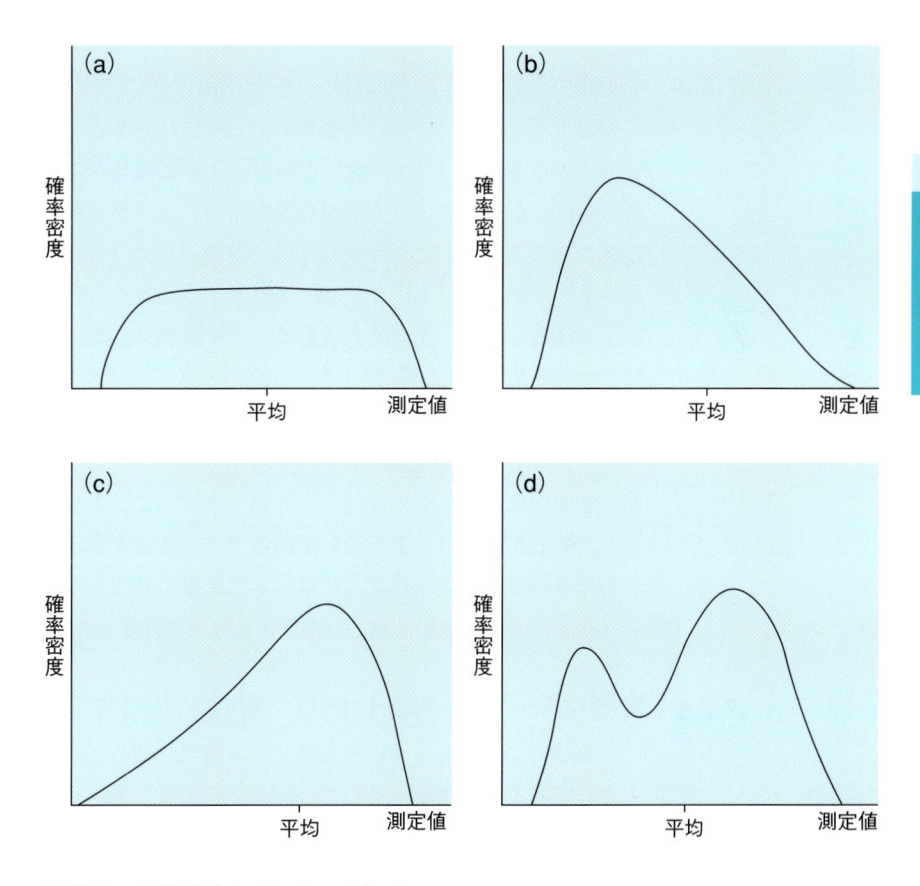

図 7.1　正規分布していないデータ
（a）対称な分布．（b）正にゆがんだ分布をしたデータ．（c）負にゆがんだ分布をしたデータ．（d）不規則な分布をしたデータ

そのデータの中で度数が小さいほうのデータ値を切り離すようにした，いくつかの方法でより対称な分布に変換できる．それを可能にする変換としては，データ値を表す変数 x に対し，$\sqrt{x}$ や，$\log_{10} x$ や，$1/x$ などをとる変換が用いられる．

負にゆがんだデータはあまりみられないが，負にゆがんだデータを正規分布したものに変換するためには，そのデータの中で度数が大きいほうのデータ値を切り離す必要がある．それを可能にする変換としては，x^2, x^3 などの x の冪をとったり，あるいはより高次の x の冪をとったりする変換が用いられる．

7.3.3　比例データ

時には，データをどうしても正規分布にできない理論的理由がある場合がある．例えば植物の全体の量に対する根の部分の割合といったような**比例データ**の場合には，比率の値は 0 より小さい値をとったり，1 より大きい値をとったりすることはできないために正規分布することはありえない．すなわち，こうした分布は両端でカットオフされている．よって，比例データを取り扱う前に，各データ点 x に対し $\arcsin\sqrt{x}$ のような逆正弦関数を使って計算する変換をしなければならない．

7.3.4　不規則に分布した標本データと順位づけられたデータ

生態学や行動科学における調査でよくみられる場合で，データが不規則に分布しているときには（図 7.1d），このデータを正規分布にするのに利用できる実用的な変換は存在しない．不規則な分布は次のような 2 種類のデータに関して確かに起こりうる．1 つは<u>不連続に変化するデータ</u>で，特に各特性状態の起こる度数が小さい（例えば，1，2，3，4 回といったような）場合である．もう 1 つは<u>順位づけられたデータ</u>（くちばしでつつく順番や，物理療法でのパターニングの程度などの場合）で，生態学者，行動科学者，心理学者などが収集するデータ，アンケート調査から得られるデータなどである．

これらの場合，平均値および標準偏差を示すことによってデータを記述することは不適切である．そのかわり，**メディアン**および **4 分位範囲**の値を示すほうがよく，箱ヒゲのプロットを用いた図解でその結果を表示するほうがよい．こうした場合の統計解析を実行するには，3〜5 章で使用してきた**パラメトリック検定**よりも，次の章で解説する**ノンパラメトリック検定**を使用しなければならない．

7.3.5　実際にデータを吟味したり，変換したりする方法

正規分布しているようにみえない 2 つの例を通して，データの確率分布をどのように考察するべきか，そしてこれをどのように取り扱うべきかについて説明する．

例題② 30匹のイモリの重さ（グラム）について，次のようなデータが得られた．

0.91,	1.45,	5.32,	2.97,	2.12,	0.76,	1.85,	1.53,	2.42,	1.92,
1.86,	3.81,	6.54,	2.53,	1.92,	2.33,	1.45,	1.22,	1.68,	3.10,
1.80,	3.51,	2.43,	1.34,	1.09,	2.62,	1.90,	4.32,	0.89,	1.55

これらのデータが正規分布しているかどうかをみてみよう．もし正規分布していない場合には，これらの分布を正規分布にすることができる変換を実行せよ．

解答

SPSSで度数分布を描いたところ，次のようなヒストグラムが得られた．

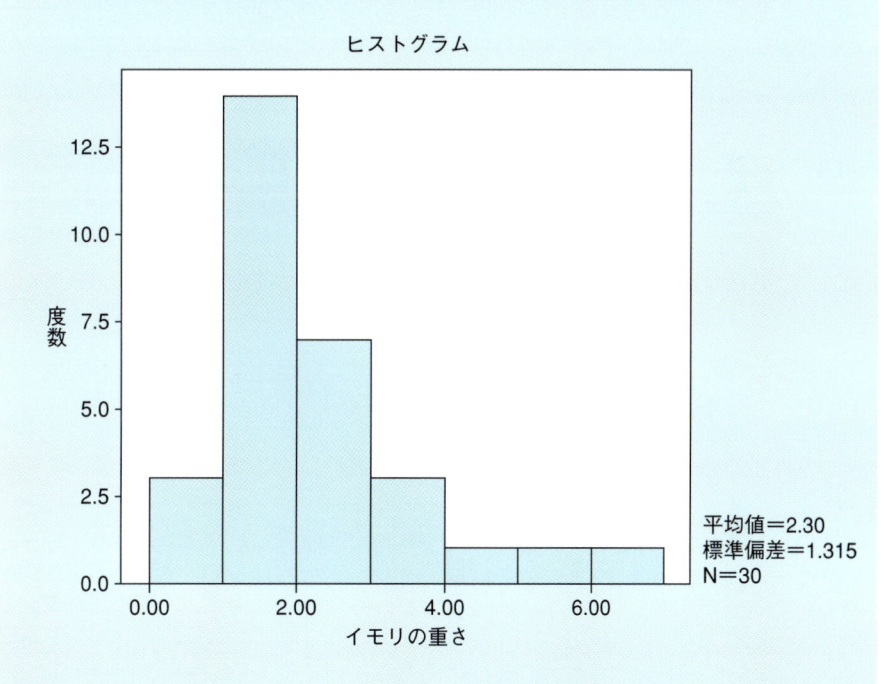

ヒストグラム

平均値＝2.30
標準偏差＝1.315
N＝30

　このデータは明らかに，大きいイモリよりも小さいイモリのほうがはるかに多くて，強く正にゆがんだ分布をしている．このデータを正規分布に変えるためには典型的な対数をとるという変換を実施する必要がある．そのため，［変換］メニューをクリックしてから，［変数の計算］オプションをクリックする．すると，［変数の計算］ダイアログボックスが立ち上がる．新しい縦欄（ここでは「log イモリ重さ」と命名した列）を生成するため，［目標変数:］ボックス中に「log イモリ重さ」と記入し，［数式:］のボックスに「LG10（イモリ重さ）」と記入する．続いて，まず［関数グループ:］ボックスから［算術］をクリックしてから，［関数と特殊変数:］ボックスから［Lg10］をクリックする．再度，［数式:］ボックスをクリックしそこを選択する．こうして仕上げられた［変数の計算］ダイアログボックスを画面2，3に示す．

画面2

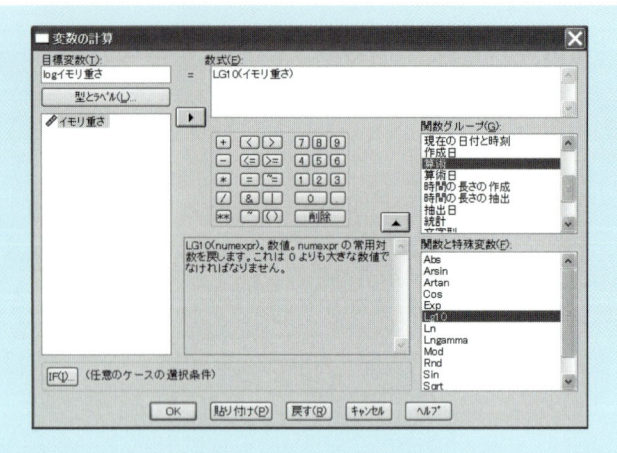

[OK] をクリックすると，SPSS は以下にみられるように「イモリ重さ」の縦欄の隣に新たな「log イモリ重さ」の縦欄を生成することがわかる（画面3）．

画面3

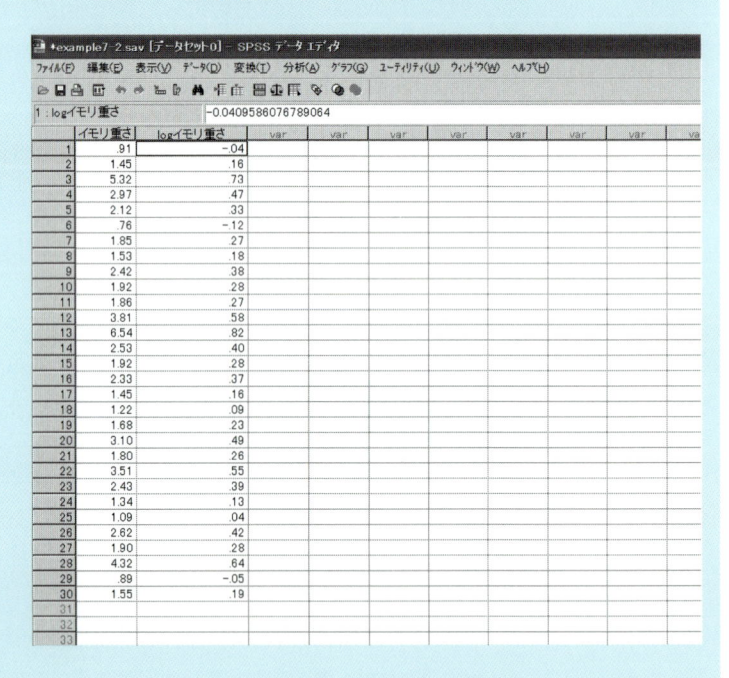

SPSS を用いて「log イモリ重さ」の度数分布を求めると，次ページのようなヒストグラムが得られる．

このヒストグラムは観測値そのままによる度数分布よりもはるかに対称な分布をしている．以後，統計解析を行う場合はこの変換されたデータ値を使って実行すべきである．

ヒストグラム

度数

logイモリの重さ

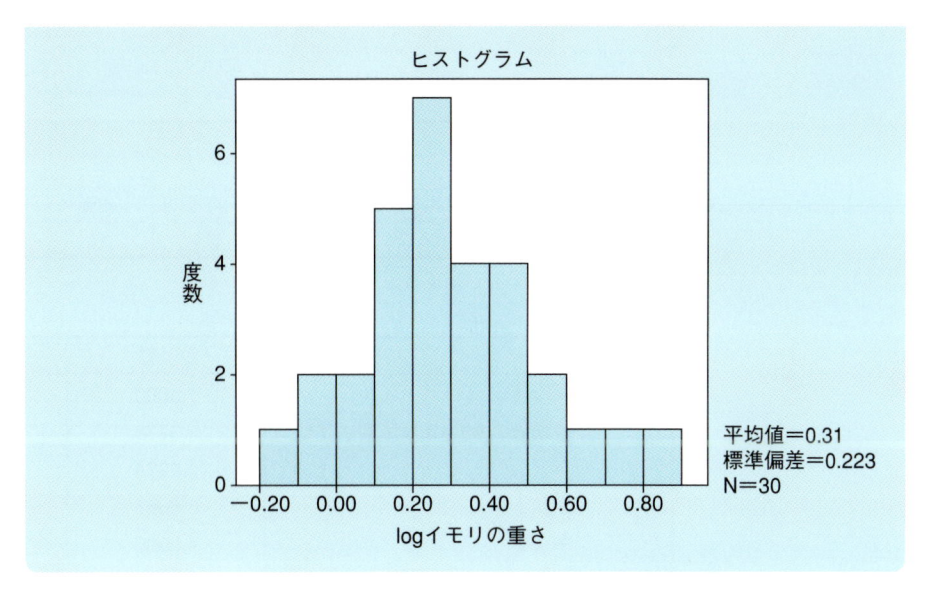

平均値＝0.31
標準偏差＝0.223
N＝30

例題③

小麦畑に生息する甲虫の集団を調べる調査で，20個の落とし穴のわながその小麦畑の全域に設置され，3日後に捕獲された．それぞれのわなでみつけられた甲虫の数は次の表のようであった．

> 12, 15, 0, 2, 26, 0, 1, 18, 3, 0, 0, 5, 17, 0, 13, 1, 10, 2, 8, 13

SPSSを使ってデータの度数分布を考察してみよう．このデータは正規分布しているであろうか，あるいは正規分布するように変換することが可能であろうか？また，そうした変換したデータの結果に対し，実際に意味のある記述統計量を計算せよ．

解答

SPSSで，［分析］，［記述統計］，［探索的］のメニューを順に選択すると，［探索的分析］ダイアログボックスが立ち上がる．ここでは，統計と作図の両方を用いるので，［両方］にチェックする（画面4）．

画面4

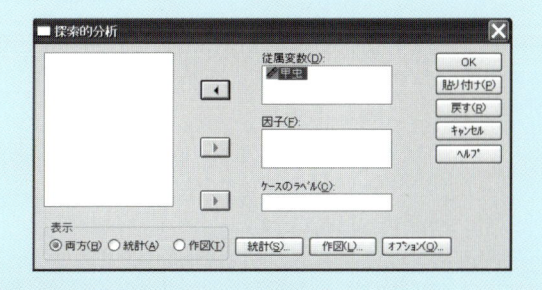

［OK］をクリックすると次の結果が得られる（次ページ）．

【探索的分析】

処理したケースの要約

	ケース					
	有効		欠損値		合計	
	度数	パーセント	度数	パーセント	度数	パーセント
甲虫	20	100.0%	0	0%	20	100.0%

記述統計

			統計量	標準誤差
甲虫	平均値		7.3000	1.73068
	平均値の95%信頼区間	下限	3.6776	
		上限	10.9224	
	5％トリム平均		6.6667	
	中央値		4.0000	
	分散		59.905	
	標準偏差		7.73985	
	最小値		.00	
	最大値		26.00	
	範囲		26.00	
	4分位範囲		12.75	
	歪度		.857	.512
	尖度		−.123	.992

【甲虫】

ヒストグラム

平均値＝7.30
標準偏差＝7.74
N＝20

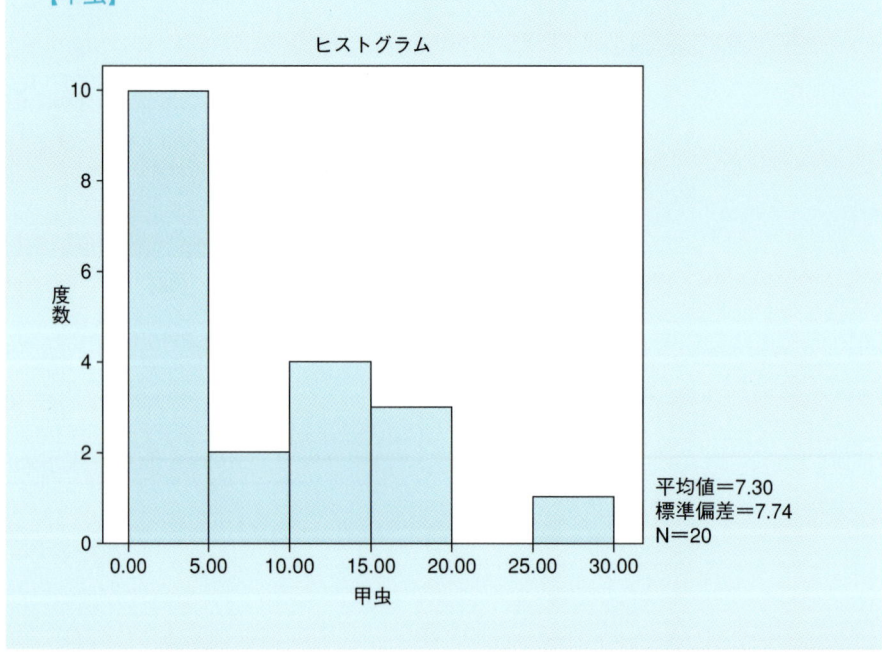

```
甲虫の幹葉のプロット
  度数        幹 & 葉
  10.00       0 .  0000011223
   2.00       0 .  58
   4.00       1 .  0233
   3.00       1 .  578
    .00       2 .
   1.00       2 .  6
幹幅:          10.00
それぞれの葉:   1 case（s）
```

箱ヒゲのプロット

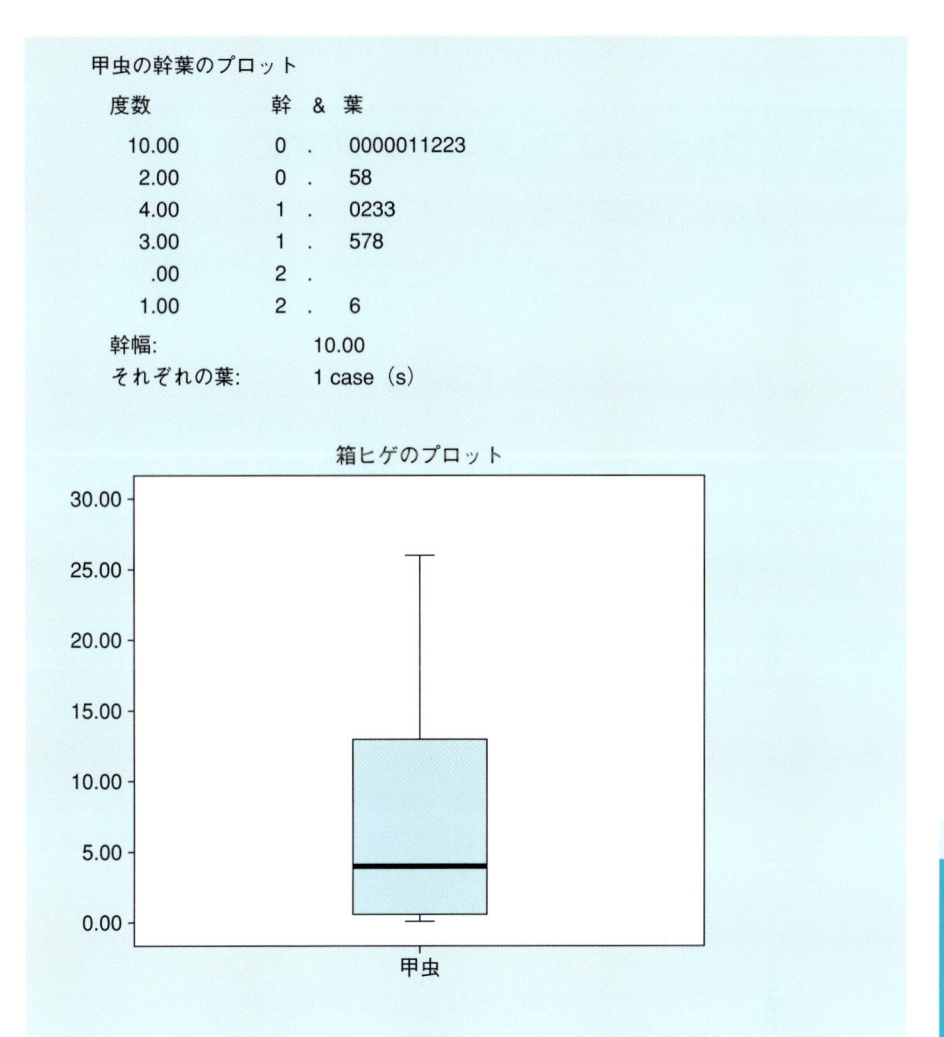

前ページのヒストグラムをみて明らかなように，この度数分布は2つの分離したピークをもった全く不規則な分布である．それゆえ，通常の記述統計量は適切でなく，元のデータを変換して正規分布が導かれるようにすることは不可能である．通常の記述統計量に代わって，メディアン（= 4）および4分位範囲（= 12.75）で表示するほうがよく，それを使った箱ヒゲのプロットを示すことによって記述される（上図）．

7.4 データ分布が正規分布と有意差があるかどうかの検定

　ヒストグラムを使ってデータを吟味することは，おそらくその分布をみたり，その分布が正規分布から外れているかどうかを調べたりするための最善の方法である．しかしながら，その分布が正規分布と**有意に違う**かどうかを決める統計的検定がある．それが**コルモゴロフ－スミルノフ**（**Kolmogorov-Smirnov**）**検定**である．この検定についての数学的詳細はあまりにも複雑すぎるので，ここでは単

にSPSSでこの検定を実行する方法についてだけ述べる．

7.5 コルモゴロフ–スミルノフ検定

7.5.1 検定の目的
標本データの度数分布が正規分布と有意差があるかどうかを検定することである．

7.5.2 検定を実行してみよう
コルモゴロフ – スミルノフ検定を実行する方法を説明するために，以下の具体例を紹介する．

例題④　例題②で得られたイモリの重さについての度数分布は正規分布と有意差があるだろうか？

解答

◎ステップ１：帰無仮説を設定する

帰無仮説を，"標本データの度数分布は正規分布と違わない"と設定する．ここでの帰無仮説は，"イモリの重さについての度数分布は正規分布と違わない"とする．

◎ステップ２：検定統計量を算定する

［分析］メニューに入り［記述統計］を選択し，［探索的］をクリックして，「イモリ重さ」のデータについて吟味するための計算プログラムを用意できたとする．ただし，計算プログラムを走らせる前に［作図］をクリックして，［探索的分析：作図］ダイアログボックスの中で［正規性の検定とプロット］をチェックする．こうして仕上げられたボックスを画面5に示す．

画面５

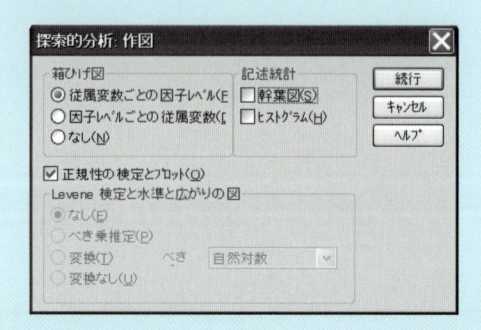

最後に，［続行］をクリックし，そして［OK］をクリックして検定を実行する．SPSSは7.2節に示した記述統計量のすべて，およびプロットを出力する．それに加えて，以下に示すような1つの表と2つのプロット（次ページ）も出力する．

正規性の検定

	Kolmogorov-Smirnov の正規性の検定（探索的分析）[a]			Shapiro-Wilk検定		
	統計量	自由度	有意確率	統計量	自由度	有意確率
イモリ重さ	.182	30	.013	.852	30	.001

a：Lilliefors有意確率の修正

【イモリ重さ】

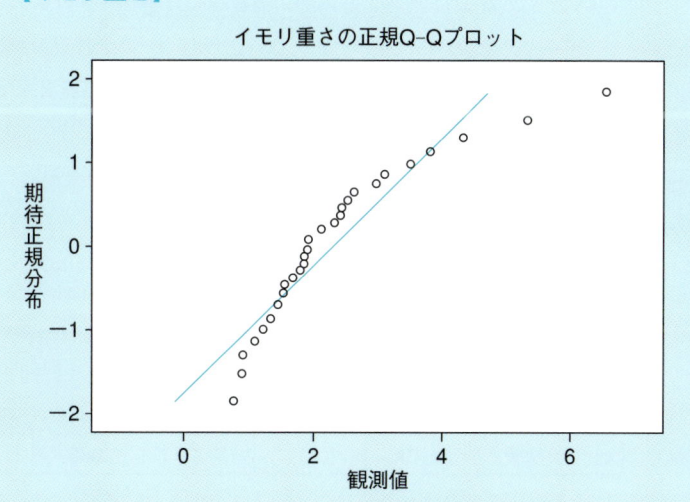

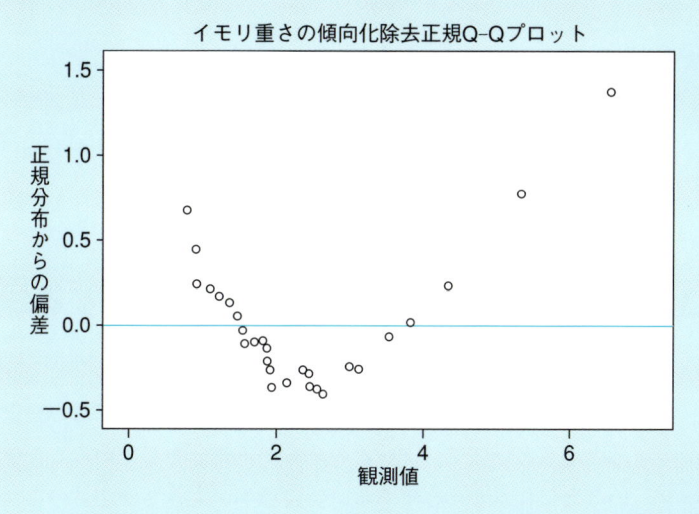

イモリ重さの正規Q-Qプロット

イモリ重さの傾向化除去正規Q-Qプロット

　この表より，コルモゴロフ‐スミルノフ統計量の値が 0.182 と示される．
　上のプロットはまた，データが正規分布にどの程度近いかについて有益な示唆を与える．もしデータが正規分布していれば，すべての点は直線上に乗ることになる．この例では，明らかにこれらの点がある曲線上に位置し，直線からかなりずれている．よって正規分布とは著しく異なることを示している．

◎ステップ3：有意確率を算定する

　SPSS は有意確率を求める．ここでは先の表から有意確率 = 0.013 の値が見出される．

◎ステップ4：帰無仮説を棄却するかどうかを決定する

＊もし 有意確率≦ 0.05 ならば，帰無仮説を棄却せねばならない．それゆえ，データの度数分布は正規分布と有意差があると言える．

＊もし有意確率＞ 0.05 ならば，帰無仮説を棄却する証拠をもたない．それゆえ，データの度数分布は正規分布と有意差がないと言える．

ここでは有意確率 = 0.013 < 0.05 なので，帰無仮説を棄却する明確な証拠がある．イモリの重さの度数分布は正規分布と有意に違っていて，その分布は正にゆがんでいる．

さて，log 変換されたデータについてはどうだろうか？ これをコルモゴロフ – スミルノフ検定を用いて分析すると，次の結果を出力する．

正規性の検定

	Kolmogorov–Smirnov の正規性の検定（探索的分析）[a]			Shapiro-Wilk検定		
	統計量	自由度	有意確率	統計量	自由度	有意確率
logイモリ重さ	.106	30	.200*	.985	30	.937

a：Lilliefors有意確率の修正
＊：真の有意水準の下限

この場合，有意確率 = 0.200 > 0.05 となり，よって度数分布は正規分布と有意に違わないと言える．このことは log 変換がうまく成功したことを暗示している．

7.6　コルモゴロフ–スミルノフ検定を使用する場合の注意

　コルモゴロフ – スミルノフ検定は有益であるが，この検定が有意差を示さなかったからといって，データの分布が正規分布していることを意味するものではないことに注意すべきである．特に標本の大きさが小さい場合，第2種の誤差が容易に起こりうる．それゆえ，データを吟味するときには，必ずヒストグラムを用いて調べる必要がある．だが，実施したパラメトリック検定が有効であるとの主張をバックアップしたい場合には，コルモゴロフ – スミルノフ検定の計算結果は役に立つ．

　Shapiro-Wilk 検定は，データ分布の正規性を吟味するときのもう1つの検定である．この検定に関する詳細は付録2 参考文献：Zar（2005）を参照されたい．

Exercise 練習問題

(解答は226～227ページ)

問題 7.1

ある自立植物とつる植物に関して根の相対的割合を調べる調査で，根の，全乾燥重量に対する割合について次の結果が得られた．

自立植物	0.16, 0.23, 0.28, 0.22, 0.25, 0.20, 0.17, 0.32, 0.24, 0.26
つる植物	0.15, 0.13, 0.08, 0.11, 0.13, 0.19, 0.14, 0.16, 0.15, 0.24, 0.13, 0.07

(a) このデータ分布が正規分布になるようにするためには，データをどのように変換すべきだろうか？
(b) これら2つの植物の根の相対的割合が，それぞれの場合で異なるかどうかを決めるため，変換したデータについて統計的検定を実行せよ．

問題 7.2

カラス科の20種について，その平均体長に関する調査が実施された．その結果を下の表に示す．

種	1	2	3	4	5	6	7	8	9	10	11	12	13	14	15	16	17	18	19	20
体長	7	8	9	10	11	12	12	13	14	15	16	18	19	21	23	24	26	29	32	37

SPSSを使ってデータを考察せよ．このデータ分布は正規分布しているとみえるだろうか？ もしそうでなかったら，これを正規分布するようにするためにはどう変換すればよいのだろうか？

8章 不規則な分布のデータや順位の処理：ノンパラメトリック検定

階級間の差を見抜くことが容易だとわかる．

8.1 はじめに

　前章で，生物学における多くの実例で，収集されたデータが正規分布していなかったり，そしてデータを変換しても正規分布がもたらされるようにすることが不可能な場合があることについて述べた．そうした度数分布は，**不規則分布**，**双峰分布**であったり，あるいは**不連続な（離散的な）測定値**で得られたデータ分布だったり，あるいはデータを単に**順位**※でしか表示できない分布だったりした．こうした場合には，3〜5章で解説したようなパラメトリック検定を使うのは適切でない．というのは，パラメトリック検定はデータが正規分布に従うことを仮定して定式化されたものだからである．

※順位
データ点に付与した数の順序．

　幸いにも統計学者がさまざまな新しい統計的検定を開発してきた結果，パラメトリック検定のほぼすべてについて，代わりに選択できる**ノンパラメトリック検定**が定式化されてきた．これを順位表示のデータや正規分布していないデータなどに使用できるようになった．表8.1にみられるように，すべての t 検定，ほとんどの分散分析，そして相関分析に対してそれぞれ，二者択一のノンパラメトリ

表8.1 パラメトリック検定と，相当するノンパラメトリック検定[a]

パラメトリック検定	相当するノンパラメトリック検定
1 標本 t 検定	1 標本の符号つき順位検定
対の 2 点比較 t 検定	Wilcoxonの符号つき順位検定
2 標本 t 検定	Mann-Whitney U 検定
1 元配置分散分析	Kruskall-Wallis検定
反復測定分散分析	Friedman 検定
相関分析	順位相関分析
回帰分析	順位相関分析

a：ノンパラメトリック検定は標本データが小さいときや，不規則な分布をしているとき，順位づけられたデータを吟味するときなどに使用される

ック検定（通常，それを考案した人の名前をとって命名されている）が存在している．

　これらのデータはその度数分布の形状について何ら想定しておらず，各データ点の**順位**だけの情報を用いる．差を検定するときは，各グループの平均値を比較する代わりに各グループの**メディアン（中央値）**を比較する．すべての検定は，ある順番に順位づけられたデータ点を獲得する確率を考察するので，その検定を直感的に理解することは容易である．しかしながら，順位を割り当てたり，これらの順位を操作して検定統計量を作り出すのにしばしば非常に時間がかかることがある．それゆえ，すべてを自動的にやってくれるコンピュータの統計ソフトを用いるほうが，短時間でノンパラメトリック統計を実行することができる．こうした理由で，本章では各検定についてその検定の考え方と数学的背景を手短に説明した後，可能な限り，その検定を電卓で実行する方法と，SPSS を使って実行する方法との両方を解説することにする．

8.2　1 標本の符号つき順位検定

8.2.1　検定の目的

　1つの母集団について実施された1つの測定で得られた標本データに関して，そのメディアンが期待値 E と違うかどうかを検定することである．

8.2.2　検定の考え方

　1 標本 t 検定と同様，1 標本の符号つき順位検定の第 1 段階は，各測定値と期待値 E との差 d をそれぞれ計算することである．次に，これらの差の絶対値に順位づけを行い，正の差には＋の符号をつけて表示し，負の差にはーの符号をつけて表示する．最後に，すべての負の順位を足し合わせた値を $T-$ とし，すべての正の順位を足し合わせた値を $T+$ とする．ここで注目すべきは，標本のメディアンが期待されるメディアンより低い順位にあるか，高い順位にあるかによって，T（$T-$ か $T+$）の一方が大きな値をとるであろうし，他方が小さな値をとるであ

ろうということである．1標本の符号つき順位検定では，そのうちの小さいほうの T の値を，問題とするグループの大きさに対して表（付録4：各種統計の表参照）から読み取られる臨界値と比較する．この T の小さいほうの値が臨界値より低いかそれに等しいならば，帰無仮説は棄却される．なお，この検定はWilcoxonの符号つき順位検定（8.3節を参照）の特別な場合であって，2標本のうち一方の標本に対し期待値を代入した場合に対応していることに注意しよう．

8.2.3 検定を実行してみよう

この1標本の符号つき順位検定を実行する方法は，具体例を実施することによって最も良く説明される．

例題①

統計学の授業コースの最後に，学生に対してこのコースの評価についてのアンケート調査を行った．学生は，"1＝だめな授業"から"3＝妥当な授業"を経て，"5＝すばらしい授業"までの点数をつけた．その結果が次のように得られた．

学生がつけた点数	1	2	3	4	5
学生数	8	14	13	4	0

この授業コースの点数結果は 3 より有意に低いと言えるか？

解答

◎ステップ1：帰無仮説を設定する

帰無仮説は"学生がつけた点数のメディアンが 3 であった"と設定する．

◎ステップ2：検定統計量を算定する

・電卓使用の場合

まず最初にやることはデータを表8.2のように整理することである．期待される平均値を $E = 3$ とし，点数－Eの差の値を与え，そして差が0となる項を無視し，（点数－E）の順位を求めると下の表8.2のようになる．いま，その差が1か－1の学生が18人いるが，これら18人の平均順位は9.5である．続いて，その差が－2の学生が8人いるが，これらの学生の平均順位は22.5である．

表8.2 学生の点数分布
点数とともに，その期待値との差（点数－E）およびそれぞれの差に対応する平均順位を示している

	学生数 N	（点数－E）	（点数－E）の平均順位
1をつけた学生	8	－2	22.5
2をつけた学生	14	－1	9.5
3をつけた学生	13	0	0
4をつけた学生	4	＋1	9.5
5をつけた学生	0	＋2	22.5

負の順位和：$T- = (14 × 9.5) + (8 × 22.5) = 133 + 180 = 313$

正の順位和：$T+ = (4 × 9.5) = 38$

これら正，負の順位和のうち，小さいほうの和が検定統計量となり，$T = 38$ である．

同点（点数が期待値に等しくて，点数$- E = 0$ の場合）は比較に何ら寄与しないので無視してよい．同点の13人が無視され，期待値からの差についての順位は，差の最小の大きさの1番から最大の大きさの26番まで順位づけられる．複数個の順位において，その期待値からの差が同じ大きさで同等な順位にあると考えられる場合には，このような差に対する順位にはそれぞれ順位の平均値が割り当てられる．ここの例では，期待値からの差が1である学生が18人いる（－1の14人と＋1の4人）．この対応する学生の順位1～18の平均順位は9.5であるので，それぞれの学生に9.5が割り当てられる．また，期待値からの差が2である学生が8人いる．この対応する学生の順位19～26の平均順位は22.5であるので，それぞれの学生に22.5が割り当てられる．各学生に割り当てられた順位を負の順位，正の順位ごとに足し合わせることにより，$T- = 313$，$T+ = 38$ と求められた．そのうち小さいほうの値は $T+$ なので，使用する検定統計量 T の値は38となる．

・SPSS 使用の場合（画面1）

最初の縦欄（「点数」と命名された列）に点数のデータを入力し，2番目の縦欄（「期待値」と命名された列）に期待される値（ここでは3）を入力する．続いて，［分析］メニューをクリックし，［ノンパラメトリック検定］バーに移ってから，［2個の対応サンプルの検定］バーをクリックする．SPSS が［2個の対応サンプルの検定］

画面1

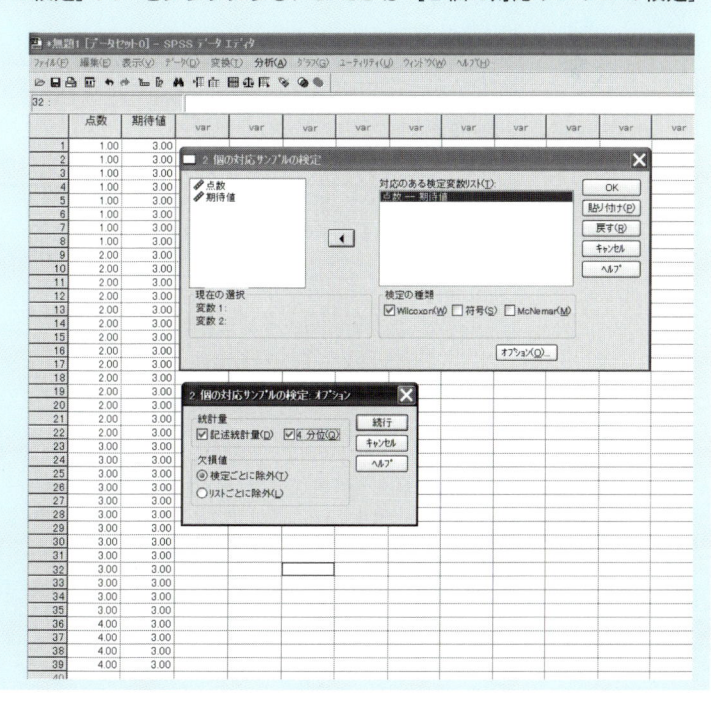

ダイアログボックスを立ち上げる．[対応のある検定変数リスト：]のボックスの中に比較する2つの列を選択して入力し，そして[検定の種類]ボックスで[Wilcoxon]がチェックされていることを確かめる．**記述統計量や4分位点も求めるため，[オプション]をクリックして表示されたボックスで[記述統計量]と[4分位]の両方をチェックしておく．**こうして仕上げられたボックスならびにデータを画面1に示す．

最後に，[続行]をクリックして，[2個の対応サンプルの検定]ダイアログボックスに戻り，[OK]をクリックすると検定が実行される．SPSSは次の結果をもたらす．

【ノンパラメトリック検定】

記述統計量

	N	平均値	標準偏差	最小値	最大値	パーセンタイル（パーセント点）		
						25	50（中央値）	75
点数	39	2.3333	.92717	1.00	4.00	2.0000	2.0000	3.0000
期待値	39	3.0000	.00000	3.00	3.00	3.0000	3.0000	3.0000

【Wilcoxonの符号つき順位検定】

順位

		N	平均順位	順位和
期待値－点数	負の順位	4 [a]	9.50	38.00
	正の順位	22 [b]	14.23	313.00
	同順位	13 [c]		
	合計	39		

a：期待値＜点数
b：期待値＞点数
c：期待値＝点数

検定統計量[a]

	期待値－点数
Z	−3.651 [b]
漸近有意確率（両側）	.000

a：Wilcoxonの符号つき順位検定
b：負の順位に基づく

SPSSにより負と正の順位和がそれぞれ，$T- = 38$，$T+ = 313$ と得られた．そしてまた Z 統計量と呼ばれる量が示されていて，ここでは $Z = -3.651$ である．

◎ステップ3：有意確率を算定する

もし帰無仮説が真ならば，順位和を表す検定統計量 T がその値 T より小さいか，これに等しくなるような有意確率 P を計算しなければならない．

・電卓使用の場合

データから求めた T の値を，Wilcoxon の T 分布の自由度 N における臨界値（付録3：表S4）と比較検討する．ここで，自由度 N は同点でない正，負の対の個数である．

ここの例では，39 人の学生がいて，そのうち 13 人が期待されるメディアン点数をとっていて同点なので，自由度は $N = 39 - 13 = 26$ となる．5％有意水準のもとで，自由度 26 の場合の T の臨界値は 98 である．

・SPSS 使用の場合
SPSS では，検定統計量 T がその値 T 以下の値をとる確率である漸近有意確率（両側）が 0.000 であると示している．

◎ステップ 4：帰無仮説を棄却するかどうかを決定する
・電卓使用の場合
＊もし T の値が臨界値より小さいか，等しい場合には，帰無仮説を棄却せねばならない．その標本データのメディアンは期待される値と有意差があると言える．
＊もし T の値が臨界値より大きい場合には，帰無仮説を棄却できない．その標本データのメディアンは期待される値と有意差がないと言える．

ここの例では，$T = 38 < 98$ となっている．

・SPSS 使用の場合
＊もし漸近有意確率（両側）≤ 0.05 ならば，帰無仮説を棄却せねばならない．その標本データのメディアンは期待される値と有意差があると言える．
＊もし漸近有意確率（両側）> 0.05 ならば，帰無仮説を棄却する証拠がない．その標本データのメディアンは期待される値と有意差がないと言える．

ここの例では，漸近有意確率（両側）$= 0.000 < 0.05$ となっている．

それゆえに，帰無仮説を棄却せねばならない．その授業コースのメディアン点数は期待値 3 と有意差があると言える．つまり，メディアン点数（2）はその期待値より低く，この統計学の授業コースが学生に不人気であることを示している．

8.3　Wilcoxon の符号つき順位検定

8.3.1　検定の目的

同一とみなせる個体集団で測定して得られた対の 2 組の測定値についてのメディアンが互いに違っているかどうかを検定することである．こうした例として，1 つのグループで 2 回の測定，例えば治療前と治療後に測定が実施された場合，関係ある人から成るグループ，例えば夫と妻から成るグループで測定が 1 回実施された場合などである．

8.3.2 検定の考え方

対の2点比較 t 検定と同様，Wilcoxon 検定の第1段階は対の2組の測定値についてそれぞれ差を計算することである．続いて，これらの差の絶対値に関して順位づけを行い，正の差には＋の符号をつけて表示し，負の差には－の符号をつけて表示する．最後に，すべての負の順位を足し合わせた順位和を $T-$ とし，すべての正の順位を足し合わせた順位和を $T+$ とする．注目すべきは，もし一方の組の測定値が他方の組の測定値より相対的に大きいならば，T（$T-$ か $T+$）の一方が大きな値をとるであろうし，他方が小さな値をとるであろうということである．検定では，$T-$，$T+$ のうちでより小さいほうの値が検定統計量 T の値として選ばれ，この T の値がいま問題にしているグループの大きさに応じて決まる臨界値と比較検討される．もしその T の値が臨界値より小さいか等しいならば，帰無仮説が棄却される．

8.3.3 検定を実行してみよう

この検定を実行する方法は，具体例を実施することによって最も良く説明される．

例題②

ニキビに対する新治療がテストされた．10人の10代の患者は，0（全体にきれいな皮膚）から5（ひどいニキビ）までの等級レベルで判定されたニキビレベルをもっていた．彼らに4週間にわたって新しい治療が施された後，再度判定を行った．治療前と治療後のレベルについて次のような結果が得られた．

治療前	4	5	3	4	5	5	4	4	5	5
治療後	3	2	1	5	3	2	4	3	3	2

治療がニキビのひどさを軽減したかどうか，すなわち治療が有意差をもたらしたかどうか調べよ．

解答

◎ステップ1：帰無仮説を設定する

帰無仮説を，"治療の前後でメディアンのレベルに差がない"と設定する．

◎ステップ2：検定統計量を算定する

・電卓使用の場合

まず，治療前後のレベルの差 d をそれぞれ計算し，その差に基づいて順位づけを行う．その結果を表 8.3 に示す．

同レベル（治療前のレベルと治療後のレベルが同じで，その差が $d=0$ である場合）は比較に何ら寄与しないので無視してよい．同レベルの1人を無視して，差 d に関す

表8.3 ニキビ治療のデータについて，治療前後の差とその差に基づく順位づけ

治療前のレベル	治療後のレベル	差 d	d の順位づけ
4	3	−1	−2
5	2	−3	−8
3	1	−2	−5
4	5	+1	+2
5	3	−2	−5
5	2	−3	−8
4	4	0	0
4	3	−1	−2
5	3	−2	−5
5	2	−3	−8

る順位づけは1（最小の順位）から9（最大の順位）までが割り当てられる．同一の差に対応する順位づけの中に複数個の同レベルがあるときには，それぞれの同一の差に符号（正か負）を考慮したその順位の平均値が割り当てられる．そこで，ここの例では最小の差として3つがすべて1に等しい（dが−1か+1）．これらが1, 2, 3と順位づけられて，その平均値が2である．さらにこの平均値に符号（正か負）をつけたものが d の順位づけである．同様にして，最大の差として3をもつレベルが3つある．対応するレベルには7, 8, 9の順位が割り当てられて，その平均値は8である．この平均値に符号（正か負）をつけたものが d の順位づけである（ここでは−8だけが与えられる）．

　負の順位和： $T- = (2 + 8 + 5 + 5 + 8 + 2 + 5 + 8) = 43$
　正の順位和： $T+ = 2$

これら正，負の順位和のうち，小さいほうの順位和が検定統計量となり，$T = 2$ である．

・SPSS 使用の場合

　データ値を2つの列，「治療前」と命名された縦欄と「治療後」と命名された縦欄とに入力する．続いて，[分析] メニューをクリックし，[ノンパラメトリック検定] バーに移り，[2個の対応サンプルの検定] バーをクリックする．SPSS では [2個の対応サンプルの検定] ダイアログボックスが立ち上がる．[対応のある検定変数リスト：] ボックス中に比較する2つの列を選択して入力し，[検定の種類] ボックスで [Wilcoxon] がチェックされていることを確かめる．記述統計量ならびに4分位点が得られるように [オプション] をクリックして表示されたボックスの中で [記述統計量] と [4分位] の両方をチェックしておく．こうして仕上げられたボックスならびにデータを画面2に示す．

　最後に，[続行] をクリックして [2個の対応サンプルの検定] ダイアログボックスに戻り，[OK] をクリックして検定を実行する．SPSS により次の結果が得られる（次ページ）．

画面2

【ノンパラメトリック検定】

記述統計量

	N	平均値	標準偏差	最小値	最大値	パーセンタイル（パーセント点）		
						25	50（中央値）	75
治療前	10	4.4000	.69921	3.00	5.00	4.0000	4.5000	5.0000
治療後	10	2.8000	1.13529	1.00	5.00	2.0000	3.0000	3.2500

【Wilcoxon の符号つき順位検定】

順位

		N	平均順位	順位和
治療後－治療前	負の順位	8 [a]	5.38	43.00
	正の順位	1 [b]	2.00	2.00
	同順位	1 [c]		
	合計	10		

a：治療後＜治療前
b：治療後＞治療前
c：治療後＝治療前

検定統計量[a]

	治療後－治療前
Z	−2.455 [b]
漸近有意確率（両側）	.014

a：Wilcoxonの符号つき順位検定
b：負の順位に基づく

　　まん中の表でSPSSは負の順位和が $T-$ ＝43，正の順位和が $T+$ ＝2 と表示している．下の表では Z 統計量と呼ばれる量の値が Z ＝−2.455 と表示されている．

◎ステップ3：有意確率を算定する

　　もし帰無仮説が真ならば，順位和を表す検定統計量 T がその値 $\underline{T}$ より小さいか，こ

れに等しくなるような有意確率 P を計算しなければならない．

・電卓使用の場合

データから求めた T の値を自由度が N のときの T 統計量の臨界値（付録 3：表 S4）と比較する．ただし，自由度 N は同レベルでない対の個数である．

ここの例では，10 個の対があるが，そのうち 1 つが同レベルの対だから，自由度 $N = 10 - 1 = 9$ のときの臨界値 T を読み取る必要がある．その有意水準 5 ％における T の臨界値は 5 である．

・SPSS 使用の場合

SPSS では，検定統計量 T がその値 T 以下の値をとる確率である漸近有意確率（両側）が 0.014 であると示している．

◎ステップ 4：帰無仮説を棄却するかどうかを決定する

・電卓使用の場合

＊もし T の値が臨界値より小さいか，等しい場合には，帰無仮説を棄却せねばならない．その場合は，対の標本データの間のメディアンの差は 0 と有意差があると言える．

＊もし T の値が臨界値より大きい場合には，帰無仮説を棄却する証拠がない．その場合は，対の標本データの間のメディアンの差は 0 と有意差がないと言える．

ここの例では，$T = 2 < 5$ である．

・SPSS 使用の場合

＊もし漸近有意確率（両側）≤ 0.05 ならば，帰無仮説を棄却せねばならない．その場合は，対の標本データの間のメディアンの差は 0 と有意差があると言える．

＊もし漸近有意確率（両側）> 0.05 ならば，帰無仮説を棄却する証拠がない．その場合は，対の標本データの間のメディアンの差は 0 と有意差がないと言える．

ここの例では，漸近有意確率（両側）$= 0.014 < 0.05$ となっている．

したがって，帰無仮説を棄却せねばならない．ニキビのレベルのメディアンが治療前後で違うと言える．すなわち，治療後のレベルのメディアン（3）は治療前のレベルのメディアン（4.5）より低くなっていて，治療が功を奏したと言える．

8.4 Mann–Whitney U 検定

8.4.1 検定の目的

対でない2組の測定値のメディアンが互いに違っているかどうかを検定することである．例えば，実験用処理された生物が対照群と違うかどうかを検定したり，一方の種がもう一方の種と違うかどうかを検定したりするのに使用される．

8.4.2 検定の考え方

Mann–Whitney U 検定は2つのグループの観測値の順位を比較することによって実行される．まず，2つのグループのデータを一緒にまとめて，そのときの最小値に1の順位を割り振るようにして，それぞれの観測値について順位づけが行われる．ただし，同点の場合の観測値には順位の平均値が割り振られる．続いて，各グループの順位が別々に足し合わされ，それぞれの和を R_1, R_2 と表示する．最後に，2つの検定統計量 U_1 と U_2 が次の式を使って，

$$U_1 = n_1 n_2 + \frac{n_2(n_2 + 1)}{2} - R_2 \tag{8.1}$$

そして

$$U_2 = n_1 n_2 + \frac{n_1(n_1 + 1)}{2} - R_1 \tag{8.2}$$

と計算される．ここで n_1 と n_2 はそれぞれ，グループ1とグループ2の標本の大きさである．ここで注目すべきは，一方のグループの順位が他方のグループより高い順位に位置すれば，U（U_1 か U_2）の一方の値は大きく，他方の値は小さくなる．Mann–Whitney U 検定では，そのうちより小さいほうの U の値を，いま問題としているグループの大きさに対して表から読み取られる臨界値と比較検討する．Wilcoxon 検定と同様，もしその小さいほうの U の値が臨界値より小さいか等しいとき，帰無仮説は棄却される．

8.4.3 検定を実行してみよう

この検定を実行する方法は，具体例を実施することによって最も良く説明される．

例題③　2つの畑のうち，一方は耕作に適した作物が栽培され，他方は恒久的牧草地のままとする．これら2つの畑における甲虫の数を比較する野外調査で，数力所に落とし穴のわなを設置し1週間後に集めた．これら2つの畑の落とし穴で捕らえられた甲虫の数は次のようである．

```
畑1：8, 12, 15, 21, 25, 44, 44, 60
畑2：2,  4,  5,  9, 12, 17, 19
```

畑1のほうで多くの甲虫が捕獲されているようにみえるが，この予測は2つの畑の間に有意差があることを意味するのだろうか？

解答

◎ステップ1：帰無仮説を設定する

帰無仮説を，"2つの畑の間で甲虫の数のメディアンについて差がない"とする．

◎ステップ2：検定統計量を算定する

・電卓使用の場合

まず，すべての観測データをまとめて順位づけすると，以下の表のようになる．

観測値	2	4	5	8	9	12	12	15	17	19	21	25	44	44	60
順位	1	2	3	4	5	6.5	6.5	8	9	10	11	12	13.5	13.5	15

ここで畑1の観測値には数値に下線が引かれている．それぞれの畑の順位を別々に足し合わせた和を計算すると，

$$R_1 = 4 + 6.5 + 8 + 11 + 12 + 13.5 + 13.5 + 15 = 83.5$$

そして

$$R_2 = 1 + 2 + 3 + 5 + 6.5 + 9 + 10 = 36.5$$

である．このとき検定統計量は，

$$U_1 = (8 \times 7) + \frac{7(7+1)}{2} - 36.5 = 47.5$$

そして

$$U_2 = (8 \times 7) + \frac{8(8+1)}{2} - 83.5 = 8.5$$

である．U_1 と U_2 のうち，より小さいほうを検定統計量 U の値として選ぶと，$U = 8.5$ となる．

・SPSS 使用の場合

2標本 t 検定の場合と同様，まず，各測定でのデータがそれぞれ異なった落とし穴で得られたものなので，すべてのデータ値を同じ縦欄に入力する必要がある．2つの異なった畑からのデータ値であることを識別できるよう，2番目の縦欄に列を作成して，この列に畑の下付き番号を示す1と2のどちらか一方を入力する．そうして SPSS で検定を実行する．まず［分析］メニューをクリックし，［ノンパラメトリック検定］バーに移って［2個の独立サンプルの検定］バーをクリックする．SPSSでは［2個の独立サンプルの検定］ダイアログボックスが立ち上がる．ここで検定し

たい変数名（ここでは「甲虫」）を選択して［検定変数リスト:］ボックス中に入力し，［検定の種類］ボックス中で［Mann-Whitney の U］がチェックされていることを確認する．また，畑の下付き番号を示す変数名（ここでは「畑」）を選択して［グループ化変数:］ボックス中に矢印を使って入力し，そして［グループの定義］タグをクリックすると，［2 個の独立サンプルの検定: グループの定義］の小さなダイアログボックスが立ち上がる．各グループに畑の下付き番号の値（ここではそれぞれ，1 と 2）を入力することによってグループを定義する．こうして仕上げられたボックスならびにデータを画面 3 に示す．

画面 3

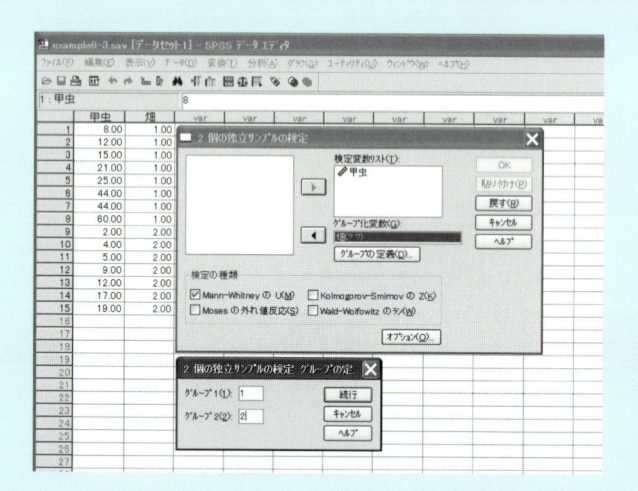

最後に，［続行］をクリックし，それから［OK］して検定を実行する．すると，SPSS は次の結果をもたらす．

【ノンパラメトリック検定】

順位

	畑	N	平均順位	順位和
甲虫	1.00	8	10.44	83.50
	2.00	7	5.21	36.50
	合計	15		

【Mann-Whitney 検定】

検定統計量[a]

	甲虫
Mann-Whitney の U	8.500
Wilcoxon の W	36.500
Z	−2.261
漸近有意確率（両側）	.024
正確有意確率 ［2×（片側有意確率）］	.021[b]

a　グループ化変数：畑
b　同順位に修正されていない

ここで Mann-Whitney U の値（ここの例での値＝ 8.5）は最後の表のボックスの一番上の欄に与えられている．

◎ステップ 3：有意確率を算定する

もし帰無仮説が真ならば，検定統計量 U がその値 U <u>より小さいか，これに等しくなる</u>ような有意確率 P を計算しなければならない．

・電卓使用の場合

求められた U の値を，標本データの大きさ n_1 と n_2 に応じて定まる検定統計量 U の臨界値（付録 3：表 S5）と比較する．$n_1 = 8$，$n_2 = 7$ での検定統計量 U の確率分布を調べると，有意水準 5 ％における U の臨界値を 10 と読み取れる．

・SPSS 使用の場合

SPSS は，検定統計量 U がその値 U 以下の値をとる確率である漸近有意確率（両側）が 0.024 であることを示している．

◎ステップ 4：帰無仮説を棄却するかどうかを決定する

・電卓使用の場合

＊もし U の値が臨界値より小さいか，等しい場合には，帰無仮説を棄却せねばならない．その場合は，2 つの標本データについてのメディアンは互いに有意差があると言える．

＊もし U の値が臨界値より大きい場合には，帰無仮説を棄却する証拠がない．その場合は，2 つの標本データについてのメディアンは互いに有意差がないと言える．

ここの例では，$U = 8.5 < 10$ である．

・SPSS 使用の場合

＊もし 漸近有意確率（両側）≤ 0.05 ならば，帰無仮説を棄却せねばならない．その場合は，2 つの標本データについてのメディアンは互いに有意差があると言える．

＊もし 漸近有意確率（両側）> 0.05 ならば，帰無仮説を棄却する証拠がない．その場合は，2 つの標本データについてのメディアンは互いに有意差がないと言える．

ここの例では，漸近有意確率（両側）＝ 0.024 < 0.05 となっている．

したがって，帰無仮説を棄却せねばならない．2 つの畑で見つけられた甲虫の数についてのメディアンは互いに違うと言える．すなわち，畑 1 におけるメディアン（23）は畑 2 におけるメディアン（9）よりも大きかった．

8.5 Kruskall-Wallis 検定

8.5.1 検定の目的

2組以上の関連しない測定値のメディアンが互いに違っているかどうかを検定することである．例えば，1つまたはより多くの標本グループの実験用処理された生物が対照群と違うかどうかを検定したり，2種以上の種が互いに違うかどうかを検定したりするのに使用される．

8.5.2 検定の考え方

Kruskall-Wallis 検定は，Mann-Whitney U 検定と全く同様，すべての測定データを一緒にまとめ，その中で各観測値に順位を割り振ることから始める．同点の順位がある場合，平均値の順位が割り振られる．それから，各観測値についての順位和 R をそれぞれの標本グループごとに計算する．最後に，検定統計量 K が次の式

$$K = \left(\Sigma \frac{R^2}{n} \right) \times \frac{12}{N(N+1)} - 3(N+1) \tag{8.3}$$

を使って求められる．ここで，n は各グループの大きさを表し，N は全グループの観測値の総数を表す．グループの間のメディアンが違えば違うほど，$\frac{R^2}{n}$ の和がますます大きくなり，よって K がより大きな値をもつ．

Kruskall-Wallis 検定では，もしこの K の値がある臨界値より大きいか等しいならば，帰無仮説が棄却される．

8.5.3 検定を実行してみよう

この検定を実行する方法は，具体例を実施することによって最も良く説明される．

例題④

異なる教育方法について，どの方法が効果があるかを吟味する学生プロジェクトにおいて，3つの学生グループがそれぞれ異なったコンピュータ学習支援（CAL）ソフトで学習した後，同じ問題のテストを受けた．その結果得られたテストの点数は次の表のようであった．

> ソフト1：12, 16, 4, 10, 8, 15, 19, 3, 18, 5
> ソフト2： 9, 15, 18, 2, 16, 7, 3, 17, 12, 15
> ソフト3：10, 15, 5, 3, 16, 9, 15, 13, 20, 10

SPSS の［探索的］コマンドを使うと，各グループの点数のメディアンは 11，13.5，11.5 と算出された．これらのメディアンは有意に違うのだろうか？

解答

◎ステップ1：帰無仮説を設定する

帰無仮説を，"3つのグループの点数のメディアンの間に違いはない"とする．

◎ステップ2：検定統計量を算定する

・電卓使用の場合

まずすべてのテスト点数に順位を割り振る．点数が低い方から順に割り振った順位が表8.4の中の括弧内に記入されている．

表8.4　3つのソフトで学習した学生のテスト点数に対する順位の割り振り

ソフト1	ソフト2	ソフト3
12（15.5）	9（10.5）	10（13）
16（24）	15（20）	15（20）
4（5）	18（27.5）	5（6.5）
10（13）	2（1）	3（3）
8（9）	16（24）	16（24）
15（20）	7（8）	9（10.5）
19（29）	3（3）	15（20）
3（3）	17（26）	13（17）
18（27.5）	12（15.5）	20（30）
5（6.5）	15（20）	10（13）

そこで，

	ソフト1	ソフト2	ソフト3
n	10	10	10
R	152.5	155.5	157
R^2	23256.25	24180.25	24649
$\dfrac{R^2}{n}$	2325.6	2418.0	2464.9

である．よって，検定統計量 K の値は，式8.3 より

$$K = [(2325.6 + 2418.0 + 2464.9) \times \dfrac{12}{30 \times 31}] - (3 \times 31)$$
$$= 93.014 - 93 = 0.014$$

と求められる．

・SPSS 使用の場合

1元配置分散分析の場合と同様，個々の学生ごとにそれぞれの測定結果があるので，まず全員の点数（ここでは「テスト点数」と命名した）のデータを1つの同じ縦欄に入力する必要がある．使った3種類のソフトの違いを識別するために，2番目の縦欄に下付き番号を表す列（ここでは，「CALタイプ」と命名した）を作成し，1, 2, 3

の番号のどれか 1 つの番号を入力する．次に，[分析] メニューをクリックし，[ノンパラメトリック検定] バーに移って [K 個の独立サンプルの検定] バーをクリックする．SPSS では [複数の独立サンプルの検定] ダイアログボックスが立ち上がる．検定しようとする変数（ここでは「テスト点数」）を [検定変数リスト：] のボックスに選択し入力して，[検定の種類] ボックス中で [Kruskall-Wallis の H] がチェックされていることを確かめる．[グループ化変数:] ボックスに下付き番号を表す列を表す変数（ここでは「CAL タイプ」）を選択し入力する．[範囲の定義] タブをクリックすると [複数の独立サンプルの検定: 範囲の定義] ダイアログボックスが立ち上がって，[グループ変数の範囲] ボックス中に下付き番号を表す列における最小値と最大値（ここの例では 1 と 3）を入力してその番号の範囲を定義する．こうして仕上がったダイアログボックスならびにデータを画面 4 に示す．

画面 4

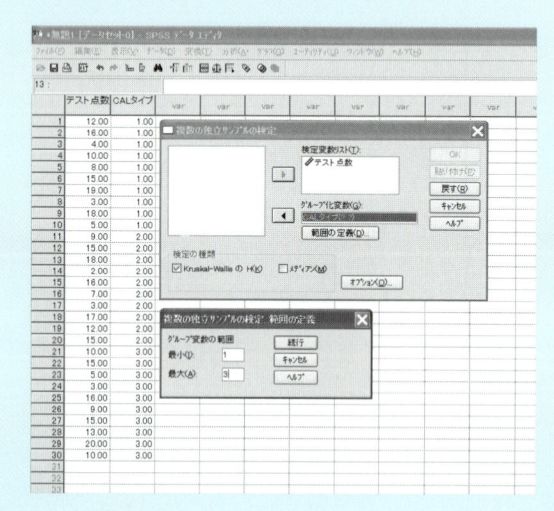

最後に，[続行] をクリックし，さらに [OK] をクリックして検定を実行する．SPSS は次の結果を出力する．

【ノンパラメトリック検定】
【Kruskall-Wallis 検定】

順位

	CALタイプ	N	平均順位
テスト点数	1.00	10	15.25
	2.00	10	15.55
	3.00	10	15.70
	合計	30	

検定統計量[a, b]

	テスト点数
カイ 2 乗	.014
自由度	2
漸近有意確率	.993

a　Kruskall-Wallis検定
b　グループ化変数：CALタイプ

SPSSでは一番下の表のカイ2乗（χ^2）がKの値である．ここでは$K = 0.014$である．

◎ステップ3：有意確率を算定する

　もし帰無仮説が真ならば，検定統計量Kがその値Kより大きいか，これに等しくなるような有意確率Pを計算しなければならない．

・電卓使用の場合

　Kの値を，自由度が$(G - 1)$のときのχ^2統計量の臨界値（付録3：表S3）と比較検討する．ここでGはグループの個数である．

　表から，自由度が$(3 - 1) = 2$のカイ2乗分布で，その臨界値が5.99と読み取れる．

・SPSS使用の場合

　SPSSは，検定統計量Kがその値K以上の値をとる確率である漸近有意確率が0.993であることを示している．

◎ステップ4：帰無仮説を棄却するかどうかを決定する

・電卓使用の場合

＊もしχ^2の値が臨界値より大きいか，等しい場合には，帰無仮説を棄却せねばならない．その場合は，標本データの間のメディアンは互いに有意差があると言える．

＊もしχ^2の値が臨界値より小さい場合には，帰無仮説を棄却できない．その場合は，標本データのメディアンの間に有意差がないと言える．

ここの例では，$\chi^2 = 0.014 < 5.99$である．

・SPSS使用の場合

＊もし漸近有意確率≤ 0.05ならば，帰無仮説を棄却せねばならない．その場合は，標本データの間のメディアンは互いに有意差があると言える．

＊もし漸近有意確率> 0.05ならば，帰無仮説を棄却する証拠がない．その場合は，標本データのメディアンの間に有意差がないと言える．

ここの例では，漸近有意確率$= 0.993 > 0.05$となっている．

　よって，帰無仮説を棄却する証拠がない．異なった学習支援ソフトを使用した学生について，テスト点数のメディアンの間に有意差がなかった．

8.5.4　Kruskall-Wallis 検定に対するポストホック検定

もちろん 1 元配置分散分析と同様，グループの間に有意差がある場合には，どのグループ同士が互いに違うのか知りたくなる．幸いにも，ちょうど 1 元配置分散分析に対する場合と同様に，Kruskall-Wallis 検定に対する**ポストホック検定**として利用できる **Nemenyi 検定**がある．しかし，SPSS ではこのポストホック検定が利用できない．また，これを手計算するのは多少複雑すぎる．この検定を実行する方法の詳細については付録 2 参考文献：Zar（2005）を参照せよ．

8.6　Friedman 検定

8.6.1　検定の目的

2 組以上の関連する測定値のメディアンが互いに違っているかどうかを検定することである．例えば，ある 1 つの実験処理された生物のグループについて，1 回の実験処理後に行われた何回かの測定でとられたデータのメディアンが互いに違っているかどうかを検定したり，ある定まった時点でとられた 2 組以上の測定値のメディアンが互いに違っているかどうかを検定したりするのに使用される．Friedman 検定は，反復測定分散分析に相当するノンパラメトリック統計の手法である．

8.6.2　検定の考え方

10 匹の実験動物に対し，ある測定を 4 つの時点で行って得た標本データのメディアンの間に差があるかどうかを吟味する調査を例に考えてみよう．まず b 個から構成されるブロックの各要素に対し行われる測定に順位が割り振られる．この例の場合，10 匹の動物が測定されるので 10 個の要素で構成されるブロックを考える．続いて，こうしたブロックごとに順位づけられたものを a グループ考え，各グループごとに順番づけられた順位が足し合わされる．この例の場合，動物が 4 回測定されるので 4 個のグループを考えることになる．各グループごとの順位和を R_i とすると，検定統計量 χ^2 は次の式 8.4 を使って求められる．

$$\chi^2 = \frac{12\sum R_i^2}{ba(a+1)} - 3b(a+1) \tag{8.4}$$

ここで注意すべきは，グループ間のメディアンの差が大きくなればなるほど，$\sum R_i^2$ の値は大きくなり，よって χ^2 の値も大きくなることである．

8.6.3　検定を実行してみよう

この検定を実行する方法は，具体例を実施することによって最も良く説明される．

例題⑤

ある野鳥がナメクジ駆除剤（訳者注：鳥にも有害）を食べることを阻止するのにキニーネとトウガラシのどちらが効果的かを決める実験で，その野鳥に対して3種類の（非毒性ダミーの）ナメクジ駆除剤が吟味された．1つは何も加えないままの対照群のグループ，もう1つはその対照群にキニーネを加えたグループ，そしてもう1つはその対照群にトウガラシを加えたグループである．各グループのナメクジ駆除剤をそれぞれ10個用意し，これらを野鳥の餌台に据えてこれを鳥が来やすい庭のスポットに設置した．30分後に，食べ残った各グループのナメクジ駆除剤の個数を数えた．続いて，各グループごとに10個の新しいナメクジ駆除剤を置き換えて，再び30分間設置した．こうした手続きを全部で10回繰り返した．各回ごとに食べられた各グループのナメクジ駆除剤の個数についてまとめた結果が表 8.5 に与えられている．実際に食べた個数と，そのときの順位（括弧内）が与えられている．

表8.5 各回ごとの，各グループのナメクジ駆除剤を食べた個数と順位

試行番号	対照群	キニーネを加えたグループ	トウガラシを加えたグループ
1	4（2）	5（3）	2（1）
2	1（1.5）	1（1.5）	4（3）
3	8（3）	5（2）	3（1）
4	6（2）	8（3）	5（1）
5	2（1）	4（2.5）	4（2.5）
6	4（1.5）	5（3）	4（1.5）
7	2（1）	4（2）	5（3）
8	6（3）	4（2）	1（1）
9	5（3）	3（2）	2（1）
10	9（3）	2（1）	5（2）
順位和	21	22	17

一見すると野鳥が，トウガラシを加えたグループのほうを他のグループのナメクジ駆除剤よりも避けようとする傾向があるが，これらの違いは有意なのだろうか？

解答

◎ステップ1：帰無仮説を設定する

帰無仮説を，"3つのグループのメディアンの間には差がない"と設定する．

◎ステップ2：検定統計量を算定する

・電卓使用の場合

それぞれのグループにおいて各回ごとの順位を足し合わせて得られる順位和 R_i を計算した値がそれぞれ，21，22，そして 17 と求められる．すると，式 8.4 より

$$\chi^2 = \frac{12 \sum R_i^2}{ba(a+1)} - 3b(a+1)$$

を使って χ^2 の値を計算できる．ここで，野鳥が 10 回にわたってテストされたので $b = 10$ で，3 種類のナメクジ駆除剤が比較されたので $a = 3$ である．よって，

$$\chi^2 = \frac{12 \times (21^2 + 22^2 + 17^2)}{10 \times 3 \times (3 + 1)} - 3 \times 10 \times (3 + 1)$$

$$= \frac{12 \times (441 + 484 + 289)}{120} - 120 = 121.4 - 120 = 1.4$$

と算出される．

・SPSS 使用の場合

　反復測定分散分析と同様にまず，各回ごとの測定結果をそれぞれ同じ行に入力するようにして，3 つのグループごとのデータを別々の縦欄に入力しなければならない．それから，［分析］メニューをクリックし，［ノンパラメトリック検定］バーに移って［K 個の対応サンプルの検定］バーをクリックする．SPSS は［複数の対応サンプルの検定］ダイアログボックスを立ち上げる．［検定変数:］ボックスに検定する 3 つの変数を順に選択して入力するが，そのとき［検定の種類］ボックス中で［Friedman］がチェックされていることを確かめておく．メディアンや 4 分位点を吟味するために［統計］タブをクリックし，立ち上がった［複数の対応サンプルの検定: 統計］ダイアログボックスの中で［4 分位］をチェックする．こうして仕上げられたダイアログボックスならびにデータを画面 5 に示す．

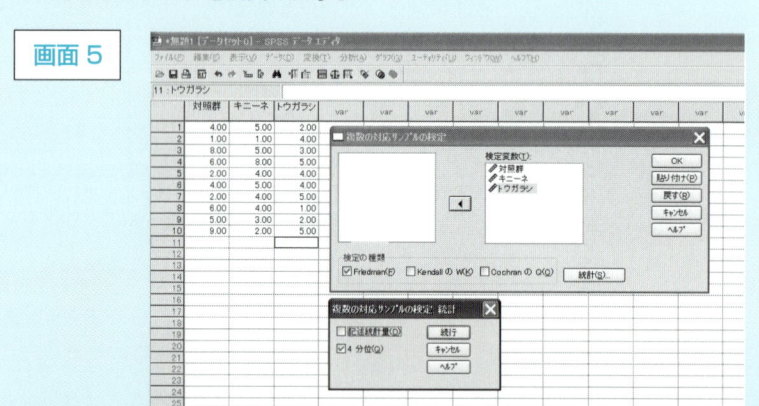

画面 5

最後に，［続行］をクリックし，検定を実行するために［OK］をクリックする．SPSS は次の結果をもたらす．

【ノンパラメトリック検定】

記述統計量

	N	パーセンタイル（パーセント点）		
		25	50（中央値）	75
対照群	10	2.0000	4.5000	6.5000
キニーネ	10	2.7500	4.0000	5.0000
トウガラシ	10	2.0000	4.0000	5.0000

【Friedman 検定】

順位

	平均順位
対照群	2.10
キニーネ	2.20
トウガラシ	1.70

検定統計量[a]

N	10
カイ 2 乗	1.514 ←
自由度	2
漸近有意確率	.469 ←

a：Friedman 検定

SPSS はカイ 2 乗の値を 1.514 と与える．

◎ステップ 3：有意確率を算定する

もし帰無仮説が真ならば，検定統計量 χ^2 がその値 χ^2 より大きいか，これに等しくなるような有意確率 P を計算しなければならない．

・電卓使用の場合

計算して得られた χ^2 の値を，a と b の値に応じて決まる Friedman χ^2 統計量の臨界値（付録 3：表 S6）と比較する．

ここの例では，$a = 3$，$b = 10$ に対するカイ 2 乗分布での臨界値が $\chi^2 = 6.200$ と読み取れる．

・SPSS 使用の場合

SPSS は，検定統計量 χ^2 がその値 χ^2 以上の値をとる確率である漸近有意確率が 0.469 であることを示している．

◎ステップ 4：帰無仮説を棄却するかどうかを決定する

・電卓使用の場合

＊もし χ^2 の値が臨界値より大きいか，等しい場合には，帰無仮説を棄却せねばならない．その場合は，標本データの間のメディアンは互いに有意差があると言える．

＊もし χ^2 の値が臨界値より小さい場合には，帰無仮説を棄却できない．その場合は，標本データのメディアンの間に有意差がないと言える．

ここの例では，$\chi^2 = 1.4 < 6.200$ である．

- SPSS 使用の場合
  * もし漸近有意確率 ≤ 0.05 ならば，帰無仮説を棄却せねばならない．その場合は，標本データの間のメディアンは互いに有意差があると言える．
  * もし漸近有意確率 > 0.05 ならば，帰無仮説を棄却する証拠がない．その場合は，標本データのメディアンの間に有意差がないと言える．

  ここの例では，漸近有意確率 = 0.469 > 0.05 となっている．

  よって，帰無仮説を棄却する証拠がなく，各標本グループのメディアンの間に有意差がなかったと言える．すなわち，野鳥が3種類のナメクジ駆除剤を選択して食べるような有意差はなかった．

8.6.4　Friedman 検定に対するポストホック検定

Friedman 検定の後に，ではどのグループ同士で互いに有意差があるのかを決めようとするとき，Kruskall–Wallis 検定後のポストホック検定として導入された **Nemenyi 検定**（参考文献：Zar, 2005）がまた使用できる．

8.7　順位相関分析

8.7.1　検定の目的

対の2組の測定値についての順位づけが直線的に関連しているかどうかを検定することである．

8.7.2　検定の考え方

順位相関分析に関していくつかの統計量があるが，生物学で最も一般的に使用される順位相関量の，**スピアマン（Spearman）順位相関係数**について考察してみよう．このスピアマン順位相関係数は r_s または ρ（ロー）で表記される．この量は，観測値そのものを使わずにむしろその観測値に付随した**順位**を使うという点を除けば，**ピアソン相関係数**と全く同様な役割のものである．

スピアマン順位相関係数 ρ を計算する式は

$$\rho = 1 - \frac{6\Sigma d^2}{(n^3 - n)} \tag{8.5}$$

である．ただし，n は標本データの大きさで，対の観測値のデータ点の個数であり，d は各データ点における順位差を表す．ここで注目すべきは，順位相関が高くなればなるほど，順位間の差がますます小さくなった結果，順位相関係数 ρ の値がより大きくなることである．

8.7.3 検定を実行してみよう

この検定を実行する方法は，具体例を実施することによって最も良く説明される．

例題⑥

オタマジャクシの生育密度とその捕食者トンボ幼虫（ヤゴ）との間に何らかの関係があるかどうかを吟味するための野外調査として，12 カ所の池が標本に選ばれた．そして，次の結果が得られた．

トンボ幼虫密度	3	6	5	1	1	4	9	8	2	5	7	11
オタマジャクシ密度	86	46	39	15	41	52	100	63	60	30	72	71

SPSS で作成されたグラフは下図のような結果を描き，正の関連を示すと考えられる．この関連は有意に成り立っているのだろうか？

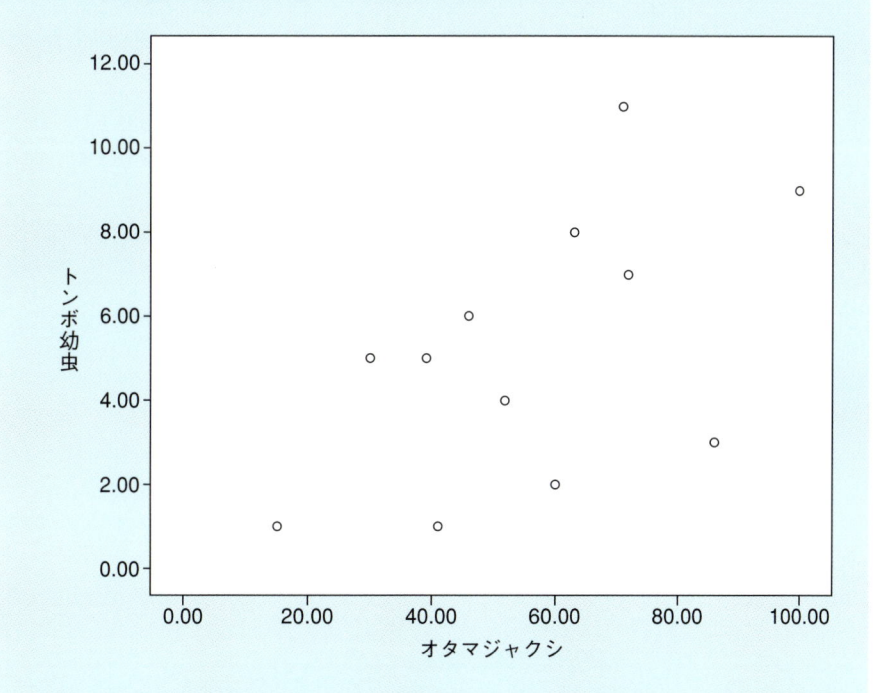

解答

◎ステップ 1：帰無仮説を設定する

帰無仮説を，"オタマジャクシの密度とトンボ幼虫の密度との間に関連がない"と設定する．

◎ステップ 2：検定統計量を算定する

・電卓使用の場合

まず，すべてのデータ値について順位づけを行う．順位づけした結果が次ページの表 8.6 に示されている．

表8.6 トンボ幼虫の密度とオタマジャクシの密度についての順位づけ，そしてこれらの間の順位差

トンボ幼虫	順位	オタマジャクシ	順位	d	d^2
3	4	86	11	−7	49
6	8	46	5	3	9
5	6.5	39	3	3.5	12.25
1	1.5	15	1	0.5	0.25
1	1.5	41	4	−2.5	6.25
4	5	52	6	−1	1
9	11	100	12	−1	1
8	10	63	8	2	4
2	3	60	7	−4	16
5	6.5	30	2	4.5	20.25
7	9	72	10	−1	1
11	12	71	9	3	9
					$\Sigma d^2 = 129$

式 8.5 より，

$$\rho = 1 - \frac{6\Sigma d^2}{(n^3 - n)}$$

なので，$n = 12$ そして $\Sigma d^2 = 129$ を代入すると

$$\rho = 1 - \frac{6 \times 129}{(12^3 - 12)}$$

$$= 1 - \frac{774}{1716} = 1 - 0.453 = 0.547$$

と計算される．

・SPSS 使用の場合

　データ値を 2 つの縦欄，「トンボ幼虫」と「オタマジャクシ」と命名された列に入力する．続いて，[分析] メニューをクリックし，[相関] バーに移ってから，[2 変量] バーをクリックする．SPSS では [2 変量の相関分析] ダイアログボックスが立ち上がる．比較検討される 2 つの列を [変数:] ボックスに順に選択し入力して，[相関係数] ボックス中で [Spearman] をチェックする．こうして仕上げられたダイアログボックスならびにデータを画面 6 に示す（次ページ）．

　最後に [OK] をクリックして検定を実行する．すると，SPSS では次の結果が得られる（次ページ）．

画面 6

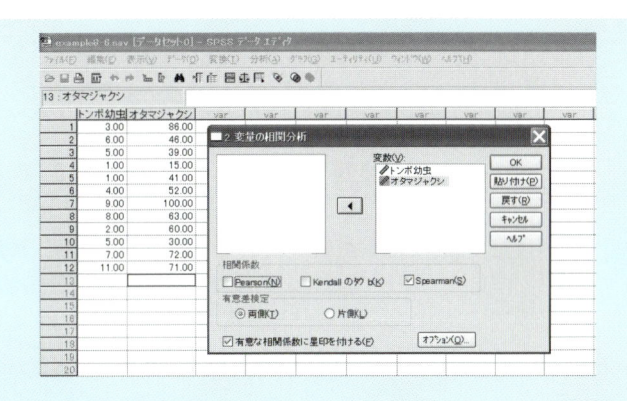

【ノンパラメトリック相関分析】

相関係数

			トンボ幼虫	オタマジャクシ
スピアマン順位相関係数	トンボ幼虫	相関係数	1.000	.547
		有意確率（両側）	.	.065
		N	12	12
	オタマジャクシ	相関係数	.547	1.000
		有意確率（両側）	.065	.
		N	12	12

◎ステップ3：有意確率を算定する

　もし帰無仮説が真ならば，検定統計量 ρ の絶対値がその値 ρ より大きいか，これに等しくなるような有意確率 ρ を計算しなければならない．

・電卓使用の場合

　計算された ρ の値を，自由度 $n-2$（ここで，n は対の観測値であるデータ点の個数）に対するスピアマン順位相関係数の臨界値（付録3：表S7）と比較せねばならない．

　ここの例では，自由度が $(12-2)=10$ である ρ の臨界値を $ρ=0.648$ と読み取れる．

・SPSS 使用の場合

　SPSS は，検定統計量 ρ がその値 ρ 以上の値をとる確率である有意確率（両側）が 0.065 であることを示している．

◎ステップ4：帰無仮説を棄却するかどうかを決定する

・電卓使用の場合

　＊もし ρ 値が臨界値より大きいか，等しい場合には，帰無仮説を棄却せねばならない．その場合は，2つの変数は有意な順位相関を示すと言える．

　＊もし ρ の値が臨界値より小さい場合には，帰無仮説を棄却できない．その場合は，2つの変数の間に有意な順位相関がある証拠がないと言える．

ここの例では，ρ = 0.547 ＜ 0.648 である．

・SPSS 使用の場合
＊もし有意確率（両側）≦ 0.05 ならば，帰無仮説を棄却せねばならない．その場合は，2 つの変数は有意な順位相関を示すと言える．
＊もし有意確率（両側）＞ 0.05 ならば，帰無仮説を棄却する証拠がない．その場合は，2 つの変数の間に有意な順位相関がある証拠がないと言える．

ここの例では，有意確率（両側）= 0.065 ＞ 0.05 となっている．

それゆえ，帰無仮説を棄却する証拠がない．一見すると，オタマジャクシとトンボ幼虫の密度の間に正の関連があるようにみえるが，その関連は有意でない．

Exercise 練習問題　　　　　　　　　　　　　　（解答は228～232ページ）

問題 8.1

顕著に雌と雄で形，色の異なる成獣のシカ 30 匹から成る集団について，これらのシカが来たる冬を越してどの程度大きくなるかを調べるため，夏の初めと終わりにそれらの体重（単位：kg）が測定された．次のような結果が得られた．

シカ	F1	F2	F3	F4	F5	F6	F7	F8	F9	F10	F11	F12	F13	F14	F15
初め	45	56	35	47	46	49	61	50	42	50	45	38	30	46	53
終わり	53	65	37	58	43	54	75	54	37	56	60	39	37	54	48
シカ	F16	F17	F18	M1	M2	M3	M4	M5	M6	M7	M8	M9	M10	M11	M12
初め	48	43	54	67	78	63	85	79	60	74	78	57	76	91	77
終わり	43	47	50	76	85	62	98	81	66	85	83	53	89	94	90

(a) このデータを変換して正規分布にすることがなぜできないのだろうか？
(b) シカの夏の終わりの体重が夏の初めと比較して有意差があるかどうかを判断するため，Wilcoxon の符号つき順位検定を実行せよ．

問題 8.2

1 匹のマカクザルが（苦痛のサインである）檻の中を行ったり来たりする時間を，旧来の檻に入れたときと周囲を広くした檻に入れたときとで比較する行動実験を行った．このサルは 4 日間にわたり 2 時間ごとに 15 分間ずつ観測されたが，それぞれの日の最後には別の檻に移して観測された．行ったり来たりするのに要する時間を分単位で測定し，次の結果が得られた．

旧来の檻	0, 3, 1, 15, 0, 15, 0, 12, 1, 10, 0, 15
広くした檻	1, 0, 11, 0, 1, 0, 15, 1, 0, 0, 2, 1

サルがこれら2つの檻でとった行動が違っていたかどうかを調べるため，Mann-Whitney U 検定を実行せよ．

問題 8.3

3種類の抗生物質がバクテリアの発芽と増殖に及ぼす効果を調べるための実験が実施された．バクテリアは40個のペトリ皿に塗られた．10個の皿は対照群のグループとしてそのままにされたが，その他の10個ずつの皿にはそれぞれ抗生物質A，抗生物質B，そして抗生物質Cが塗られた．3日後に，それぞれの皿にあるバクテリアコロニーの個数が数えられ，次の結果が得られた．

対照群	0, 6, 9, 1, 2, 8, 3, 5, 2, 0
抗生物質 A	0, 2, 1, 3, 0, 0, 1, 0, 0, 2
抗生物質 B	0, 5, 2, 1, 0, 2, 7, 0, 2, 5
抗生物質 C	6, 1, 5, 2, 0, 1, 0, 7, 0, 0

抗生物質がバクテリアコロニーの個数に対して何らかの有意な効果をもったかどうかを調べるため，Kruskall-Wallis 検定を実行せよ．

問題 8.4

ある抗鬱薬がどれくらいの時間にわたって効くかを調べる実験が実施された．10人の患者には，薬を飲む前，薬を飲んで1日後，1週間後，そして1カ月後のそれぞれの気分を，1（憂鬱）から5（喜悦）までの尺度で回答することが求められた．次のような結果が得られた．

患者	1	2	3	4	5	6	7	8	9	10
飲む前	2	3	2	4	2	1	3	2	1	2
1日後	4	5	3	4	4	4	3	3	3	3
1週間後	3	3	4	4	3	3	4	3	4	3
1ヵ月後	3	2	3	4	2	2	2	1	2	2

その薬が患者の気分に何らかの有意な効果をもったかどうかを判定するため，Friedman 検定を実行せよ．その薬が時間の経過に伴って作用するパターンとして，どんなパターンが現れたのだろうか？　さらに，それをどのようにして調べればよいのだろうか？

問題 8.5

雄のラットの優位性は血液中のテストステロン濃度に関係しているかもしれないと考えられた．そこで，全部で20匹のラット間においてのケンカを観察してから，最高の優位に対する1から最低の優位に対する20までの優位順位を付けた．同時に，それぞれのラットから血液が採取され，テストステロン濃度が測られた．次の結果が得られた．

優位順位	1	2	3	4	5	6	7	8	9	10
テストステロン	7.8	6.7	7.3	6.8	6.2	8.1	7.8	6.5	6.9	7.0
優位順位	11	12	13	14	15	16	17	18	19	20
テストステロン	6.7	6.4	6.3	5.8	7.6	6.7	6.6	7.1	6.4	6.5

　テストステロン濃度と優位順位との間に有意な関連があるかどうかを判定するため，スピアマン順位相関分析を実行せよ．

問題 8.6

　傷の治癒を促進するための新薬がマンチェスター大学の学生を対象にしてテストされた．各学生の腕には実験のための小さな外傷がつけられ，半分の学生にはその新薬の治療を受けさせ，残る半分の学生にはプラセボの治療を受けさせた．6週間後，傷痕の程度が0（何ら傷痕組織がない）から5（重い傷痕が残った）にわたっての尺度で査定された．次の結果が得られた．

```
プラセボ： 1, 3, 2, 4, 3, 3, 2, 3, 3, 2, 3, 1, 0, 4, 3, 2, 3, 4, 3, 2
新しい薬： 1, 2, 2, 3, 0, 2, 0, 1, 2, 1, 2, 1, 4, 3, 0, 2, 2, 1, 0, 1
```

(a) 薬が傷痕に及ぼす効果をもつかどうかを判定するためには，どんな検定を使用すべきか？
(b) その使用される検定を実行せよ．

9章 検定の選び方，実験を立案する方法，および結果を表現する方法

お客様の t 検定では，アールグレイとダージリンのどちらをお好みですか？

9.1 はじめに

　これまでの数章では，一連の実験や調査で得られるデータについて統計的検定を実行する方法を考察してきた．しかし，あなたが生物学研究者として成功するためにはこうした統計的知識を応用できるようにすることが必須である．また，統計学的に分析できるように，実験や調査を立案できなければならない．得られたデータに対して実行すべき検定を正しく選ぶことができるように，そして検定の結果が何を意味するかを理解できるようにしなければならない．さらにはまた，あなたが得た統計的分析の結果を，他の研究者にも理解してもらえるように表現できなければならない．本章の主な目的は以下の3つである．

・ある特定の問題に答えるために，観測結果についてどんな統計的検定を実行すべきかがわかるようにすること．

・その問題に答えるために必要な結果を引き出せるように，実験や調査を立案で

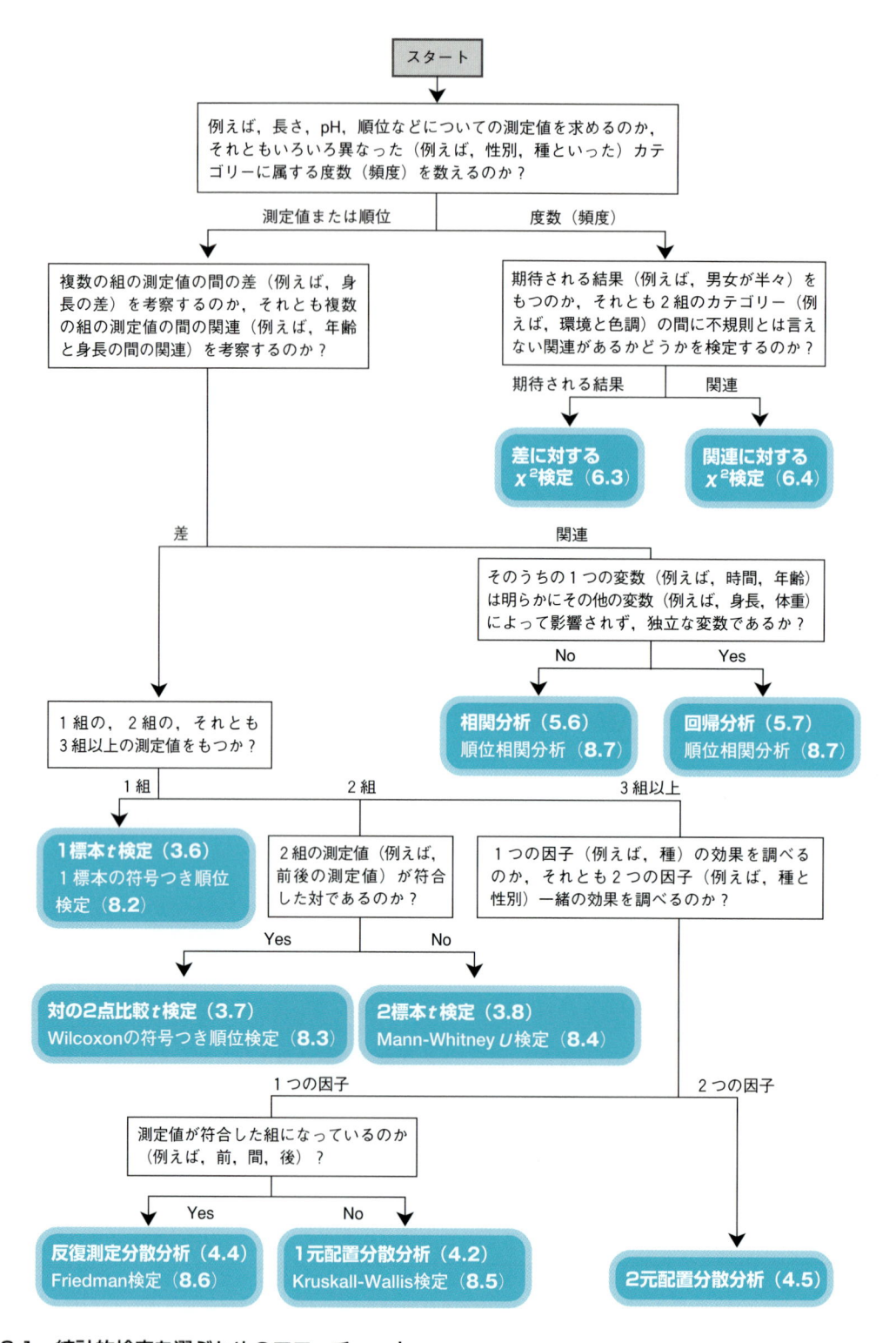

```
                                        ┌─────────┐
                                        │ スタート │
                                        └────┬────┘
                                             ▼
              ┌──────────────────────────────────────────────────────────┐
              │ 例えば，長さ，pH，順位などについての測定値を求めるのか，  │
              │ それともいろいろ異なった（例えば，性別，種といった）カテ  │
              │ ゴリーに属する度数（頻度）を数えるのか？                  │
              └──────────────────────────────────────────────────────────┘
                      │ 測定値または順位              │ 度数（頻度）
                      ▼                              ▼
    ┌─────────────────────────────┐    ┌─────────────────────────────────┐
    │ 複数の組の測定値の間の差（例  │    │ 期待される結果（例えば，男女が  │
    │ えば，身長の差）を考察するの  │    │ 半々）をもつのか，それとも2組の │
    │ か，それとも複数の組の測定値  │    │ カテゴリー（例えば，環境と色調）│
    │ の間の関連（例えば，年齢と身  │    │ の間に不規則とは言えない関連が  │
    │ 長の間の関連）を考察するのか？│    │ あるかどうかを検定するのか？    │
    └─────────────────────────────┘    └─────────────────────────────────┘
         │ 差              │ 関連             │ 期待される結果    │ 関連
         │                 │                  ▼                  ▼
         │                 │              ╔════════════╗    ╔═════════════╗
         │                 │              ║ 差に対する ║    ║ 関連に対する║
         │                 │              ║ χ²検定(6.3)║    ║ χ²検定(6.4) ║
         │                 │              ╚════════════╝    ╚═════════════╝
         │                 ▼
         │        ┌──────────────────────────────────────┐
         │        │ そのうちの1つの変数（例えば，時間，  │
         │        │ 年齢）は明らかにその他の変数（例え   │
         │        │ ば，身長，体重）によって影響されず， │
         │        │ 独立な変数であるか？                  │
         │        └──────────────────────────────────────┘
         │                  │ No            │ Yes
         │                  ▼               ▼
         │           ╔═══════════════╗ ╔═══════════════╗
         │           ║ 相関分析(5.6) ║ ║ 回帰分析(5.7) ║
         │           ║ 順位相関分析  ║ ║ 順位相関分析  ║
         │           ║ (8.7)         ║ ║ (8.7)         ║
         │           ╚═══════════════╝ ╚═══════════════╝
         ▼
    ┌──────────────────────────┐
    │ 1組の，2組の，それとも   │
    │ 3組以上の測定値をもつか？│
    └──────────────────────────┘
      │ 1組      │ 2組              │ 3組以上
      ▼          ▼                  ▼
 ╔════════════╗ ┌──────────────────┐ ┌─────────────────────────────┐
 ║1標本t検定  ║ │2組の測定値（例え │ │1つの因子（例えば，種）の効果│
 ║(3.6)       ║ │ば，前後の測定値）│ │を調べるのか，それとも2つの  │
 ║1標本の符号 ║ │が符合した対で    │ │因子（例えば，種と性別）一緒 │
 ║つき順位    ║ │あるのか？        │ │の効果を調べるのか？         │
 ║検定(8.2)   ║ └──────────────────┘ └─────────────────────────────┘
 ╚════════════╝   │ Yes      │ No
                  ▼          ▼
        ╔══════════════════╗ ╔═════════════════╗
        ║対の2点比較t検定  ║ ║2標本t検定(3.8)  ║
        ║(3.7)             ║ ║Mann-Whitney U   ║
        ║Wilcoxonの符号つき║ ║検定(8.4)        ║
        ║順位検定(8.3)     ║ ╚═════════════════╝
        ╚══════════════════╝
                              │ 1つの因子                    │ 2つの因子
                              ▼                              │
        ┌──────────────────────────────┐                     │
        │ 測定値が符合した組になっている│                     │
        │ のか（例えば，前，間，後）？  │                     │
        └──────────────────────────────┘                     │
              │ Yes              │ No                        │
              ▼                  ▼                           ▼
       ╔═══════════════╗ ╔════════════════╗        ╔═══════════════╗
       ║反復測定分散   ║ ║1元配置分散分析 ║        ║2元配置分散分析║
       ║分析(4.4)      ║ ║(4.2)           ║        ║(4.5)          ║
       ║Friedman検定   ║ ║Kruskall-Wallis ║        ╚═══════════════╝
       ║(8.6)          ║ ║検定(8.5)       ║
       ╚═══════════════╝ ╚════════════════╝
```

図 9.1 統計的検定を選ぶためのフローチャート
一番上からスタートして適正なボックスに辿り着くまで下の方へ質問を追跡していく．細い方の文字で書かれた検定は，不規則な分布のデータや順序データに対するノンパラメトリック検定である．括弧内の数字は本書内の項番号を示す

きるようにすること．
・統計的分析をした結果を，実際に記事や学位論文，論文の結果のセクションの一部として発表するための方法を示すこと．

9.2 検定の選び方

多くの人々は，1組の測定結果を得たとき，それらの結果をどんな統計的検定で分析したらよいかわからずパニックに陥ることがある．しかしながら，本書で強調していることは，どの統計的検定を使用すべきかの選択は明白であって，論理的に必然的な過程から決まるということである．検定を選択するためには，自分が何を測定したのかと同時に，どんな問題に答えたいのかをはっきり定める必要がある．そのために役に立てばと思い，図9.1に検定を選択するための判断フローチャートを示した（また，本書表紙の裏側にも示してある）．あなたがすべきことは，正しい検定に辿り着くまで一連の質問項目に順に答えながら進むだけである．

ただ1つだけ複雑な点があり，それはフローチャートの終わりの青いボックスで，検定を二者択一に選ぶ過程である．白い太字で書かれたほうがパラメトリック検定で，白い細字で書かれたほうがそれに同等なノンパラメトリック検定である．パラメトリック検定が有効である限りは必ず，この検定の使用を勧める．というのは，パラメトリック検定は有意な効果を検出するうえでノンパラメトリック検定よりも強力であるためである．他方，順位づけられたデータや，正規分布に変換できないくらいに不規則な分布のデータを取り扱ったりする場合，または測定でほんのわずかの数の離散的な測定値しか得られないような場合などでは，ノンパラメトリック検定を使用することになる．以下に，あなたがいろいろな研究を行ったときに，どの検定を使用すべきかを決める例をいくつか紹介する．

例題①

冬小麦の4品種のタネについて，それらの重さを比較検討する．各品種の冬小麦ごとに，50個ずつのタネの重さを測定した．帰無仮説をどう設定し，どんな検定を使ったらよいのか？

解答

タネの重さを比較する（例えば，差を吟味する）ならば，帰無仮説を"4品種のタネの各平均値の間に有意差がない"と設定する．では，どんな統計的検定を使うべきか？

全部で200個のタネの重さについての**測定値**なので，図9.1のフローチャートの左の方（測定値または順位）を選択する．

→品種の間の差を考察しようとするので，左の方（「差」）を選択する．
→2組以上の測定値をもつので，一番右（「3組以上」）を選択する．
→**1つの因子**，すなわち変種による効果を調べているので，左の方（「1つの因子」）を選択する．
→タネについての測定値は**符合した組になっていない**ので，右の方（「No」）を選択する．
→測定値は正規分布しているようであり，その標本データの大きさが20個をはるかに超えているということで，観測値は連続的数値とみなせる．このような**連続値**とみなせるタネの重さの測定値について考察するので，青字で書かれたほうの検定を選択する．
→**パラメトリック検定**の**1元配置分散分析**を使用すべきである．

例題②

魚の泳ぐ速さがその体長に依存するかどうかを調べる．30匹の魚について速さと体長の両方を測定した．帰無仮説をどう設定し，どんな検定を使ったらよいのか？

解答

泳ぐ速さと体長の間の関係を吟味しようとするならば，帰無仮説を"泳ぐ速さと体長の間に有意な関連がない"と設定する．では，どんな統計的検定を使うべきか？

泳ぐ速さと体長についての**測定値**なので，左の方（「測定値または順位」）を選択する．
→2つの測定値，泳ぐ速さと体長の間の**関連**を考察するので，右の方（「関連」）を選択する．
→一方の体長の測定値は，明白に他方の速さの測定値によって**影響を受けず**，独立変数にとれるので，右の方（「Yes」）を選択する．
→体長と速さの測定値は両方とも正規分布している**連続値**とみなせるので，**回帰分析**を実行する．

例題③

病院の子供病棟内でのはしかの発症率を調べ，これを全国の540人の子供について調査して得た平均発症率と比較検討してみよう．どんな統計的検定を使うべきか？

解答

その病院内での発症率と全国平均の発症率とを比較しようとするならば，帰無仮説を"これら発症率の間に有意差がない"と設定すればよい．では，どんな統計的検定を使うべきか？

2つのカテゴリー（はしかを発症したカテゴリーと，はしかを発症していないカ

テゴリー）に属する子供数の**度数**をそれぞれ数えたので，右の方〔「度数（頻度）」〕を選択する．
→病院内での標本データによる発症率を，**期待された結果**（全国での平均発症率）と比較するので，左の方（「期待される結果」）を選択する．
→差に対する χ^2 検定を実行する．

例題④

34 匹の家畜の鶏を観察し，体重と群れの中での序列との間の関係を研究する．どんな統計的検定を使うべきか？

解答

鶏の体重と群れの中での序列との間の関係を調べようとするならば，帰無仮説を"それらの間に関係がない"と設定する．では，どんな統計的検定を使うべきか？

体重，および割り当てられた序列番号の順位が測定値なので，左の方（「測定値または順位」）を選択する．
→体重の測定値と序列番号割り当て順位の測定値との間の**関連**を考察しようとするので，右の方（「関連」）を選択する．
→これらの測定値は互いに**影響を受ける**，すなわち体重は序列に影響を及ぼし序列もまた体重に影響を及ぼすので，左の方（「No」）を選択する．
→序列番号は**順序づけデータ**として定義されるので，黒字で書かれたノンパラメトリック検定を選択する．
→順位相関分析を実行すべきである．

9.3 実験を立案する方法

　生物学における実験や調査の役割は，自然界における問題に対して設定した仮説を検証することによって，その問題に答えるための手助けをすることにある．科学論文（高度に形式化されて，誤解を生みさえする書式の報告書）においては，このような検証を驚くぐらい容易に行っている．行っていることは少数個の生物体や細胞について調べたり，測定したりすることである．続いて，得られた結果について統計的分析を行うことにより，グループ間の差や変数間の関連が存在するのか，たまたま生じたのかを判断している．科学論文から容易に何も読み取れないのは，それは科学者が通常行うべき大部分の仕事，実験を決断したり，立案したり，組み立てたりするといった仕事について省略しているためである．
　良い科学者は，実験がうまくゆくかどうかを確認するために多大な時間を費やす．悪い科学者は，へたな立案でうまくゆかない実験や調査を実行するのに膨大

な時間，努力，そしてお金を浪費する．絶対にうまく進めることのできない実験というのがいくつかある．例えば，標本データの大きさが期待される効果を検出するにはあまりに小さすぎるとか，標本が必要以上に大きすぎるなどの場合である．なお，そのほかに，実験がある**交錯変数**※によって破綻する場合もある．

実験や調査に取りかかる前に，次のことを確認する必要がある．
・それをうまく進められる可能性はあるだろうか？
・標本データの大きさをどの程度にすべきか？
・交錯変数をどのようにして排除できるだろうか？

科学者がなすべき大部分の仕事は，これらの問いかけに答えることに向けられるべきで，これらの仕事は実験が行われる前に実施されるべきものである．実験に成功する鍵は，注意深く立案を進めること，およびそのための予備実験をすることである．そのための主な手続きは，準備，反復化，ランダム化，そしてブロック化である．

※**交錯変数**
これらの変数が考慮されなければ，実験を無効にしてしまうような変数．

9.3.1 実験の前に準備しておくこと

実験がうまく進められるかどうかを吟味するため，まず研究しようとする系について必要なことを知っておかねばならない．そのためには科学文献を読んだり，2章でも考察したように大雑把な計算などを実行してみたり，自ら予備実験をしてみたりしなければならない．

例題⑤ ガソリンから発する鉛が道端の植物の成長に影響するかどうかを調べる実験について考察してみる．文献から鉛が 250 ppm の濃度を超えたときにのみ成長を妨げることが知られていて，この道端で測定した鉛の濃度が単に 20 ppm にすぎないならば，実験を実施しても意味はない．

9.3.2 反復化※

標本データとしてどれぐらいの数の**反復データ点**を必要とするかを吟味する鍵は，調べようとする系について熟知することである．ランダムな変動性による効果に悩まされないようにして統計的分析を行うためには，十二分な反復データ点を必要とする．しかし，そんなに多くの反復データ点を準備できなかったり，時間を浪費するだけだったりすることがある．それゆえ，検出したい効果の大きさと，対象とする系で生じる変動性とについて知ることが重要である．一般に，検出したい効果が小さければ小さいほど，変動性はますます大きくなり，それに応じてより大きな標本を必要とする．いくつかの統計的検定では，差の検定を調べるのにどれくらいの反復データ点を必要とするかを比較的簡単に見積もることができる．

※**反復化**
できるだけ多くの測定値を利用するほうが，母集団パラメータ（母数）をより確実に推定できる．

● 1 標本 t 検定と対の 2 点比較 t 検定

　3 章の 1 標本 t 検定ならびに対の 2 点比較 t 検定でみたように，検出可能な最小の差 D は t 値がほぼ 2 ぐらいのときに現れる．言い換えれば，D は標準誤差 $\overline{\mathrm{SE}}$ の約 2 倍で

$$D \approx 2\,\overline{\mathrm{SE}} \tag{9.1}$$

である．

　ただし，標準誤差は標準偏差 s を標本の大きさ N の平方根で割ったもので，$\overline{\mathrm{SE}} = s/\sqrt{N}$ である．そこで，検出可能な最小の（期待値からの）差 D は

$$D \approx \frac{2s}{\sqrt{N}} \tag{9.2}$$

で与えられる．したがって，必要な反復データ点の個数 N はこの式 9.2 を整理し直すことによって得られ，

$$N \approx 4\left(\frac{s}{D}\right)^2 \tag{9.3}$$

の近似式が導かれることがわかる．

　こうして実験を実行する前に，検出したい効果の大きさや，標本データに現れそうな標準偏差の大きさなどを見積もるよう努めるべきである．これは，文献から調べたり，小規模な試験的実験をしたりすることによって行うことができる．

例題⑥

　油田のプラットホームで働く人が一般の人より高濃度のストレスホルモンをもつかどうかを決めるため，ある検査が実施された．一般の人のストレスホルモンの平均モル濃度は 2.15 nM で，標準偏差が 0.69 nM である．油田で働く人も一般の人と同じ変動性の標準偏差をもつと仮定して，ホルモン濃度を (a) 20 %（0.43 nM）の差で，(b) 10 %（0.215 nM）の差で検出するためにはそれぞれ何人の標本データが必要とされるか？

　(c) その油田で働くことの可能な人数が 124 人である．そこで，全部の人数のデータを使ったとしてどの程度の差が検出できるか？

解答

(a) 式 9.3 を使って，$N \approx 4 \times \left(\dfrac{0.69}{0.43}\right)^2 = 11$ となる．多めに見積もって，少なくとも 15 人を使用すべきである．

(b) $N \approx 4 \times \left(\dfrac{0.69}{0.215}\right)^2 = 42$ となる．多めに見積もって，少なくとも 50 人を使用すべきである．

(c) 式 9.2 を使って，$D \approx \dfrac{2 \times 0.69}{\sqrt{124}} = 0.124$ nM と求められる．

● 2 標本 t 検定と分散分析

2 標本 t 検定に関してもまた，検出可能な最小の差 D は t の値がほぼ 2 のときに現れる．ただし，この場合の D は 2 つの標本データの差 d についての標準誤差 $\overline{SE}_d$ の約 2 倍であり，この差の標準誤差 $\overline{SE}_d$ は各標本データの標準誤差 $\overline{SE}$ の $\sqrt{2}$ 倍で約 1.5 倍であるので，

$$D \approx 2\,\overline{SE}_d = 2 \times (1.5 \times \overline{SE}) = 3\,\overline{SE} \tag{9.1}$$

と表される．ここで前と同様に，$\overline{SE} = s/\sqrt{N}$ を使って書けば，

$$D \approx \frac{3s}{\sqrt{N}} \tag{9.4}$$

の式が与えられる．整理して書き直せば，

$$N \approx 9\left(\frac{s}{D}\right)^2 \tag{9.5}$$

が得られる．よって，2 標本 t 検定で与えられた最小の差 D を検出するためには，1 標本 t 検定の場合よりも大きな標本の大きさが必要となることがわかる．同じ考察は分散分析にも適用できる．

例題⑦ 2 つの異なった火山性の島に生息するカメを比較するとする．それぞれの島のカメ集団における体重の標準偏差がともに 30 g であると仮定して，平均体重について (a) 20 g の差，(b) 10 g の差を検出できるようにするためには，それぞれの島から何匹のカメを標本データとして抽出する必要があるのか？

解答
(a) $N \approx 9 \times \left(\frac{30}{20}\right)^2 = 20$ と求められる．多めに見積もって，25 匹以上を用いるべき．
(b) $N \approx 9 \times \left(\frac{30}{10}\right)^2 = 81$ と求められる．多めに見積もって，100 匹以上を用いるべき．

● 差に対する χ^2 検定

もし特定のカテゴリーの度数に対して期待される結果がある場合にも，簡単に要求される標本の大きさを見積もることができる．6 章でみたように，そのカテゴリーが起こる比率に対する標準誤差 SE は

$$SE = \sqrt{\frac{p(1-p)}{N-1}} \tag{6.1}$$

の式で与えられる．ここで p は期待比率である．統計的に有意最小比率の（期待比率からの）差 d はこの標準誤差 SE のほぼ 2 倍であることから，

$$d \approx 2\sqrt{\frac{p(1-p)}{N-1}} \qquad (9.6)$$

と表される．式 9.6 を整理し直すと，最小の比率の差 d を検出するために要求される標本の大きさ N を求める式 9.7 が導かれる．

$$N \approx \frac{4p(1-p)}{d^2} + 1 \qquad (9.7)$$

例題⑧

ある町での毛シラミの発生率について，全国平均の比率 4 ％からの差が 1 ％であるかどうかを検出するためには，この町のどれぐらいの住民数を標本として調べる必要があるのか？

解答

式 9.7 において p に 0.04 の値を代入し，d に 0.01 の値を代入して計算すればよく，

$$N \approx \frac{4 \times 0.04 \times 0.96}{0.01^2} + 1 = 1537$$

と得られる．多めに見積もって，2000 人を使う必要がある．

● **関連に対する検定**

また，実験を行う前に，**関連**について検証するうえで必要な標本データの大きさを決めることも容易である．このときもまた，抽出する標本が大きくなればなるほど，検出可能な関連はますます小さくできる．例えば，もし相関分析を実行するならば，検出可能な最小の相関係数は自由度が $N-2$ のときの臨界値である．ただし N は標本の大きさを表す．

例題⑨

人の手の大きさと足の長さとの間の関係を調べるのに，40 人の学生について測定を行った．検出可能な最小の相関係数はどれぐらいか？また，0.2 の相関係数を検出するのに必要な標本の大きさはどれくらいか？

解答

40 人の学生に関して，自由度が $40-2=38$ における相関係数 r の臨界値を読み取ると，その臨界値がほぼ 0.312 であることを示す．0.2 の相関係数の値（すなわち，臨界値）を検出するために必要とされる自由度の数は 95 ぐらいである．これは約 97 個くらいの標本の大きさが必要となることを意味する（実際には，安全性の観点から 100 個程度が必要）．

注意：この手法はまた，回帰分析の場合に必要な標本データの大きさを決めるときにも使用できる．

9.3.3　ランダム化とブロック化

成功する実験を立案するうえで最後の鍵となるのは，交錯変数を排除することであり，考察したい効果の因子のみを変えて，それ以外の因子については変えないで一定に保つべきである．

明らかに，こうしたことはいくつかの因子については容易に行うことができる．反復データ点がすべて，同じ温度，同じ明るさのレベルに，そして同じ期間にわたって保つような実験を準備するのは容易だが，すべての因子を同一に保つことは不可能である．例えば，植物を互いに全く同じ場所で育てることはできないし，全く同じ土壌で育てることもできないし，そしてまた全く同じ時に収穫しその収穫量を検査することもできない．このように差異が避けられないような場合でも，標本データの間に現れる組織的な誤差は**ランダム化**の手法を使って避けられる．植物を育てる場所をランダムに変えたり，収穫量が検査される順番を乱数表やコンピュータの乱数発生を使いランダムに変えたりする手法である．そうすることにより，いずれのグループも一貫して他のグループと違わないとして取り扱うことができる．

ランダム化はとりたてて問題のない手続きのようにみえるが，時には一様でない広がりをもった反復データ点を導くことがありうる．例えば，もし1区画の畑が非常に細長かったり，1区画の畑がいくつかに分離されていたりした場合には，畑の端っこで反復データ点が違うような標本が容易に得られたり，畑ごとに反復データ点の個数が違うような標本が容易に得られたりする（図 9.2a）．こうした場合，その1区画の畑をいくつかのブロックに分けるべきであって（図 9.2b），各ブロック中で反復データ点が同数になるように標本が抽出されるランダム化をすべきである．また，ある実験について検査したり，データを集めたりするのに数日かかる場合にも，同様なことを行う必要がある．こうした**ブロック化**※の使用は，**2元配置分散分析**を用いてデータを分析する際，ブロック間の差を別々に考察できるという利点が加わる．

※**ブロック化**
異なった反復データ点を種々のブロックの間に均等に分散させることにより，交錯変数を消去する方法．

(a) 畑1

A	B	B	A
A	A	A	B

畑2

B	B	A	A
B	B	A	B

(b) 畑1

A	B	B	A
B	A	A	B

畑2

A	A	B	B
B	B	A	B

図 9.2　ブロック化は交錯変数を避ける手助けをする
2つの処理法を施した農業実験で，各実験では8個の反復データ点が生じるとする．(a) では，その処理法がランダム化されたにもかかわらず，畑の間で一様でない分布の処理法（処理法 A の多くが畑 1 にある）が生じたり，畑の中で一様でない分布の処理法（畑 2 において処理法 B が左の方に偏って集まっている）が生じたりしている．(b) の場合，その処理法がブロックの中でランダム化された（2つの処理法の適用がそれぞれの畑のそれぞれの側でなされた）結果，位置に関して可能な交錯変数を取り除くことができた

例題⑩

栄養補助食が羊の成長率に及ぼす効果を調べる実験が実施された．個々の羊は小さな納屋の中で飼われ，同一量の食べ物が与えられたが，ただしその半分の羊には補助食を与え，残る半分の羊には与えないままという処理法が施された．しかし，スペース的な制約のため，羊は3つの納屋に分配して飼わねばならず，納屋1で8匹，納屋2で6匹，そして納屋3で6匹の羊がそれぞれ飼われた．適切なブロック化を確保し，納屋に依存する効果を考慮するため，この実験実施者はそれぞれの納屋において補助食を与えた羊と与えなかった羊が同数だけいるのを確認した．羊はそのままの条件で6カ月間保たれ，6カ月後にその体重が測定されて，次の結果が得られた．

納屋番号	1	1	1	1	1	1	1	1	2	2
処理法	−	−	−	−	＋	＋	＋	＋	−	−
羊の重さ（kg）	56	48	54	57	59	61	55	64	67	64
納屋番号	2	2	2	2	3	3	3	3	3	3
処理法	−	＋	＋	＋	−	−	−	＋	＋	＋
羊の重さ（kg）	59	65	68	65	45	53	50	57	53	56

この結果を分析するためにはどんな統計的検定を使うべきか？

解答

単に2つだけの処理法，補助食を与えた羊と与えなかった羊，の間の差を求めるので，一見すると2標本 t 検定を使って結果を分析するのが最良と思われがちである．しかし，納屋の間でブロック化がなされているので，納屋を全部で6個の処理法を与える2番目の因子として用いることができる．そこで，使用すべき検定は2元配置分散分析ということになる．SPSSでこのような検定を実行すると次の結果が得られる．

記述統計量
従属変数：羊の体重

納屋番号	処理法	平均値	標準偏差	N
1.00	.00	53.7500	4.03113	4
	1.00	59.7500	3.77492	4
	総和	56.7500	4.83292	8
2.00	.00	63.3333	4.04145	3
	1.00	66.0000	1.73205	3
	総和	64.6667	3.14113	6
3.00	.00	49.3333	4.04145	3
	1.00	55.3333	2.08167	3
	総和	52.3333	4.36654	6
総和	.00	55.3000	6.86456	10
	1.00	60.3000	5.05635	10
	総和	57.8000	6.40395	20

被験者間効果の検定
従属変数：羊の体重

ソース	タイプⅢ平方和	自由度	平均平方	F値	有意確率
修正モデル	607.700[a]	5	121.540	9.922	.000
切片	65867.045	1	65867.045	5376.902	.000
納屋番号	471.033	2	235.517	19.226	.000
処理法	117.333	1	117.333	9.578	.008
納屋番号＊処理法	11.667	2	5.833	.476	.631
誤差	171.500	14	12.250		
総和	67596.000	20			
修正総和	779.200	19			

a　R^2乗＝.780（調整済みR^2乗＝.701）

　納屋と，補助食を与えるか与えないかとがともに羊の重さに有意な効果をもつ（それぞれ，前者の有意確率が0.000，後者の有意確率が0.008である）ことがわかる．そして，記述統計量の値から，次の2つのことがわかる．
　①納屋2の羊が最も重くて，納屋3の羊が最も軽かった．
　②補助食を与えた羊は，対照群の補助食を与えなかった羊よりも重かった．

　もし2標本t検定が使用された場合，補助食による有意な効果は示されなかった（この場合，$t=1.855$で，有意確率が0.082となる）．というのは，納屋の違いから引き起こされる変動性が，各納屋の中における羊間の小さな違いを圧倒してしまうためである．

9.4　結果を処理する方法

　実験中，可能な限り早めに，むしろ実験データを集めている間にその実験結果を観察し，これが自然界について何を語っているか考えるようにすべきである．観測値の平均値や標準偏差を計算したり，得られたデータをグラフにプロットしたり，異なったカテゴリーに属する度数を調べたりするとよい．いったん何かハプニングと思われるようなことが観察されたら，実験ノートにあなたが気づいたことを書き留め，それについて考えてから，あなたの指導教官や同僚に報告すべきである．そのときのあなたの結果はまだSPSSに入力してはいけないし，書き上げるまでその観察結果について忘れてはいけない．

　ハプニングと思ったことを解決した後にだけ，あなたが突きとめた傾向が有意であるかどうかを考察するために統計的分析を実行すべきである．通常，ある傾向が肉眼ではっきり認められない限り，その傾向が有意であるとは言えないよう

である．常に統計学的解析を手段として使用し，決してそれを"主"にしてはいけない．

9.5 結果を表示する方法

　観測データの結果を正しく分析するのに多大な努力と時間を費やしたあなたは，結果報告の部分でその統計的分析を長々と示す誘惑にかられる．これは大きな誤りであって，誰もそうした統計的分析に興味をもたない（これまでのSPSSの出力ページを見ながらあなたもそう感じていたかもしれない）．その代わりに，ありのままの生物学的な姿を強調するように結果を報告すべきであり，その結果報告をバックアップするように統計的分析を提示すべきである．例えば，効果が有意であるかどうかについてコメントするのではなく，その効果がどの程度大きいかを述べるべきである．次の発表の仕方について考えてみよう．

　「硝酸肥料を余分に与えられたヒマワリは，肥料が与えられなかったものよりも有意に丈が高かった．2標本t検定は，tの値が3.45であり，これが起こる有意確率pは$p < 0.01$であった．」

　これはむだな書き方をしていて，ヒマワリがどれぐらい高くなったか述べていないし，標本データとして何個のヒマワリが使用されたかも述べていない．以下のように言うほうがよい．

　「硝酸肥料を余分に与えられたヒマワリは，肥料が与えられなかったものよりも38％ほど丈が高かった．2標本t検定は有意差を示した（$t_{22} = 3.45$，$p < 0.01$）．」

　ここで注目すべきは，自由度（ここでは22）が読者に標本の大きさについての情報を与えることである．また，実際に記述統計量を表示することも必要であり，その結果，読者は実際にどうだったかについて理解できる．

9.5.1　差に対する検定の結果を表示する方法

　何組かの測定値を比較しようとする実験や調査について，その観測結果を述べるとき，記述統計量は統計的検定の結果と同じくらいに重要である．もちろん，**平均値**を与えたり，変動性の指標を与えたりしなければならない．ほとんどの場合，標準偏差よりも**標準誤差**を与えるほうがよい．というのは，後者の標準誤差は平均値についての変動性の指標を表すからである．さらに3章で述べたように，標準誤差の誤差バーは，これらが重なり合う場合に2つのグループ間に有意差がないと言うことができるため，それは有用である．

● 本文中の記述統計量

　少数の記述統計量に関しては本文中に記載できる．先のヒマワリの例では次のように言うことができよう．

表 9.1　ヒマワリへの硝酸肥料補充の効果

処理法	n	丈（cm）	生物量（g）	茎の直径（mm）	葉の面積（cm^2）
対照群	12	36.5±3.6	14.3±2.8	9.6±1.9	194±38
高濃度硝酸肥料	12	50.4±3.9**	22.4±3.2***	10.9±2.4 NS	286±32*

上の結果は，対照群のグループと高濃度の硝酸肥料が与えられたグループとに対して，丈，生物量，茎の直径，そして葉の面積についての平均値±標準誤差を表している．星印（*）は有意差の度合を示す．*$p < 0.05$, **$p < 0.01$, ***$p < 0.001$. NS：有意差なし

「硝酸肥料を余分に与えられたヒマワリ（平均値と標準誤差は 50.4 ± 5.3 cm）は，肥料が与えられなかったもの（36.5 ± 7.5）よりも 38％ほど丈が高かった．2 標本 t 検定は有意差を示した（$t_{22} = 3.45$, $p < 0.01$）．」

しかし，本文中に記述統計量を長々と列挙するのは，読みづらくさせるとともに，読者を困惑させる．こうしたデータを表示するには表か図のいずれか（ただし，決して両方を表示しない）用いるほうが断然良い．

● 表中の記述統計量

同じ標本について複数回測定を実行して，もし単に 2 つのグループ（例えば，対照群のグループと実験を実施したグループ）のみを比較しようとするならば，普通，表 9.1 のような有益な凡例を利用した形式の表で情報を与えるのが最善である．

有意差の度合を示すのに星印（*）を使用するのはよく用いられる方法で，これは非常に簡便でわかりやすい方法である．表をいったん作成したら，それを本文中の結果の記載の部分で参照すべきで，例えば以下のように言うことができよう．

「硝酸肥料を補充した効果を表 9.1 にまとめた．補充した硝酸肥料はヒマワリの丈を約 38％ほど高め，生物量を 57％ほど増やし，そして葉の面積を 46％ほど広めたが，茎の直径については有意な効果をもたなかった．」

● 図中の記述統計量

2 つ以上のグループを表の形で比較しようとする場合，むしろ読みづらくなる．この場合は棒グラフの形で結果を表すほうがよい．例えば，硝酸肥料なしで育てられたヒマワリの丈と 3 つの異なる濃度レベルの硝酸肥料で育てられたヒマワリの丈とを観察した場合，その観測結果は図 9.3a や，図 9.3b のような形で最も良く表示される．

個々のグループが対照群のグループと違うかどうか強調したくて，例えばデータに Dunnett ポストホック検定を実行した場合には，図 9.3a にあるように星印を使用するべきである．ここでの例の場合，すべてのグループが対照群と有意差がある．アルファベット文字による表記法（図 9.3b）は，どのグループが互いに違うかどうかを示すために Tukey 検定や Scheffe 検定を実行した場合に望ましい

表し方である．ここの例では，全部で 3 つの硝酸肥料濃度で育てられたヒマワリは硝酸肥料なしの対照群よりも有意に丈が高かった．また，濃度レベル 3 のヒマワリは濃度レベル 1 のヒマワリよりも有意に丈が高かったが，濃度レベル 2 のヒマワリは濃度レベル 1 と濃度レベル 3 のいずれとも有意差がなかった．

この場合，本文中の結果の部分の記載に際して図を参照すると，例えば以下のように言うことができよう．

「4 つのグループのヒマワリについて，それぞれのグループの丈の平均値を図 9.3b に示す．Tukey 検定を伴った 1 元配置分散分析を実行した結果，硝酸肥料を加えて育てられたヒマワリはどの濃度の場合でも硝酸肥料なしの対照群よりも有意に丈が高かったことを示した．また，濃度レベル 3 のヒマワリは濃度レベル 1 のヒマワリよりも有意に丈が高かったが，濃度レベル 2 のヒマワリは濃度レベル 1 と濃度レベル 3 のいずれとも有意差がなかった．」

もちろん，もし加えられた硝酸肥料濃度がわかっている場合には，ヒストグラムに代わって，折れ線グラフを作成できる（図 9.3c）．その各点には，前述の図の場合と同様，標準誤差の誤差バーがつけられるべきで，隣り合った各点は直線で結ばれるべきである．

9.5.2　正規分布していないデータの記述統計量を表示する方法

順位データや不規則に分布したデータの場合，平均値および標準偏差を与えるのは適切でない．代わりに，メディアンおよび 4 分位範囲を与えるべきである．例えば，8 章例題③で紹介した 2 つの畑における甲虫の数についての結果を次のように表示できよう．

「Mann-Whitney U 検定の結果（$U = 8.5$，$p = 0.024$）により，畑 1 で捕獲された甲虫の数（メディアンが 23，4 分位範囲が 31.25）のほうが畑 2 で捕獲された甲虫の数（メディアンが 9，4 分位範囲が 13）よりも有意に多いことがわかる．」

この場合の結果を図で表示するときは，誤差バーをもった平均値のプロットよりもむしろ箱ヒゲのプロットで表示すべきである．甲虫調査の結果を SPSS によるグラフで示すと図 9.4 のようになる．グラフの軸は，適切なものを自分で決めるようにする．

9.5.3　関連に対する検定の結果を表示する方法

● 相関分析の結果

5 章で，関連に対する検定を実施する前に必ず，データをグラフで表して考察すべきであると述べた．また，結果を表示する際，特に相関分析された結果についてはグラフで表示することができる．例えば，5 章例題①の結果は図 9.5 のように表示される．

これらのグラフはまた，相関分析の結果について述べている本文中で参照され

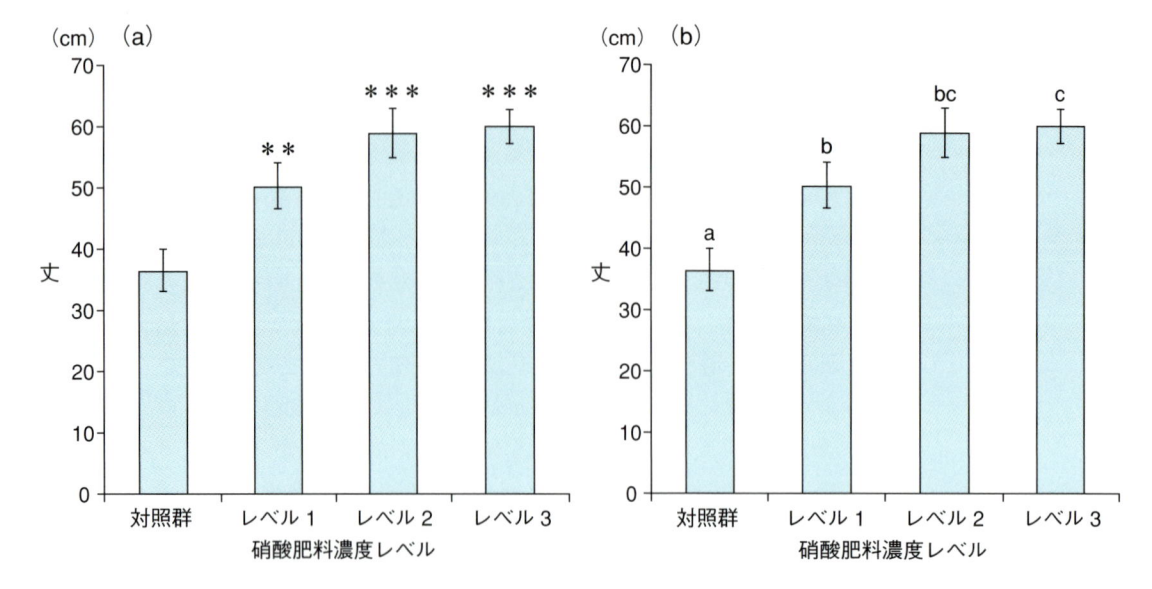

図 9.3（a, b） 4つの異なった硝酸肥料濃度で育てられたヒマワリの丈について，その標準誤差を伴った平均値を棒グラフで表示した

(a) 4つのグループの標本の大きさはすべて $n = 12$ である．星印（＊）は，ヒマワリの丈について，硝酸肥料なしの対照群のグループと比較したときの有意差の度合を示す．$*p < 0.05$，$**p < 0.01$，$***p < 0.001$．

(b) 4つのグループの標本の大きさはすべて $n = 12$ である．アルファベット文字はグループの間に有意差があることを示す．同一の文字で示されたグループは互いに有意差がないことを示している

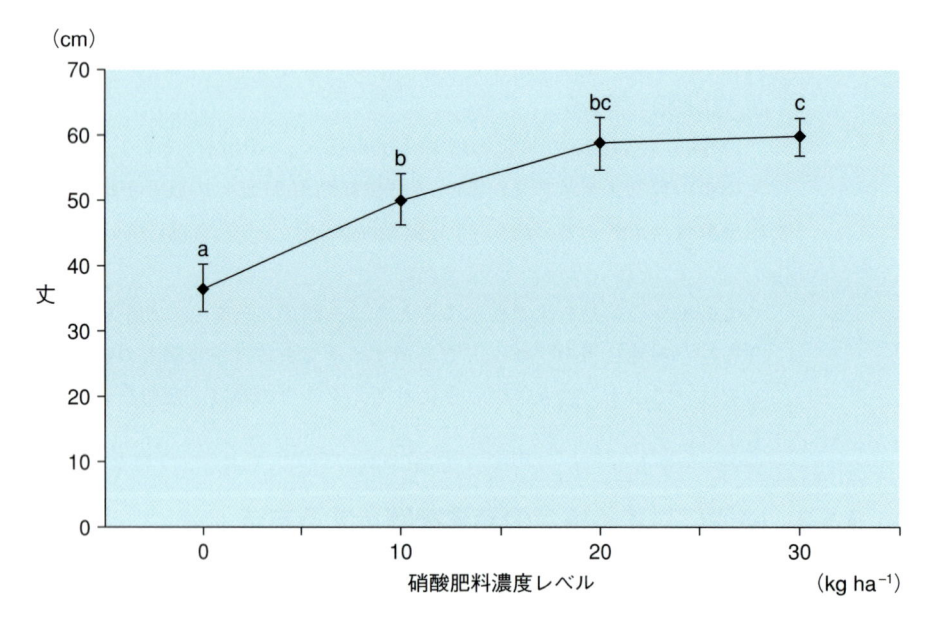

図 9.3（c） 異なった硝酸肥料濃度を加えて育てられたとき，ヒマワリの丈に及ぼす効果を表すグラフ

4つのグループの標本の大きさはすべて $n = 12$ である．アルファベット文字はグループの間に有意差があることを示す．同一の文字で示されたグループは互いに有意差がないことを示す

るべきである．この例については次のように言えよう．

「患者の血圧と心拍数の間の関係を図 9.5 に示す．相関分析により，心拍数と血圧の間に有意な正の関連があることがわかる（$r_{28} = 0.860$，$p < 0.001$）．」

● 回帰分析の結果

もし回帰分析を実施した場合には，2 つの変数の間の関係が回帰式の形でまとめられるので，グラフで表示するのはさほど意味がない．代わりに，回帰式とそれに関連した t 検定の結果とを一緒に表示する．例えば，卵の日齢が卵の重さに及ぼす効果についての 5 章例題②ならびに 5 章例題③の結果に対して，次のように書くことができよう．

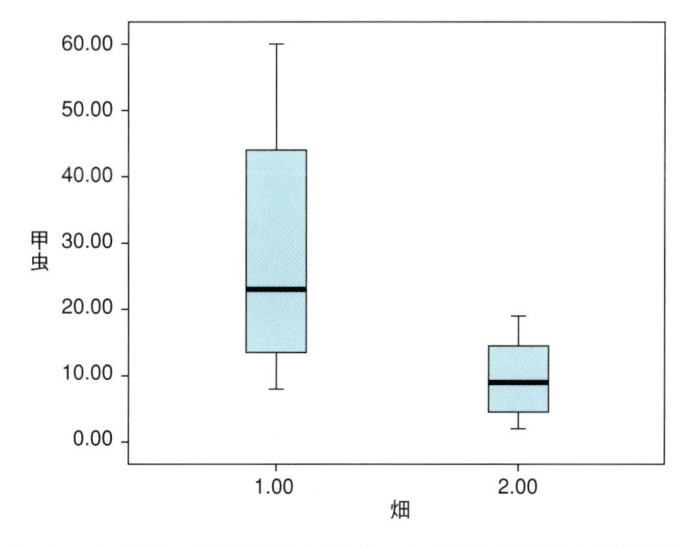

図 9.4　2 つの畑で捕獲された甲虫の数についての野外調査結果を表示している SPSS による箱ヒゲのプロット

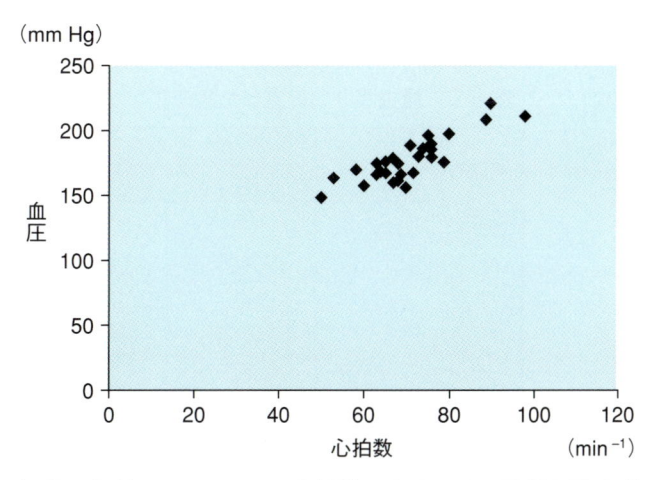

図 9.5　年配の患者について，その心拍数と血圧の間の関係を示すグラフ

「回帰分析により，卵の重さは日齢に伴って有意に下降していくことがわかる（$t_{18} = -14.3$, $p < 0.001$）．このときの最適な直線は，

　　　重さ（g）= 89.44 − (1.361 × 日齢)

の式で与えられる．またこの回帰分析により，卵の日齢が0のときの卵の重さ，すなわちこの直線の切片定数が90 gと有意差がないことがわかる（$t_{18} = -0.247$, $p > 0.05$）．」

9.5.4　χ^2 検定の結果を表示する方法

差に対する χ^2 検定の結果を与えるときには，通常はその結果を本文中にて表示することができる．例えば，6章例題①の結果は以下のように表示される．

「100個のF1のうち，69個がしわ無えんどう豆を，31個がしわ有えんどう豆を産出したが，これらの間の比率は期待される比率3：1と有意差がなかった（$\chi^2_1 = 1.92$, $p > 0.05$）．」

関連に対する χ^2 検定の結果を与えるときには，その結果を，特に6章例題②のような2×2の分割表の場合には，本文中に表示できる．この例では以下のように書ける．

「喫煙者の割合は，男性のほうが女性よりも有意に多かった（$\chi^2_1 = 14.4$, $p < 0.001$）．問われた30人の男性のうち，18人が喫煙者で12人が非喫煙者であったのに対して，60人の女性のうち，単に12人が喫煙者で，残る48人が非喫煙者であった．」

しかしながら，2つ以上のカテゴリーがある場合には，通常，完全な分割表を与えるほうが最善であり，その結果，読者はどうだったかを理解できる．例えば，6章問題6.4の結果は表9.2のように表され，本文中では次のように言うことができる．

「表9.2は色の違った花を訪れる昆虫の数を示している．その χ^2 検定の結果は，3種類の昆虫の好みの間に有意差があることを示した（$\chi^2_4 = 115.0$, $p < 0.001$）．特に，甲虫は白い花を，ハエは黄色い花を，そしてミツバチとスズメ

表 9.2　昆虫が3つの違った色の花を訪れた回数についての記録

訪れる昆虫	花の色			合計
	白色	黄色	青色	
甲虫	56	34	12	102
	(26.04)	(38.16)	(37.80)	
ハエ	31	74	22	127
	(32.43)	(47.51)	(47.06)	
ミツバチとスズメバチ	57	103	175	335
	(85.53)	(125.33)	(124.14)	
合計	144	211	209	564

上の表には観測された回数と期待される回数（括弧の中）とが与えられている

バチは青い花を好んで訪れるようであった.」

9.6 より複雑な統計解析

　本書では，著者自身がいつも使い，間違いなく大多数の実験生物学者も出会うであろうほとんどすべての統計的検定をとりあげてきた．しかしながら，統計解析とは実験調査に関する膨大な問いかけを行う分野であり，これまで述べてきた統計解析のほかにさらにたくさんの統計解析法が加わっている．科学論文の中でそれらの統計解析法について学んだり，ある日それが必要になることがわかったり（または告げられたり）する．実際，本書で述べたものよりもより複雑な実験を立案したり，分析したりする必要が出てくるかもしれない．また，すべての変数をコントロールできない実験を分析しなければならなくなったり，ある調査や初期の研究でたくさんの実験を選択したため，探索的なデータ解析を実行することになるかもしれない．幸い，こうした次の3つのいずれかの状況に対しても統計学的な分析方法が開発されてきた．

9.6.1　複雑な実験を立案したり，分析したりする方法

　4章で，2つの因子を同時に調べる複雑な実験を分析するとき，2元配置分散分析をどのように使用するか考察した．また，3元配置以上の分散分析を使えば，3つ以上の因子による効果を調べることも可能である．このような検定は，2元配置分散分析で用いたのと全く同じやり方を使って，SPSSで実行することが可能である．こうした複雑な分析を行う場合，2つの課題がある．

　第1の課題は，ちょうど2元配置分散分析の場合と同様，個々の因子についての実験を行わなければならず，もし3つ以上の因子がある場合には，因子の数が増えるほど処理数も恐ろしく多くなるので，実験そのものを行うことができなくなるかもしれないということである．例えば，もし3つの因子があり，各因子による効果がそれぞれ2つの状態のどちらかに見出される場合，全部で $2 \times 2 \times 2 = 8$ 個の処理法がある．各因子がそれぞれ3つの状態のいずれかに見出される場合には全部で27個あることになる．

　第2の課題は，分析結果が，ただ単に3つの因子自身からの主な効果による結果を与えるだけでなく，これら因子間の相互作用による結果も与えることである．3元配置分散分析では，3つの因子の各ペアの間に3つの相互作用の項があるとともに，3つの因子全部による相互作用の追加項が1つある．こうした相互作用の項が増えていくと，理解することがますます困難になっていく．

　また，分散分析はより複雑に立案された実験さえも分析可能にする．よくある例は，反復データ点の中でさらに反復データ点が選択されるような入れ子になった計画の例である．例えば，花の咲く30本の植物があって，各植物は3つのうちいずれかの処理法を受けて育てられたときに，これらの植物の花の大きさの間

に差があるかどうかを調べてみるとしよう．各植物ごとに何本かの花が咲くので，3つのいずれかの処理法で育てられた植物について何本かの花の大きさを測定してから，得られた測定値の結果を**入れ子のときの分散分析**を使って分析することになる．

　上述の例はすべて**1変量分散分析**の例であって，1つの測定値への1つの因子または2つ以上の因子による効果について考察している．通常，生物学者は複数個の測定値への処理法による効果を調べたいときでさえ，この1変量分散分析を実施してしまう．単純に分散分析を2回以上繰り返すのである．しかしながら，こうした場合の分析を行う理論的により良い方法は**多変量分散分析（MANOVA）**である．この多変量分散分析は組合わさった測定値の中での差について考察する．この分析ではまた，種々の測定結果がどのように関連づけられているかを調べることができる．多変量分散分析の詳細や，こうした検定をSPSSでどのように行うかについては，付録2 参考文献：Field（2000）を参照せよ．

9.6.2　複数個の変数すべてをコントロールできない実験を分析する方法

　時には，実施している実験の中に含まれる変数の全部をコントロールできないことがありうる．例えば，2つの女性のグループ，一方はカルシウム補助食を与えたグループ，もう一方はプラセボを与えられたグループに関して，骨密度の測定を実施した場合などである．ただし，両方のグループは年齢が広範囲にわたった女性から成っていることから，そのことがまた潜在的に骨密度に影響を及ぼす．その結果，この場合の実験を単に2標本t検定を使って分析しようとするときには，年齢が交錯変数として働いて，有意な結論を見出すのを妨げることがありうる．

　幸いにも，分散分析と回帰分析は実は単に1つの分析技法を2つの仕方で表現したものにすぎないという事実を利用できる．これらはともに，変動性を，起こりうる効果（分散分析では1つまたは多数の因子による効果，回帰分析では1つまたは多数の変数による効果）による変動性とその残りの変動性とに配分し，これらを比較することが理論的に展開されている．そこでこれら2つの分析法を，**一般線型モデル（GLM）**※として知られる単一のモデルの中に合併することができる（SPSSではそうなっている）．

　共分散分析（ANCOVA）はGLMの中にある技法の一例で，1つの因子の効果を1つの変数と結びつけることを可能にする．例えば女性の骨密度の例では，そのデータを共分散分析を使って分析することにより，次の3つのことを決めることができる．

①年齢の効果を考慮しながら，カルシウムが骨密度に影響を及ぼしているかどうか

②カルシウムの処理法の効果を考慮しながら，年齢が骨密度に影響を及ぼしているかどうか

③2つの違った仕方でカルシウム処理されたグループについて，年齢が骨密度に影響を及ぼしているかどうか

※**一般線型モデル（GLM）**
包括的な線型モデル．分散分析と回帰分析を統合した一連の検定で，これは複雑なデータの組についての強力な分析手段となる．

こうした検定の詳細や，SPSSでどのように行うかについては，付録2参考文献：Field（2000）を参照せよ．

9.6.3 多数の変数を用いたデータの探索的分析：多変量解析

4章，6章において，2組の変数の間の関係を調べるのに，関連に対して相関分析，回帰分析，そしてχ^2検定をどのように使えるかを考察した．しかしながら，生物学においてはしばしば複数の組の測定値の間の関係を調べたいことがある．幸いにも，こうしたより複雑なデータの組についても同様な分析を実行可能にするいくつかの多変量解析法がある．

重回帰は，1個の「従属変数」としての測定値が，その他の多数個の独立変数や因子によってどのように影響を及ぼされるかを決定する方法である．例えば，患者の代謝率が何種類かのホルモン濃度とどのように関係しているかを調べたいとしよう．各患者ごとに，代謝率とともに，それぞれのホルモン濃度が測定されれば，重回帰によりどのホルモンが代謝率に有意な効果をもたらすかを算出できる．そして，ホルモン濃度と代謝率との間を関係づける最適な直線を決定できるとともに，各ホルモンによってどの程度の変動性が生じるかがわかるようになる．こうした検定の詳細や，SPSSでどのように行うかについては，付録2参考文献：Field（2000）を参照せよ．

ロジスティック回帰は，単に，正しいか正しくないか，健康であるか病気であるか，男性か女性か，といった2つの状態の，どちらか一方にありうる特性状態に対して，上述の重回帰と同様の検定を行う．例えば人を刺す針をもった昆虫について，刺された人の性別や年齢，あるいは人がかつてその昆虫によって刺されたことがあるかどうかにより，その昆虫を正しく同定できるかに興味があるとしよう．重回帰と同様，ロジスティック回帰はどの因子が有意な効果をもたらすかを算定できるとともに，これらの因子が従属変数に正の効果をもつか負の効果をもつかを算定できるようにする．そこで，ロジスティック回帰は，関連に対するχ^2検定にとって代わる一種の多変量検定である．この回帰は多数個の因子をただちに考察できると同時に，測定値への効果を見積れるという付随的な利点を有する．こうした検定の詳細やSPSSでどのように行うかについては，付録2参考文献：Field（2000）を参照せよ．

最後に，1つの標本についてとられた，多数個の変数の間の関係を調べるのに使用される分析法としていろいろな方法がある．これら分析法のうち，最もよく使用される方法の1つは**主成分分析（PCA）**である．PCAは，その多数個の変数を，これら変数の一次結合で与えられたものが互いに無相関になるようにして，より少数の「主成分」の変数に還元する分析法である．通常はこうした主成分変数のうち，2，3個だけが重要である．主成分変数が2，3個の場合，データを2次元のグラフや3次元のグラフで表示できるようになるとともに，変数の間の関係をよりはっきりと表現ができる．それに対し，**線型判別関数分析**や**クラスター分析**はデータ点を異なったグループに分類したり，分離したりすることを可能

にする．

多変量統計解析は一見すると複雑で直感に反するような分析法と考えられがちだが，これらの解析は探索的分析法の中で非常に有用なものであり，大量の複雑なデータを前にしても「木を見て森を見る」ことを可能にする．これらの分析法はそのままで終わりにしてしまうような使い方をすべきでなく，統計的仮説を生成するのに有用であり，引き続きこの仮説を実験で検証するべきである．こういった類の検定に関する数学的詳細については，**付録2 参考文献：Manley（1994）**を参照されたい．そしてまたそれらの有用性や限界については，**参考文献：James and McCulloch（1990）**を参照されたい．

9.7　おわりに

　本書では誌面に限りがあり，統計学を使うに際して知っておくべきことをすべてにわたって述べることはできなかった．本書は単に統計学の一部分を書き集めたにすぎない．しかし，もしあなたが本書の内容を習得できれば，あなたが学部生（または大学院生でも）であっても，おそらく統計的データ処理についての知識を十二分に習得したことになるだろう．筆者は，生物学者としてほぼ15年にわたって生物学および生態学の研究を行ってきたが，本書に含まれなかった統計的検定をかつて使ったことはめったにない．生物学でデータを取り扱うときに鍵となるのは，制限された限度の範囲内で進み続けることである．莫大な量の知識を知る必要はなく，知っていることを分別よく適用できるようにしなければならない．それどころか，思考の単純さはしばしば利点にもなる．もし簡単明瞭な数学と統計学のみで表示されていれば，他の科学者もよりあなたの研究結果に関心を示してくれるであろう．

Exercise　練習問題　　（解答は232～235ページ）

問題 9.1

　臨床医が，年配の人について，エネルギー摂取量（カロリー）と心拍数との間に何か関連があるかどうかを見出したいとする．臨床医は150人のボランティアからエネルギー摂取量と心拍数の両方についてのデータを集めるとする．帰無仮説をどう設定したらよいのか？そして，エネルギー摂取量と心拍数が関連しているかどうかを決定するのにどんな統計的検定を選ぶべきか？

問題 9.2

ある生態学者が，5種のカラスについて，3つの異なった環境（農地，林，山地）で食べ物を摂取する個体数についてのデータを収集するとする．異なった種のカラスは違った環境にランダムに分布しないのかどうかを決定したいとする．帰無仮説をどう設定したらよいのか？ そして，異なった種のカラスは違った環境にランダムに分布しないのかどうかを決定するには，そのデータをどのように分析したらよいのか？

問題 9.3

医師が，3つの人種（アフリカ系カリブ人，アジア人，カフカス人）の間でインスリン濃度に違いがあるのかどうかを見出したいとする．各人種それぞれ30人からインスリン濃度を測定したデータを収集するとする．帰無仮説をどう設定したらよいのか？ そして，この問いに答えるためにはどの統計的検定を使用すべきか？

問題 9.4

遺伝学専攻の学生が，カタツムリの殻の色（茶色が優性，黄色が劣性の）の遺伝子，殻の縞模様の有無について（縞模様有が優性，模様無が劣性の）の遺伝子について，それら2つの遺伝子の間につながりがあるかどうかを見出したいとする．そのために，2つの純粋種の系統，すなわち，茶色で縞模様有のカタツムリの系統と黄色で模様無の系統との間で交配させる．その結果としての第1世代 F1 は，そのすべてが茶色で縞模様有のカタツムリであった．これら第1世代を交配して，第2世代のカタツムリが生まれたとする．帰無仮説をどう設定したらよいのか？ そして，実際にこれら2つの遺伝子の間につながりがあるかどうかを調べるにはどんな統計的検定を行うべきか？

問題 9.5

生態学者が，ケストレル（小型ハヤブサ）の体内に見出される農薬の残留濃度が1年のうち時期によって違っているかどうかを調べたいとする．ある10羽の鳥で農薬濃度を測定し，2カ月ごとにそれぞれの鳥について測定を繰り返すとする．帰無仮説をどう設定したらよいのか？ そして，農薬濃度が1年の異なった時期で違っているかどうかを調べるにはどんな統計的検定を行うべきか？

問題 9.6

血圧を下げるための新しい薬物療法の効果について臨床試験を行うとする．40人の患者について，その薬を投与する前と後とで血圧が測定された．臨床医は，その薬が効果をもったかどうかをうまく決定するのにどんな統計的検定を使用すべきか？

問題 9.7

集中介護を受けている患者に関して，鉢植え植物が光合成によって病室の酸素濃度を増やすことにより，患者の生存を助けることができることが示唆されてきた．このアイデアを検証する価値があるかどうかを吟味するために大まかな計算を実行せよ（ヒント：この植物がどれくらい速く成長するか，すなわちどれくらい速く炭水化物を貯え酸素を出力するかを見積ること）．

問題 9.8
　　突然変異したジャガイモの中での澱粉代謝についての研究において，ある遺伝子をノックアウトしたときの効果を調べる．このノックアウトが，蓄積された澱粉の濃度レベルを下げるであろうことが期待される．これまでに行われてきた多数の実験は，通常のジャガイモ中の平均澱粉モル濃度は 21 M で，その標準偏差が 7.9 M であることを示唆してきた．突然変異したジャガイモにおける標準偏差が通常のジャガイモのそれと同程度であると仮定するとき，突然変異したジャガイモの平均澱粉モル濃度が 16 M となること，すなわち 5 M のモル濃度だけ下がったことが有意な差であることを確認できるためには，どれくらいの数の反復データ点を調べるべきであろうか？

問題 9.9
　　トウモロコシの成長に対する揺り動かしの効果を調べるために，ある実験が立案されつつある．2 つのグループ，揺り動かしたグループと揺り動かさなかった対照群のグループとがあるとしよう．通常のトウモロコシは平均の高さが 1.78 m で，その標準偏差が 0.36 m であることが知られている．0.25 m の高さの差を確認できるための反復データ点を得るには，実験用ならびに対照群のトウモロコシをそれぞれどれくらいの数栽培しなければならないのか？

問題 9.10
　　国全体での乳癌罹患者の割合は 45 歳以上の女性において 3.5 ％である．シリコンを移植した者はこの乳癌罹患の割合が高くなるかもしれないことが示唆されてきた．そのリスクが倍加することを検出できるためには，どれぐらいの人数のシリコン移植者を検定する必要があるのか？

問題 9.11
　　1 年間を通じて 2 週間に 1 回の割合で（クリスマスのときは除いて）25 回にわたり，4 つの異なった単位平方メートル当たりの量，0，3.5，7，14 g の硝酸塩を含んだ硝酸アンモニウム肥料をダービーシア（Derbyshire）のウォードロー（Wardlaw）にあるチョーク牧草地に散布することにする．これによる相対効果を比較検討するための実験を立案せよ．その牧草地が 16 個の区画に分けられ，広さ 8 m × 2 m の格子状の牧草地に広さ 1 m × 1 m の区画が 16 区画あるように分けられてある（下図を参照）．いま，モル濃度 20 × 10^{-3} M の硝酸アンモニウム溶液の肥料を散布するとして，各区画に散布する量が異なった区画をそれぞれ別々にマークするようにして下図中に正しく書き込め．

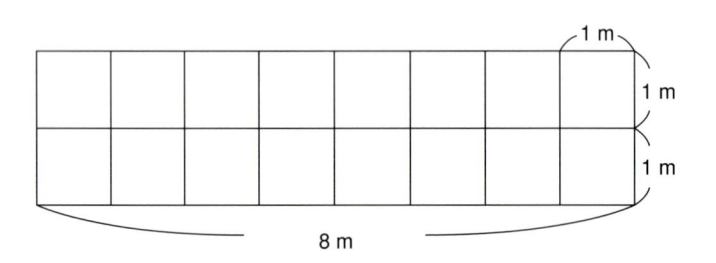

10章 測定値と単位の取り扱い

「羊が 6.3452×10^4 匹，羊が 6.3453×10^4 匹…」

10.1 はじめに

　生物学の大部分の学生は長年数学を学んできたにもかかわらず，驚くべきことに，数値情報の表現や取り扱いについて，非常に高い頻度で間違いを犯す．実際に生じた間違いの例はいくらでもある．最初の段階のデータが，誤って測定されたり，精度が高すぎたり，あるいは低すぎたりする．データ値が非国際単位で測定されて表示されたり，国際単位に変換する際に間違えたりすることもある．最初の段階のデータに基づく計算が，誤って行われることもある．最後に，答えが間違った精度まで表示されていたり，単位が間違って表示されていたり，もしくは全く単位がなかったり（！）などで与えられたりする．

　間違いの多くは，無知だけで片付けられず，軽率，不注意，パニックによることもある．この章においては，どのようにして，そのような間違いを回避できるかについて述べる．以下の論理的な一連のステップに従い，正しい順序で慎重に実施することでそれは可能になる．すなわち，測定して得られたデータ値を国際単位に変換する，その変換したデータ値を組合わせ演算する，そして国際単位系での答えを正しい精度まで表示するなどのステップを実行する．本章ではまた，いつでも参考のために参照できる有用な表をいくつか提供する．

10.2 精度の高い測定を行う

測定は常に，可能な限り最高の精度で行わなければならない．それは，最新のデジタル装置では容易だが，目盛のついたアナログ・スケールの旧式な装置ほどより難しい．アナログ器具の中で最高精度は通例，スケールの目盛の最も小さいところである．30 cm の定規を使用した場合，cm に隣接した mm までの精度で測定されるにすぎない．しかしながら，もし目盛間隔が十分離れている温度計などの場合は，測定値を目盛の次の小数位まで目測することが通常可能である．なお，バーニヤスケール（副尺）をもっているノギスや顕微鏡のような装置においては目測がより容易になされる．

10.3 SI 単位へ変換する

10.3.1 SI 単位系

データ値に何かさらなる演算を施したり，それを表示したりする前に，正しく国際単位に変換しておかなければならない．The Système International d'Unités (**SI**[※]) は，物理量を計測するために広く科学的に認められた表記法であり，長さ，質量，時間の最も基本的な単位としてそれぞれ，メートル，キログラム，秒を用いる．基本的な SI 単位の完全なリストを，表 10.1 に示している．

※ **SI（国際単位系）**
メートル，秒，キログラムの単位に基づいた，現代科学で広く用いられている標準的な単位系．

他のすべての単位は，これらの基本単位から導かれる．例えば，体積は立方メートル，すなわち m^3 と表される．同様に，密度は単位体積当たりの質量で，立方メートル当たりのキログラム，すなわち $kg\,m^{-3}$ と表される．いくつかの重要な組立単位はそれぞれ独自の名称をもち，力の単位（$kg\,m\,s^{-2}$）はニュートン（N）と呼ばれ，圧力の単位（$N\,m^{-2}$）はパスカル（Pa）と呼ばれている．重要な

表10.1 基本SI単位と補助SI単位

計測量	SI単位	記号
[基本単位]		
長さ	メートル	m
質量	キログラム	kg
時間	秒	s
物質量	モル	mol
温度	ケルビン	K
電流	アンペア	A
光度	カンデラ	cd
[補助単位]		
平面角	ラジアン	rad
立体角	ステラジアン	sr

表10.2　重要な組立SI単位

測定された量	単位の名前	シンボル	定義
[力学]			
力	ニュートン	N	$kg\,m\,s^{-2}$
エネルギー	ジュール	J	$N\,m$
仕事率	ワット	W	$J\,s^{-1}$
圧力	パスカル	Pa	$N\,m^{-2}$
[電気]			
電荷	クーロン	C	$A\,s$
電位差	ボルト	V	$J\,C^{-1}$
抵抗	オーム	Ω	$V\,A^{-1}$
コンダクタンス	ジーメンス	S	$Ω^{-1}$
電気容量	ファラド	F	$C\,V^{-1}$
[光]			
光束	ルーメン	lm	$cd\,sr^{-1}$
照度	ルクス	lx	$lm\,m^{-2}$
[その他]			
周波数	ヘルツ	Hz	s^{-1}
放射能	ベクレル	Bq	s^{-1}
酵素活量	カタール	kat	$mol\,substrate\,s^{-1}$

組立 SI 単位のリストを，表 10.2 に掲載している．

10.3.2　大きい数や小さい数の取り扱い

SI 単位系のような標準的な単位系を使用することに伴う問題は，その単位が必ずしも便利ではないことである．生物の質量は，藻の 0.000 000 0001 kg から，クジラの 100 000 kg までの範囲にわたっている．したがって，大きい測定値，小さい測定値を表示するのにそれぞれ，便宜上は 2 つの異なった単位系が用いられる．これらの両方の異なった単位系の使用は，実際はそうでないのに高精度を暗示してしまう 0 を多数使わずに，大きな数が書き表せる利点をつけ加える．クジラの体重をキログラム単位近くの精度まで計測するのはきわめて難しい（そして，クジラの体重はこれくらいの精度では大幅に変動するので，キログラム単位で表記するのは無意味である）．これは，100 000 kg の体重が暗示するものである．

● 接頭辞の使用

接頭辞[※]はそれぞれ，1000 の倍率（表 10.3）を表し，大きい測定値や小さい測定値を見やすく表示するための最も簡潔な表現法として用いられる．どんな量も，0.1 と 1000 の間の数に適切な接頭辞をかけることによって示せる．例えば 123 000 J は，123 kJ または 0.123 MJ の形でより見やすく表すことができる．同様に，0.000 012 m は，（0.012 mm でなく）12 μm の形で，より見やすく表せる．

※**接頭辞**
大きな桁や小さな桁の数が簡潔に表せるよう，1000 の倍数や約数を示す前置き．

表10.3　SI単位系で使用される接頭辞

小さい数						
倍数	10^{-3}	10^{-6}	10^{-9}	10^{-12}	10^{-15}	10^{-18}
接頭辞	ミリ	マイクロ	ナノ	ピコ	フェムト	アット
記号	m	μ	n	p	f	a
大きい数						
倍数	10^{3}	10^{6}	10^{9}	10^{12}	10^{15}	10^{18}
接頭辞	キロ	メガ	ギガ	テラ	ペタ	エキサ
記号	k	M	G	T	P	E

● **科学的記数法の活用**

　計算を実施するときに接頭辞を用いることによる問題点は，接頭辞のついた値を数学的に組合わせるとき，慎重を要することである．そのため，計算を実行するときは，**科学的記数法**※を使用してデータ値を表示するほうが良い．以下に述べるように，これによって計算が非常に容易になる．

　どんな量も，1と10の間の数に10のべき（または，指数と呼ばれる）をかけることにより表記する．例えば123は，1.23に10の2乗，すなわち10^2をかけたものに等しい．ここで，指数が2なので，1.23×10^2と書くことができる．同様に，0.00123は，1.23に10の3乗の逆数，すなわち10^{-3}をかけたものに等しい．よって，1.23×10^{-3}と書ける．ただし，1.23それ自体は，1.23に10の0乗をかけたものに等しいので，指数を必要としない．

　指数の値を決定する簡単な方法は，小数点から，有効数字の最初の数字の右隣りの数字までにある数字の個数を数え上げることである．例えば，18 000においては，最初の有効数字1の右隣りの数字8までに4つの数字があるので，18 000 = 1.8×10^4となる．同様に，0.000 000 18においては，最初の有効数字1の右隣りの数字8と小数点の間に7つの数字があるので，0.000 000 18 = 1.8×10^{-7}となる．

　それぞれの接頭辞は1000倍，すなわち10^3倍（表10.3）だけ違うので，接頭辞は直ちに指数に変換できる．圧力4.6 MPaは4.6×10^6 Paに等しく，46 MPaは$4.6 \times 10^1 \times 10^6 = 4.6 \times 10^7$ Paに等しい．

10.3.3　非SI単位系からの変換

　教科書や論文で，特に旧来のものではしばしば，量を非SI単位系で表している．それは，旧式の装置では非SI単位系で調整されていることにもよる．計算を実施する前に，それらの非SI単位系はSI単位系に変換する必要がある．幸いにも，これは非常に容易にできる．

※**科学的記数法**
桁数の大きい数や小さい数を表記する方法で，数値を1から10の間の数に10のべきをかけたものとして表す方法である．

表10.4 旧来の非SI単位系からSI単位系への変換率

量	旧来の単位/記号	SI単位/記号	変換率
長さ	オングストローム/Å	メートル/m	1×10^{-10}
	ヤード	メートル/m	0.9144
	フィート	メートル/m	0.3048
	インチ	メートル/m	2.54×10^{-2}
面積	ヘクタール/ha	平方メートル/m^2	1×10^4
	エーカー	平方メートル/m^2	4.047×10^3
	平方フィート/ft^2	平方メートル/m^2	9.290×10^{-2}
	平方インチ/in^2	平方メートル/m^2	6.452×10^{-4}
体積	リットル/l	立方メートル/m^3	1×10^{-3}
	立方フィート/ft^3	立方メートル/m^3	2.832×10^{-2}
	立方インチ/in^3	立方メートル/m^3	1.639×10^{-5}
	(英) パイント/pt	立方メートル/m^3	5.683×10^{-4}
	(米) パイント/liq pt	立方メートル/m^3	4.732×10^{-4}
	(英) ガロン/gal	立方メートル/m^3	4.546×10^{-3}
	(米) ガロン/gal	立方メートル/m^3	3.785×10^{-3}
角度	度/°	ラジアン/rad	1.745×10^{-2}
質量	トン	キログラム/kg	1×10^3
	(英) トン	キログラム/kg	1.016×10^3
	ハンドレッドウェイト/cwt	キログラム/kg	5.080×10^1
	ストーン	キログラム/kg	6.350
	ポンド/lb	キログラム/kg	0.454
	オンス/oz	キログラム/kg	2.835×10^{-2}
エネルギー	erg	ジュール/J	1×10^{-7}
	キロワット時/kWh	ジュール/J	3.6×10^6
圧力	バール/b	パスカル/Pa	1×10^5
	mm Hg	パスカル/Pa	1.332×10^2
放射能	キュリー/Ci	ベクレル/Bq	3.7×10^{10}
温度	摂氏/°C	ケルビン/K	$C + 273.15$
	華氏/°F	ケルビン/K	$\frac{5}{9}(F + 459.7)$

メートル法の単位は,青字で表示される.旧来の非SI単位系の測定値からSI単位系の測定値を導くためには,変換率をかければよい

● 非SI単位系：メートル法

ごくありふれた非SI単位系は**メートル法**※で,旧来の単位系に基づいたものである.最も役立つ生物学的な例を,変換率と一緒に表10.4に示す.これらの単位は,非常に容易にSI単位系に変換できる.単に,測定値に変換率をかけるだけでよい.

※**メートル法**
メートル,秒,キログラムに基づいた単位系だが,必ずしもSI単位系でない単位系.

例題①

以下をSI単位に変換せよ．
(a) 24 ha
(b) 25 cm

解答

(a) 24 ha は，$24 \times 10^4 \text{ m}^2 = 2.4 \times 10^5 \text{ m}^2$ に等しい．
(b) 25 cm は，$25 \times 10^{-2} \text{ m} = 2.5 \times 10^{-1} \text{ m}$ に等しい．

● リットルと濃度

たとえSI単位系に適合していなくても，いまだに広く使われている単位で，最も重要な単位である例はリットル（1 dm^3，すなわち10^{-3} m^3）である．これは溶液の濃度の表記に使われている．例えば，1リットルが2モルの物質を含んでいる場合，その濃度は$2 M$，または 2 molar と表記される．

モルはいまや真正のSI単位であるが，モルが導入されたのはSI単位系が開発される前である．というのは，モルは本来（SI単位のキログラムというよりむしろ）1グラム中の水素原子数と同数の分子数を含む物質量であったからである．換言すれば，物質の1モルの質量は，グラム単位での分子量である．溶液の濃度を計算するときはほとんどのガラス製品の目盛がいまなおリットルで表示されてあり，小さなはかりはグラム単位で作られているので，これらの単位を使用するほうが，たぶん最良だろう．

溶液のモル濃度Mは，以下の式で得られる．

$$M = \frac{\text{モル数}}{\text{溶液の体積 }(l)}$$

$$= \frac{\text{質量 }(g)}{\text{分子量} \times \text{溶液の体積 }(l)}$$

例題②

2.5リットルの水の中に23 gの硫酸銅（$CuSO_4$）を含む溶液がある．その濃度は，いくらか？

解答

濃度 $= 23/((63.5 + 32 + 64) \times 2.5)$
$= 5.768 \times 10^{-2} M$
$= 5.8 \times 10^{-2} M$（有効数字2桁）

※**英国法定の度量衡**
英国で使用されている旧来の単位系．

● 非メートル単位

また，旧来の**英国法定の度量衡**※に基づいた非メートル法の単位も表10.4に示

している．この場合もまた，測定値に変換率を単にかけるだけでよい．しかしながら，10 のべきだけでない因子をかけなければならないので，SI 単位に変換するのは多少めんどうである．例えば，

$$6 \text{ フィート} = 6 \times 3.048 \times 10^{-1} \text{ m} = 1.83 \text{ m}$$

となり，6 フィートは 1.83 m である．計算して得られる数字の 1.8288 m ではないことに注意しよう．その理由は，6 フィートという測定値は，長さがフィートの最隣接の単位インチまで測定されたことを意味するからである．ここでは，インチに最も近い SI 単位で，その最隣接の単位センチメートルまでの範囲で答えるのが正しいのである．

　2 乗または 3 乗の測定量をメートルに変換しなければならない場合は，単に変換率を 2 乗または 3 乗したものをかけるだけでよい．例えば，12 立方フィート = $12 \times (3.048 \times 10^{-1})^3 \text{ m}^3 = 3.4 \times 10^{-1} \text{ m}^3$（有効数字 2 桁）となる．

10.4　数値を組合わせて演算する

　測定値が指数の形で SI 単位に変換されれば，それら測定値を鉛筆と紙を使うか，計算機を使うかして，組合わせ演算することは非常に容易にできる（今日のほとんどの計算機は，指数を使って計算できる）．例えば，2 つの測定値をかけるときは，単にそれぞれの最初の 2 つの数値をかけ，指数同士を足し合わせ，単位をかけ合わせばよい．2 つの最初の数値をかけたものが 10 を超えるかまたは 1 未満である場合には，単に指数に対して 1 を加えるか，または 1 を引けばよい．例えば，

$$\begin{aligned} 2.3 \times 10^2 \text{ m} \times 1.6 \times 10^3 \text{ m} &= (2.3 \times 1.6) \times 10^{(2+3)} \text{ m}^2 \\ &= 3.7 \times 10^5 \text{ m}^2 \end{aligned}$$

となる．このとき，長さが測定された精度に合わせて，面積が有効数字 2 桁になっていることに注意しよう．同じように，

$$\begin{aligned} 2.3 \times 10^2 \text{ m} \times 6.3 \times 10^{-4} \text{ m} &= (2.3 \times 6.3) \times 10^{(2-4)} \text{ m}^2 \\ &= 1.4 \times 10^1 \times 10^{-2} \text{ m}^2 \\ &= 1.4 \times 10^{-1} \text{ m}^2 \end{aligned}$$

となる．

　同じやり方で，1 つの測定値を別の測定値で割るとき，1 番目のその最初の数値を 2 番目のその最初の数値で割り，1 番目のその指数から 2 番目のその指数を引き算し，そして 1 番目のその単位を 2 番目のその単位で割ればよい．したがって，

$$(4.8 \times 10^3 \text{ m}) / (1.5 \times 10^2 \text{ s}) = (4.8/1.5) \times 10^{(3-2)} \text{ m s}^{-1}$$
$$= 3.2 \times 10^1 \text{ m s}^{-1}$$

となる．

10.5 計算結果の答を表現する

　すべての計算を終えたとき，その計算結果の答をどのように表現するかを注意深く考えるべきである．第1に，その答は算出された測定値の最低精度と同じ水準の精度で示されるべきである．本書と多くの統計ソフトでは，以下のような慣例を使用している．数字1～4は切り捨て，6～9は繰り上げ，そして5は最も近い偶数字にする．以下はそうした例である．

　　0.343　　は，　　0.34　に（有効数字2桁）
　　0.2251　は，　　0.22　に（有効数字2桁）
　　0.6354　は，　　0.64　に（有効数字2桁）

　第2に，その計算結果の答を接頭辞を用いて表記することを考えると良い．そこで，圧力が 2.678×10^6 Pa であるなら，有効数字2桁にした数を，2.7 MPa と表すべきである．なお，計算終了後に，必ず精度を調整しなければならない．

10.6 3つのステップをすべて実行する

　いまや，データ値を操作しさらなる情報を信頼高く導くためのいくつかのステップを実行できるようになった．それぞれのステップでは，次のステップの計算に進む前にその計算結果の答を作り上げるようにしながら，順次にそれぞれのステップを実行することが重要である．一度にまとめてすべての計算を行うことは，混乱を引き起こし，愚かな間違いをもたらすことになる．

例題③

オークの木から得られる心材の標本は，長さ 12.1 mm，幅 8.2 mm，奥行き 9.5 mm で，0.653 g の湿重量をもっていた．その密度は，いくらか？

解答

　密度は，単位体積（m^3）当たりの質量（kg）である．したがって，最初にすべきことは，単位を kg と m に変換することである．続いてすることは，体積を m^3 で算出することである．そうすればあとは最後の計算を実行できる．このように，1ステップずつ順次計算を行っていくのは面倒だが，間違いを避けるための最良の方法である．

> 質量 = 6.53 × 10^{-4} kg
> 体積 = 1.21 × 10^{-2} × 8.2 × 10^{-3} × 9.5 × 10^{-3}
>   = 9.4259 × 10^{-7} m^3
> 密度 = $\dfrac{質量}{体積}$ = $\dfrac{6.53 × 10^{-4}}{9.4259 × 10^{-7}}$
>   = 0.6928 × 10^3 kg m^{-3}
>   = 6.9 × 10^2 kg m^{-3}
>
> 計算結果の答は，心材の標本の精度と同様，有効数字 2 桁で表示されることに注意しよう．

10.7 定数と公式

生のデータそれだけでは，他の重要な量を求めるのに不十分であることがしばしばある．計算の際，物理定数や化学定数を含める必要があったり，データ値を基本的な数学公式に代入する必要があったりする．表 10.5 は，有用な定数と公

表10.5 有用な定数と公式

物理定数	
水の密度	= 1000 kg m^{-3}
空気の密度	= 1.2 kg m^{-3}
水の比熱	= 4.2×10^3 J K^{-1} kg^{-1}
化学定数	
1モル	= 6×10^{23} 分子数
1モルの質量	= 分子量（g）=10^{-3}×分子量（kg）
1モルの気体の体積	= 24 l = 2.4×10^{-2} m^3（室温，1気圧）
1モルの溶液（1M）	= 1 mol l^{-1} = 1000 mol m^{-3}
1規定の溶液（1N）	= 1 mol l^{-1} = 1000 mol m^{-3}のイオンpH
	= $-\log_{10}$ [H$^+$]
空気の構成量	= 窒素78.1%，酸素20.9%，アルゴン0.93%，二酸化炭素0.03%，その他の微量物質
数学公式	
半径Rの円の面積	= πR^2
半径Rの球の体積	= $\frac{4}{3}\pi R^3$
半径Rの球の表面積	= $4\pi R^2$
半径Rで高さHの円柱の体積	= $\pi R^2 H$
半径Rで高さHの円錐の体積	= $\frac{1}{3}\pi R^2 H$
数学定数	
π	= 3.1416
$\log_e X$	= 2.30 $\log_{10} X$

式の一覧表である．ぜひ覚えておくようにしたい．

> **例題④** 直径 10 cm のペトリ皿で栽培された，全部で 25 本の植物の，生育密度はいくらか？
>
> #### 解答
> 最初に算出するものは，ペトリ皿の面積である．その直径が 10 cm であるので，半径 R は 5 cm（すなわち 5×10^{-2} m）である．円の面積 A は，公式 $A = \pi R^2$ によって与えられる．したがって，
>
> 面積 $= 3.1416 \times (5 \times 10^{-2})^2$
> $\quad\quad\, = 7.854 \times 10^{-3}$ m^2
>
> と求められる．密度は単位面積当たりの個数なので，
>
> 密度 $= 25 / (7.854 \times 10^{-3})$
> $\quad\quad\, = 3.183 \times 10^3$ m^{-2}
> $\quad\quad\, = 3.2 \times 10^3$ m^{-2}（有効数字 2 桁）
>
> と求められる．

10.8　計算を使いこなす

　こうして計算を確実に実行できるようになれば，単に実験結果の生データを理解するためだけでなく，はるかに多くのことを解決するために，その計算を利用できる．データの計算結果からその相互関係を見通したり，この計算結果からより拡張した内容を展開したりすることができる．また，実験を立案するために計算を利用することもできる．すなわち，実験の各構成要素をそれぞれどれくらい必要とするかや，実験のコストがどれくらいかかるかなどを計算できる．しかしながら，さらにより有用なことは，最初に，ある特定の実験を試みるに値するかどうかを計算で試算することができることである．こうして，計算は，生物学の研究者が時間とお金と努力を節約する手助けをするためにかけがえのない道具である．計算はあまり厳密に行う必要はない．しばしば必要とされることは，大まかな，すなわちだいたいの範囲の数値を出すことである．

> **例題⑤** インドの熱帯多雨林では，起伏の多い地形のため，ゾウは最も実際的な輸送形態として用いられている．唯一の不利な点は，体重が大きいことである．ある科学的調査のための遠征には，自然保護区に入るために，10 トンの重量制限の橋を渡る必要があ

る．ゾウは安全にこの橋を渡ることが可能であろうか？

解答

熱帯多雨林では，ゾウの体重を調べる，すなわち測定することはできそうにない．しかし，ほとんどの人は，ゾウがどれくらい大きいかについての考えをもっている．物体の質量は体積×密度に等しいので，最初に計算するのは体積である．

ゾウの体積はいくらか？　さて，ゾウはだいたい 2～3 m の体長で，直径 1.5 m（つまり，半径 = 0.75 m）の（非常に概略的に）円柱状の体をもっている．円柱の体積は $V = \pi R^2 L$ で与えられ，上述の数値を使うと，ゾウのおよその体積は以下のように求められる．

$V = \pi \times 0.75^2 \times 2 \sim \pi \times 0.75^2 \times 3$
$ = 3.53 \sim 5.30 \text{ m}^3$

脚，鼻などの体積は非常に小さいので，この大まかな計算ではそれらを無視できる．

それでは，ゾウの密度はいくらか？　さて，ゾウは（われわれのように）水に浮くことができて，確かに泳ぐことができる．そのためには，水とほとんど同じ密度（1000 kg m^{-3}）をもっていなければならない．したがって，ゾウの近似的な体重は

質量 = 1000 × (3.5～5.3)
 = 3530～5300 kg

と求められる．

ただし，ゾウの体長が有効数字 1 桁で推定されているので，体重も相当する低い精度で見積られなければならないことに注意しよう．ゾウの体重は，$(4 \sim 5) \times 10^3$ kg すなわち 4～5 トンである（ゾウの体重についての教科書の数値は，3～7 トンの範囲である）．橋は容易に，ゾウの体重に耐えることができる．

この計算は，ゾウが重量制限 4.5 トンの橋を渡ることができるかどうかを決めるには，十分に正確でないと言えるだろう．ゾウの体重を計量する方法を考案する必要があると言える．

10.9　対数，グラフと pH

10.9.1　底 10 の対数※

※底 10 の対数（$\log_{10}$）$y = 10^x$ のとき，その逆関数が $x = \log_{10} y$ である関数．

科学的記数法（例えば 2.3×10^4）は大きい数や小さい数（例えば 23 000）を表現するための良い表記法ではあるが，数が 2 つの部分，初めの部分の数と指数の部分から成っているので，少し扱いにくい．非常に大きい数と非常に小さい数が同じグラフ上で表されるようにするには難がある．例えば，森の面積 100，1000，10 000，100 000 と 1 000 000 m^2 における木の種類の数の関係をプロットする場合（図 10.1a），大部分のプロット点は左側に密集してしまう．

こうした問題は，**対数**を用いて解決することができる．いかなる数も，別の第

※**指数**
大きな数や小さな数を簡潔に表記したり，巧みに扱ったりすることのできる 10 のべき．

2 の数をべきとしてもつ 10 のべき乗の形で表されるように，ある 1 つの**指数**※を用いて表される．例えば，23 000 = $10^{4.362}$ のようにである．"第 2 の数"（ここでは 4.362）は元の第 1 の数 23 000 についての底 10 の対数（$\log_{10}$）と呼ばれている，そこで，

$$4.362 = \log_{10} 23\,000$$

である．1 より大きい数は正の対数値をもつが，1 より小さい数は負の対数値をもち，例えば

$$0.0045 = 10^{-2.347} \quad \text{なので，} \quad -2.347 = \log_{10} 0.0045$$

である．

どんな数についての底 10 に対する対数も，電卓で単に log ボタンを押すことで算出できる．そして，電卓で 10^x ボタンを押せば実数値に変換できる．

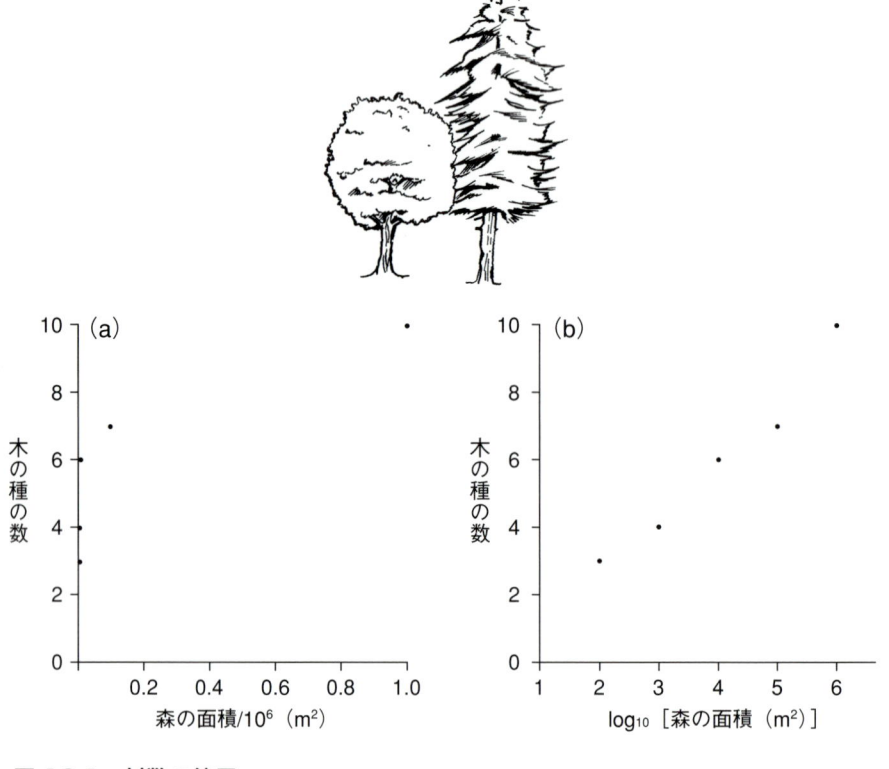

図 10.1　対数の使用
(a) 森の大きさとそこに含まれている木の種の数との間の関係を示すグラフ．ただ絶望的なことに，プロット点が左側に密集している．(b) 木の種の数を $\log_{10}$（面積）に対してプロットすると，データ点はより均等に広がる

● 対数の性質と使用

対数の最も重要な性質は，もし数同士がある一定の比をもてば，これらの数の対数値はある一定の定数だけ違うことになるということである．こうして，1，10，100 と互いに比 10 だけ異なる数は，それらの対数値がそれぞれ，0，1，2 となり，互いに 1 つずつ違うことがわかる．これは，いくつかの有益な数学的性質をもたらし，5 章で述べたように変数間の関係を調べるのに役立つ．しかし，もっと対数を直接的に使用しているケースは以下の 2 つである．

● 対数グラフの使用

対数は，非常に大きさの違った量を比較できるようにしたり，これらの量が同一のグラフにプロットできるようにしたりする．例えば，森の面積と木の種の数との間の関係（図 10.1a）を，$\log_{10}$（面積）に対して種の数をプロットすることにより，明白にできる（図 10.1b）．

● pH

生物学における対数の最も重要な使用法の 1 つは，酸性度の単位（pH）である．pH の単位は，次式 10.1 によって与えられる．

$$\mathrm{pH} = -\log_{10}[\mathrm{H}^+] \tag{10.1}$$

ここで $[\mathrm{H}^+]$ は，1 リットル当たりのモル数を表すモル濃度（M）を単位とした水素イオンモル濃度である．したがって，1 リットル当たり 2×10^{-5} モル（mol）の水素イオンを含む溶液の pH は，$-\log_{10}(2 \times 10^{-5}) = 4.7$ である．

例題⑥

ある溶液の pH が 3.2 である．この水素イオン濃度はいくらか？

解答

この水素イオン濃度は $10^{-3.2} = 6.3 \times 10^{-4}\ M$ である．

10.9.2 自然対数

※**自然対数**（$\log_e$ または ln）
$y = e^x$ のとき，その逆関数が $x = \log_e y$，または $x = \ln y$ である関数．

対数は，その他の底についても底 10 と同様に計算できる．その他の底の対数のうちで特に重要なタイプの対数は，**自然対数**※（$\log_e$ または ln）であり，比 2.718（これは e の記号で表示される）だけ違う数は，1 だけ違う対数値をとる．つまり，$\ln 2.718 = 1$ である．5 章で述べたように，自然対数は，指数関数的な個体数の増加や，放射能における指数関数的な崩壊などの調査結果を記述するときに特に役立つ．

数を自然対数に変換するには，電卓で ln ボタンを押せばよい．逆変換するためには，e^x ボタンを押せばよい．

Exercise 練習問題 （解答は235〜239ページ）

問題 10.1
次の測定値に対する SI 単位は何か？
(a) 面積
(b) 植物の丈の成長率
(c) 血液中における赤血球の濃度
(d) 血液中における白血球と赤血球の濃度の比

問題 10.2
適当な接頭辞を使用して，以下の量はどのように表せるか？
(a) 192 000 000 N (b) 0.000 000 102 kg
(c) 0.000 12 s (d) 21.3 cm

問題 10.3
適当な指数を使用して，以下の量を科学的記数法でどのように表せるか？
(a) 0.000 046 1 J (b) 461 000 000 s

問題 10.4
適当な指数を使用して，以下の量を科学的記数法でどのように表せるか？
(a) 3.81 GPa (b) 4.53 mW
(c) 364 mJ (d) 4.8 mg
(e) 0.21 pg

問題 10.5
以下の量を，科学的記数法で表された SI 単位に変換せよ．
(a) 250 トン (b) 0.3 バール (c) 24 オングストローム

問題 10.6
以下の量を SI 単位に変換せよ．
(a) 35 ヤード (b) 3 フィート 3 インチ (c) 9.5 平方ヤード

問題 10.7
以下の計算を実行せよ．
(a) 1.23×10^3 m $\times$ 2.456×10^5 m
(b) $(2.1 \times 10^{-2}$ J$) / (4.5 \times 10^{-4}$ kg$)$

問題 10.8
以下の式を，正しい精度の接頭辞形式で表せ．
(a) 1.28×10^{-3} mol 　　有効数字 2 桁
(b) 3.649×10^8 J 　　有効数字 3 桁
(c) 2.423×10^{-7} m 　　有効数字 2 桁

問題 **10.9**
血球数が数えられた．スライドグラス上のボックスが縦横の長さが 1 mm で，奥行きが 100 μm であるとき，そのボックスの中に 652 個の赤血球があった．血液中の赤血球の濃度（m^{-3}）はいくらか？

問題 **10.10**
旧式の雨量計は，2.6 ha の面積の実験区画に 0.6 インチの雨が降ったことを示した．この面積の領域に降った降水量の体積はいくらか？

問題 **10.11**
2000 ml の水の体積中に 25 g のブドウ糖（化学式 $C_6H_{12}O_6$）が溶けているとき，その溶液の濃度はいくらか？

問題 **10.12**
人間の基礎代謝率を調べるための実験において，被検者は 5 分間にダグラスバッグに 45 リットルの空気を吐き出した．この吐き出された空気の中の酸素濃度が，体積で 19.6 ％から 16.0 ％まで落ち，またその空気は体積で 3.6 ％の CO_2 を含んでいた．産出された CO_2 の重量はいくらだったか？ そして，どんな割合でその CO_2 が産出されたか？

問題 **10.13**
ある化学反応が，0.53 リットルの水を 2.4 K だけ加熱した．その反応はどれくらいのエネルギーを生成したのか？

問題 **10.14**
ほぼ 8 回繰り返さなければならない実験において，モル濃度 3×10^{-3} M の物質 X の溶液を 80 ml 必要とする．X の分子量は 258，1 グラムにつき 56 ポンドかかるとして，年間の予算は，2000 ポンドであるとする．この実験を実行するための費用を負担できると思うか？

問題 **10.15**
メタンの主要な産生場所である隆起した湿地は，メタンが温室効果ガスなので，温室効果の重要な原因であると考えられてきた．メタンが，北ウェールズにある隆起した湿地で生じる割合を調べるために，小さいミクロコスモス実験が行われた．産出率は，1 日につき 21 ml m^{-2} であることがわかった．以下の 3 つの点を考慮するとき，湿地が温室効果の原因であると考えることについてあなたはどう思うか？

①化石燃料を燃やすことによる CO_2 の世界産生量は，1 年につき 25 Gt である
②メタンは，重量比で，温室効果ガスへの影響として CO_2 より 3 倍も効果的であると言われている
③世界中のブランケット型湿地の総面積は，3.4×10^6 km^2 である

問題 10.16
以下の真数に対する $\log_{10}$ を計算せよ．
(a) 45 　　　　(b) 450 　　　　(c) 0.000 45
(d) 1 000 000 　　(e) 1

問題 10.17
以下の底 10 の対数値となるような真数を求めよ．
(a) 1.4 　　　　(b) 2.4 　　　　(c) -3.4
(d) 4 　　　　(e) 0

問題 10.18
以下の溶液の pH を計算せよ．
(a) モル濃度 $3 \times 10^{-4} M$ の HCl
(b) モル濃度 $4 \times 10^{-6} M$ の H_2SO_4

問題 10.19
pH 2.1 の 160 ml 溶液中に含まれる硫酸（H_2SO_4）の質量を計算せよ．

問題 10.20
以下の真数に対する自然対数を計算せよ．
(a) 30 　　　　(b) 0.024 　　　　(c) 1

問題 10.21
以下の自然対数値となるような真数を求めよ．
(a) 3 　　　　(b) -3 　　　　(c) 0

練習問題解答

Anser 2章

問題 2.1
95％の女性の心拍数は，75 ± (1.96 × 11)，すなわち 53 〜 97 拍/分の範囲にある．

問題 2.2
平均値 = 5.71 g，s = 0.33 g．

問題 2.3
(a) 平均値 = 5.89，s = 0.31，$\overline{SE}$ = 0.103，95 % CI = 5.89 ± (2.306 × 0.103) = 5.65 〜 6.13．
(b) 平均値 = 5.95，s = 0.45，$\overline{SE}$ = 0.225，95 % CI = 5.95 ± (3.182 × 0.225) = 5.23 〜 6.67．このときの 95 ％信頼区間は，(a) より 3 倍広い．

問題 2.4
(a) 平均値（s）= 3.00（0.47）kg，n = 25，$\overline{SE}$ = 0.093 kg．
(b) 棒グラフを，図 A2.4 に示す．

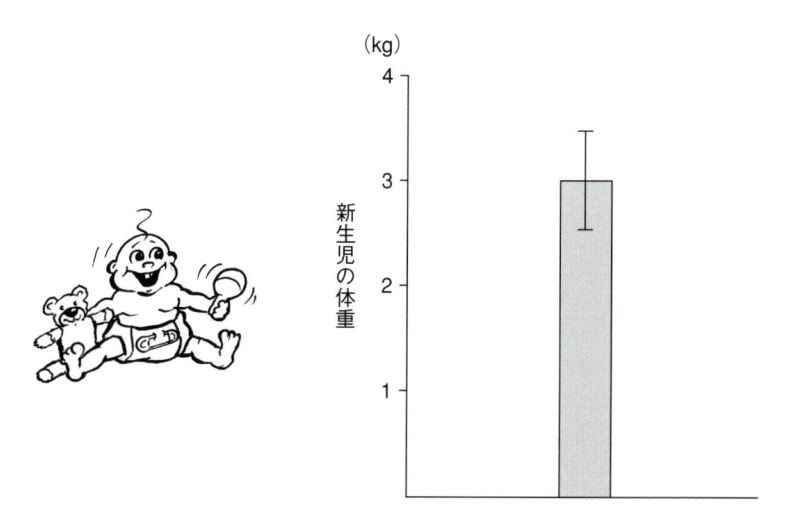

図 A2.4　新生児の体重
誤差バーは標準偏差を示す

Anser 3章

問題 3.1

帰無仮説を，"平均点数が 58 ％である"とする．学生の点数の平均値が $\bar{x} = 58.36$ で，そのときの標準偏差が $s = 13.70$，標準誤差が $\overline{SE} = 2.74$ である．この点数の平均値は期待される点数より高いようだが，1 標本 t 検定において t 値は小数点以下 2 桁までとって

$$t = \frac{58.36 - 58}{2.74} = 0.13$$

である．そこで，t の絶対値 0.13 は，自由度が 24 で有意であるために必要とされる臨界値 2.064 より十分下の値である．下記に示すように SPSS を使って導かれる結果も本質的に同じ結果が得られる．

1 サンプルの統計量

	N	平均値	標準偏差	平均値の標準誤差
点数	25	58.3600	13.70487	2.74097

1 サンプルの検定

	検定値＝58					
					差の95%信頼区間	
	t 値	自由度	有意確率（両側）	平均値の差	下限	上限
点数	.131	24	.897	.36000	−5.2971	6.0171

しかしながら，t は小数点以下 3 桁で 0.131 と，有意確率（両側）0.897 と直ちに算出する．0.897 の値は，有意であるために必要とされる値 0.05 よりはるかに大きい．

したがって，学生の成績点は期待される点数とは有意に違っていなかった．

問題 3.2

帰無仮説を，"トマトの平均重量が 50 g である"とする．記述統計量は，$\bar{x} = 44.1$ g，$s = 8.6$ g，$\overline{SE} = 2.15$ kg である．この平均値 $\bar{x}$ は，50 g より十分下のようにみえる．平均重量が 50 g と有意に違うかどうかを決めるための 1 標本 t 検定においては，t 値が小数点以下 2 桁までで

$$t = \frac{44.1 - 50}{2.15} = -2.74$$

と求められる．この t 値の絶対値 2.74 は，自由度が 15 で有意であるために要求される臨界値 2.131 より十分上の値である（t 値の大きさが問題であって，その値が正であるか負であるかは問題でないことを思い起こそう）．

SPSS を使用しても，本質的に同じ結果を得る（次ページの表参照）．

ここの例では，$t = -2.730$，そして有意確率（両側）が 0.016 である．この値 0.016 は，有意であるために必要な値 0.05 より十分下の値である．

したがって，トマトは期待される 50 g よりも有意に軽い．重量に対する 95 ％信頼区間は，

$44.1 \pm (2.131 \times 2.15) = 39.5 \sim 48.7$ g である．

1サンプルの統計量

	N	平均値	標準偏差	平均値の標準誤差
トマト	16	44.1250	8.60910	2.15228

1サンプルの検定

	検定値＝50					
	t 値	自由度	有意確率(両側)	平均値の差	差の95%信頼区間	
					下限	上限
トマト	－2.730	15	.016	－5.87500	－10.4625	－1.2875

問題 3.3

帰無仮説を，"学生の点数が，ニュートン力学の授業を受ける前と後で同じであった"とする．平均点数は前が58.1で，後が53.8であった．その点数は後のほうが悪いようにみえるが，その違いが有意であるかどうかを見出すためには，対の2点比較 t 検定を実行する必要がある．その結果，差の平均値が $\bar{d} = -4.3$，そしてその標準偏差が $s = 5.7$，標準誤差が $\overline{\mathrm{SE}}_d = 1.79$ である．したがって，t 値が小数点以下2桁までで

$$t = \frac{-4.3 - 0}{1.79} = -2.40$$

と求められている．この t 値の絶対値 2.40 は，自由度が 10 － 1 ＝ 9 での有意であるために必要とされる臨界値 2.262 よりも大きな値である．

SPSSを使用しても，本質的に，同じ結果になる（下記参照）．

対応サンプルの統計量

		平均値	N	標準偏差	平均値の標準誤差
ペア1	前	58.1000	10	15.58097	4.92714
	後	53.8000	10	20.49282	6.48040

対応サンプルの相関係数

		N	相関係数	有意確率
ペア1	前&後	10	.988	.000

対応サンプルの検定

		対応サンプルの差					t値	自由度	有意確率(両側)
		平均値	標準偏差	平均値の標準誤差	差の95%信頼区間				
					下限	上限			
ペア1	前－後	4.30000	5.65784	1.78916	.25263	8.34737	2.403	9	.040

ここの例では，$t = 2.403$ で，有意確率（両側）が 0.040 であって，この値 0.040 は有意であるために必要とする値 0.05 より下の値である．

結局，ニュートン力学の授業は有意な結果をもたらした．授業後，ほとんどの学生が，悪い成績をとったのだ！

差に対する95％の信頼区間は，$-4.3 \pm (2.262 \times 1.79) = -0.3 \sim -8.3$ である．

問題 3.4

(a) 帰無仮説を，"pH が夜明けと夕暮れにおいて同じであった"とする．夜明けの平均値が 5.54（$s = 0.71$ と $\overline{\mathrm{SE}}_d = 0.204$），夕暮れの平均値が 6.45（$s = 0.64$ と $\overline{\mathrm{SE}}_d = 0.193$）であった．pH は夕暮れのほうが高いようであるが，判定するためには 2 標本 t 検定を実行する必要がある．式 3.5 と式 3.6 を使用すると，小数点以下 2 桁までで

$$t = \frac{5.54 - 6.45}{\sqrt{(0.204)^2 + (0.193)^2}} = \frac{-0.91}{0.282} = -3.20$$

と計算できる．この絶対値 3.20 は，自由度が $12 + 11 - 2 = 21$ で，有意であるために必要とする臨界値 2.080 の値より大きい値である．

SPSS を使用しても，本質的に同じ結果となる（下記参照）．

グループ統計量

	時刻	N	平均値	標準偏差	平均値の標準誤差
pH	夜明け	12	5.5417	.70512	.20355
	夕暮れ	11	6.4455	.64088	.19323

独立サンプルの検定

		等分散性のための Leveneの検定		2つの母平均の差の検定						
		F 値	有意確率	t 値	自由度	有意確率（両側）	平均値の差	差の標準誤差	差の95%信頼区間	
									下限	上限
pH	等分散を仮定する	.017	.896	−3.206	21	.004	−.90379	.28188	−1.49000	−.31758
	等分散を仮定しない			−3.220	21.000	.004	−.90379	.28066	−1.48746	−.32012

分散が同じであると仮定しない場合，$t = -3.220$ で，そして有意確率（両側）は 0.004 で，これは有意になるために必要とされる値 0.05 より十分下の値である．

結局，pH は夜明けと夕暮れで有意に違い，一日の終わりに有意により高くなる．

(b) これに対の 2 点比較 t 検定を使用することができないのは，夜明けと夕暮れに測定したサボテン細胞が同一のものであるとみなせないからである．実際，細胞の数は，夜明けと夕暮れで異なることがわかっている．

問題 3.5

帰無仮説を，"対照群の小麦と機械的にサポートされた小麦が同じ平均収率をもつ"とする．対照群の小麦の収率の平均値が 10.28（$s = 1.60$, $\overline{\mathrm{SE}}_d = 0.36$）で，機械的にサポートされた小麦の収率の平均値が 10.06（$s = 1.55$, $\overline{\mathrm{SE}}_d = 0.35$）であった．収率は対照群の小麦のほうが高いようにみえるが，これが有意な差であるかどうかを決めるために，2 標本 t 検定を実行する必要がある．式 3.5 と式 3.6 を使用して，小数点以下 2 桁までで

$$t = \frac{10.28 - 10.06}{\sqrt{(0.36)^2 + (0.35)^2}} = \frac{0.22}{0.282} = 0.43$$

と計算できる．この絶対値 0.43 は，自由度が 20 ＋ 20 − 2 ＝ 38 での有意であるために必要とする臨界値 2.025 より小さい値である．

SPSS を使用しても，本質的に，同じ結果になる（下記参照）．

グループ統計量

	処理	N	平均値	標準偏差	平均値の標準誤差
収率	1.00	20	10.2800	1.59921	.35759
	2.00	20	10.0650	1.55200	.34704

独立サンプルの検定

		等分散性のためのLeveneの検定		2 つの母平均の差の検定						
		F 値	有意確率	t 値	自由度	有意確率（両側）	平均値の差	差の標準誤差	差の95%信頼区間	
									下限	上限
収率	等分散を仮定する	.062	.850	.431	38	.669	.21500	.49831	−.79377	1.22377
	等分散を仮定しない			.431	37.966	.669	.21500	.49831	−.79380	1.22380

分散が同じであると仮定しない場合には，$t = 0.431$ となる．そして，有意確率（両側）は 0.669 となり，有意になるために必要とされる 0.05 より十分に大きい．

結局，収率は対照群の小麦と機械的にサポートされた小麦とで有意に違わない．

Anser 4 章

問題 4.1

帰無仮説は，"平均活性は各時点で同じである"とする．これがそうであるかどうかを検定するために，5 つの各時点での記述統計量を決定することはもちろんのこと，SPSS で一元配置分散分析を実行すべきである．

SPSS は以下の結果を導く．

【記述統計】

活性

	度数	平均値	標準偏差	標準誤差	平均の95%信頼区間		最小値	最大値
					下限	上限		
.00	6	2.9500	.53572	.21871	2.3878	3.5122	2.20	3.80
1.00	6	3.1667	.48442	.19777	2.6583	3.6750	2.70	4.00
2.00	6	3.9000	.44272	.18074	3.4354	4.3646	3.50	4.70
4.00	6	4.5167	.43089	.17591	4.0645	4.9689	3.90	5.10
8.00	6	3.2500	.32711	.13354	2.9067	3.5933	2.70	3.60
合計	30	3.5567	.71856	.13119	3.2884	3.8250	2.20	5.10

【分散分析】

活性

	平方和	自由度	平均平方	F 値	有意確率
グループ間	9.922	4	2.481	12.276	.000
グループ内	5.052	25	.202		
合計	14.974	29			

　平均活性が 2.95 からスタートして，4 時間後に 4.52 のピークに達するまで上昇することは明らかである．しかし，こうした変化は有意なのだろうか？　分散分析表をみると，SPSSは，$F = 12.276$ という高い値を与えるが，有意確率は 0.000 であって，有意であるために必要な有意水準 0.05 の値より十分小さい値である．そこで，活性は各時点で違っていると言える．しかし，活性がいつの時点で対照群から上昇するのであろうか？　それを見出すためには，SPSS で Dunnet 検定を実行しなければならない．この検定は以下の結果をもたらす．

【多重比較】

従属変数：直径
Dunnett t（両側）[a]

(I) 標本	(J) 標本	平均値の差 (I−J)	標準誤差	有意確率	95%信頼区間 下限	95%信頼区間 上限
1.00	.00	.21667	.25953	.819	−.4599	.8932
2.00	.00	.95000*	.25953	.004	.2734	1.6266
4.00	.00	1.56667*	.25953	.000	.8901	2.2432
8.00	.00	.30000	.25953	.608	−.3766	.9766

a：Dunnett t 検定は 1 つのグループを対照カテゴリとして扱い，他のすべてのグループと比較する
＊：平均値の差は.05レベルで重要である

　有意確率の縦欄を見ると，2 時間後と 4 時間後（それぞれの有意確率が，0.004 と 0.000 である）は対照群（0 時間に対応する）と有意に違うが，1 時間後と 8 時間後（それぞれの有意確率が 0.819 と 0.608 である）は対照群と有意に違わないことがわかる．
　したがって，活性は 1 時間以上の後にだけ有意に増加し，そして活性は 8 時間がたつ前には再び下降する（図 A4.1 を参照）．

図 A4.1　グラフは，熱刺激が加えられる前でのカルシウム結合タンパク質活性レベルと，それが加えられた後の数回の時点でのこの活性レベルとが（各時点のグループごとの標本数が $n = 6$ で）測定され，それぞれのグループごとの測定値についての"平均値±標準誤差"を示している
　熱ショックの 2 時間後と 4 時間後に，活性は刺激前よりも有意により高かった．$*p < 0.05$，$**p < 0.01$，$***p < 0.001$

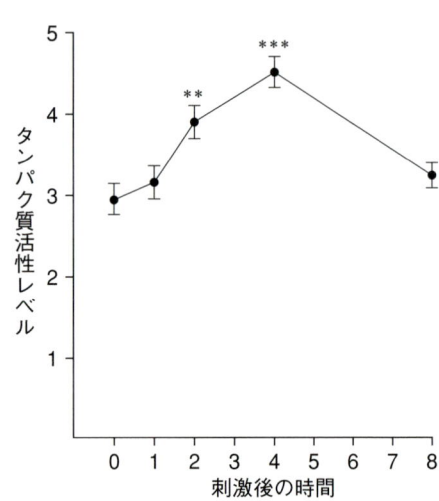

問題 4.2

自由度（DF）を見て，明らかに 4 + 1 = 5 個のグループが調べられたに違いなく，全部で 29 + 1 = 30 個の観測値が測定されたに違いないことは明らかである．F 値が 1.71 ときわめて小さな値で，有意確率が 0.35（> 0.05）と非常に高い値である．そこで，グループの間に有意差がなかった．

問題 4.3

帰無仮説は，"平均アルミニウム濃度が各時点で同じである" とする．これがそうであるかどうかを検定するためには，5 つの各時点での記述統計量を求めることはもちろんのこと，SPSS で反復測定分散分析を実行すべきである．

SPSS は，（他の結果の間に）以下の結果をもたらす．

記述統計量

	平均値	標準偏差	N
1 週目	14.7000	1.03785	8
2 週目	11.5625	.97678	8
3 週目	9.6375	.95609	8
4 週目	8.4875	1.19575	8
5 週目	8.0000	1.26604	8

記述統計表は，平均アルミニウム濃度が 1 週目の 14.7 から 5 週目の 8.0 へと，その期間を通して下降していることを示している．しかし，こうした変化が有意なのだろうか？ 被験者内効果検定の表をみると，「球面性の仮定」に対する F 値が $F = 157.5$ であり，そしてその有意確率は 0.000 であって，有意であるために必要な 0.05 の有意水準より十分低い値である．そこで，アルミニウム濃度は各時点で違っている．しかしながら，アルミニウム濃度がその

【ペアごとの比較】
測定変数名：MEASURE 1

(I) 週	(J) 週	平均値の差 (I−J)	標準誤差	有意確率[a]	差の95%信頼区間[a] 下限	差の95%信頼区間[a] 上限
1	2	3.138*	.395	.001	1.544	4.731
	3	5.063*	.389	.000	3.495	6.630
	4	6.213*	.347	.000	4.814	7.611
	5	6.700*	.273	.000	5.602	7.798
2	1	−3.138*	.395	.001	−4.731	−1.544
	3	1.925*	.206	.000	1.095	2.755
	4	3.075*	.306	.000	1.843	4.307
	5	3.563*	.380	.000	2.030	5.095
3	1	−5.063*	.389	.000	−6.630	−3.495
	2	−1.925*	.206	.000	−2.755	−1.095
	4	1.150*	.211	.010	.299	2.001
	5	1.638*	.306	.011	.403	2.872
4	1	−6.213*	.347	.000	−7.611	−4.814
	2	−3.075*	.306	.000	−4.307	−1.843
	3	−1.150*	.211	.010	−2.001	−.299
	5	.488	.157	.174	−.147	1.122
5	1	−6.700*	.273	.000	−7.798	−5.602
	2	−3.563*	.380	.000	−5.095	−2.030
	3	−1.638*	.306	.011	−2.872	−.403
	4	−.488	.157	.174	−1.122	.147

推定周辺平均に基づいた．
a　多重比較の調整：Bonferroni
*　平均値の差は.05水準で有意である

<figure>

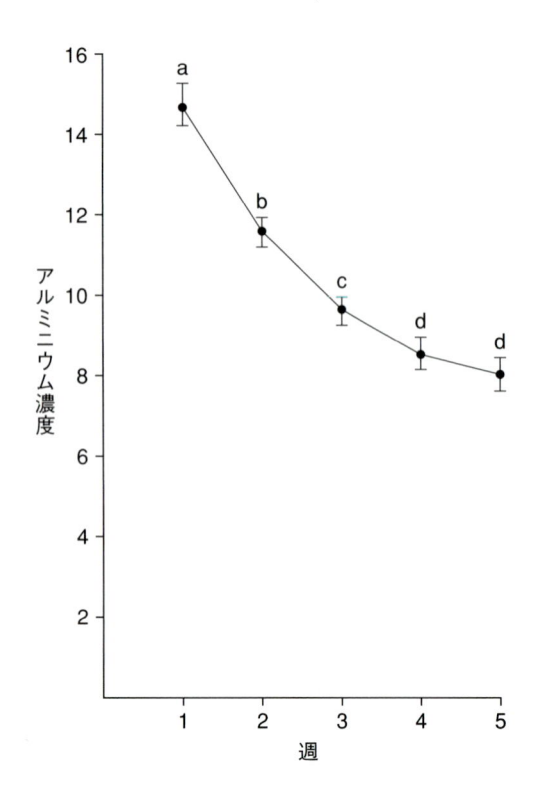

図 A4.3 グラフは，20 匹のカタツムリを 8 つの水槽（$n = 8$）にそれぞれ入れた後，水槽中のアルミニウム濃度を，1 週間隔で 5 回測定した測定値を示している
図中の文字はグループ間の有意差を示している．同じ文字で示されたグループは，互いに有意差がない
</figure>

実験期間を通して下降し続けるかどうかを検定するためには，Bonferroni 検定を実行しなければならない．Bonferroni 検定を実行するとすべての各時点をそれ以外の時点と比較することができる．こうして，前ページの表に示す結果を得る．

　ここで，4 週目と 5 週目に対してはその有意確率が 0.174 で，この値は有意水準 0.05 より大きい値であることを除けば，その他のすべての時点では有意確率が 0.05 より小さいので，アルミニウム濃度が互いに有意に違っていることがみられる．

　よって，アルミニウム濃度は 4 週目までは有意に下降し続け，それ以後は一定に移行する（図 A4.3 参照）．

問題 4.4

(a) どの効果が有意かを調べるために，二元配置分散分析を SPSS で実行しなければならない．これにより，次ページの表に示す結果を得る．

　この表から，硝酸肥料と小麦の品種との間の相互作用に有意な効果がある（その有意確率が 0.000 だから）ように，硝酸肥料が収量へ有意な効果をもつ（その有意確率が 0.000 だから）ことがわかる．しかしながら，小麦の品種は収量へ有意な効果をもたない（その有意確率が 0.618 で，この値は 0.05 より大きいから）．

【被験者間効果の検定】
従属変数：収量

ソース	タイプⅢ平方和	自由度	平均平方	F値	有意確率
修正モデル	336.246a	5	67.249	116.486	.000
切片	2429.423	1	2429.423	4208.142	.000
品種	.145	1	.145	.251	→.618
硝酸肥料	240.911	2	120.456	208.648	→.000
品種＊硝酸肥料	95.189	2	47.595	82.441	→.000
誤差	27.711	48	.577		
総和	2793.380	54			
修正総和	363.957	53			

a：R^2乗＝.924（調整済みR^2乗＝.916）

(b) こうしたことは何を意味するのか？ 記述統計量をみるとともに，それぞれの小麦の品種に対して各単位面積当たりの硝酸肥料濃度での収量の平均値をプロットしたグラフをみることによってそれが見出される．

【記述統計量】
従属変数：収量

品種	硝酸肥料	平均値	標準偏差	N
1.00	1.00	5.4667	.57879	9
	2.00	7.1667	.87178	9
	3.00	7.3333	.66895	9
	総和	6.6556	1.10151	27
2.00	1.00	2.3889	.62539	9
	2.00	7.1333	.94868	9
	3.00	10.7556	.79390	9
	総和	6.7593	3.57483	27
総和	1.00	3.9278	1.68795	18
	2.00	7.1500	.88401	18
	3.00	9.0444	1.89929	18
	総和	6.7074	2.62052	54

【推定される収量の平均値】

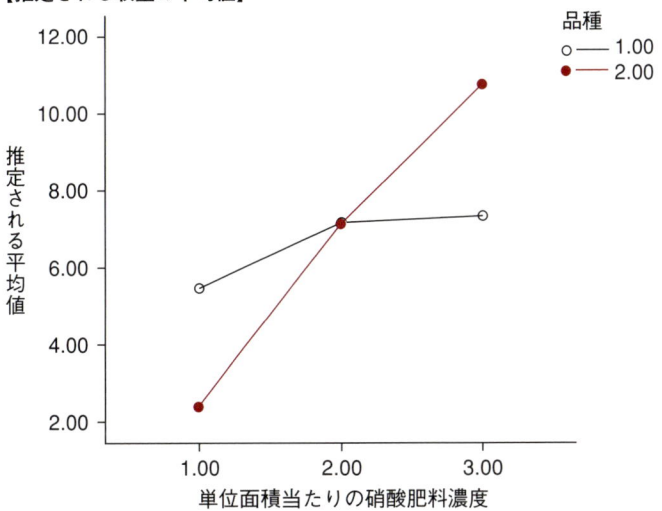

前ページの記述統計表と平均値のプロットをみると，窒素硝酸肥料を増やせば，両方の品種で収量が増加することは明らかである．これは，硝酸肥料濃度が有意な効果をもつことに関する根拠である．2つの品種の平均収量がほぼ同じである（これは品種が有意でない効果をもつことに関する根拠である）が，硝酸肥料は Widgeon（品種1）よりも Hereward（品種2）で収量へのより大きな効果をもつ（これは有意な相互作用をもつことの根拠である）．こうして，Widgeon の小麦は硝酸肥料なしでより良い収量を上げ，Hereward の小麦はたくさんの硝酸肥料の添加でより良い収量を上げる．

Anser 5章

問題 5.1

(a) 細胞数を経過時間に対してプロットする．
(b) ひな鳥の行動や健康状態がその親の雌鳥によって影響されるほうが，その逆よりもより大きいようなので，ひな鳥の序列を親鳥の序列に対してプロットする．
(c) 体重が身長によって影響されるほうが，その逆よりも大きいようなので，体重を身長に対してプロットする．
(d) カサガイの体長と幅はともに大きさの目安で，両方とも同じ要因によって影響されるために，どちらを横軸に選んだグラフでもプロットできる．

問題 5.2

帰無仮説を，"葉の面積と気孔密度との間に線形な関連がない"とする．SPSS による相関分析は次の結果をもたらす．

相関係数

		心拍数	血圧
葉の面積	Pearson の相関係数	1	−.944**
	有意確率（両側）		.000
	N	10	10
気孔密度	Pearson の相関係数	−.944**	1
	有意確率（両側）	.000	
	N	10	10

＊＊：相関係数は1％水準で有意（両側）である

相関係数が $r = -0.944$ である．これは強い負の相関を示しているようだが，そのことが有意だろうか？ SPSS は有意確率（両側）= 0.000 であるという結果を与えている．これは有意であるために必要とされる値 0.05 より十分下の値である．

よって，葉の面積と気孔密度の間には有意な負の相関があることを示す．

問題 5.3

(a) 骨密度が従属変数であるので，これが縦軸にプロットされるべきである．SPSS で作成したグラフを次ページに示す．
(b) SPSS はその他の表とともに，回帰分析に対し次の結果を出力する（次ページ表）．

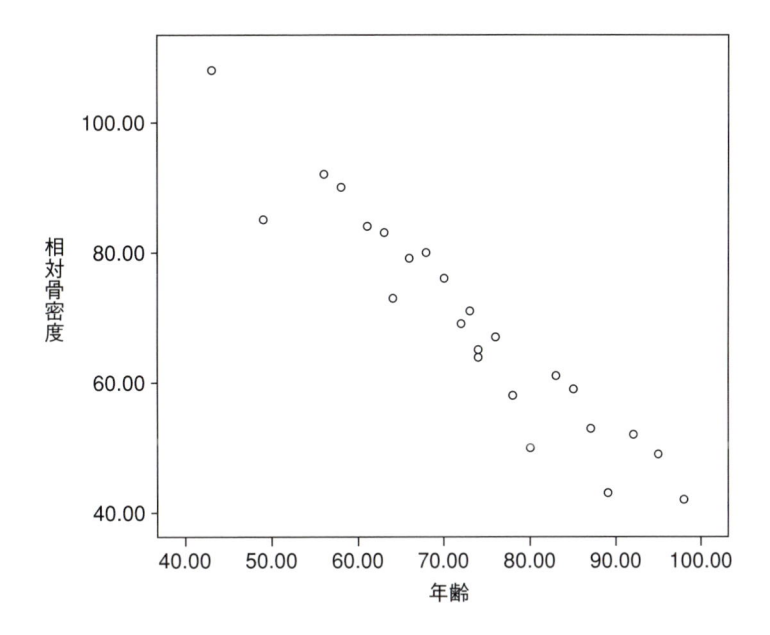

	非標準化係数		標準化係数		
モデル	B	標準誤差	ベータ	t	有意確率
1 （定数）	151.277	5.637		26.835	.000
年齢	−1.128	.076	−.954	−14.880	.000

係数ᵃ

a　従属変数：相対骨密度

そこで，回帰式は

　　相対骨密度 = 151.277 − (1.128 × 年齢)

である．グラフと上の式から，骨密度は年齢とともに有意に落ちていくことがわかる．その落ち方が有意かどうかを決めるために，年齢に対する t 検定を実行した結果を吟味せねばならない．ここで，$t = -14.880$ であり，有意確率が 0.000 であって有意であるために必要とされる値 0.05 より十分下の値である．よって，その回帰式の傾きが 0 と有意差がある．骨密度は年齢とともに有意に落ちていくと言うことができる．

(c) 70 歳で期待される骨密度は，上の回帰式の中に 70 の値を代入することにより，

　　相対骨密度 = 151.277 − (1.128 × 70) = 72.3

と求められる．

問題 5.4

(a) ゴカイの体内の亜鉛濃度は周りの環境の亜鉛濃度に依存し，その逆の依存性は成り立たないので，ゴカイの体内の亜鉛濃度が y 軸にプロットされねばならない．SPSS は次ページに示すグラフをプロットする．

(b) SPSS での回帰分析は，その他の表とともに次の結果を出力する（次ページ表）．

そこで，回帰式は

　　$\log_{10}[Zn]_{体内} = 1.945 + (0.119 \times \log_{10}[Zn]_{溶液})$

である．ゴカイの体内における亜鉛濃度は溶液中の亜鉛濃度の増加に伴って増えていくことは明らかだが，その回帰直線の傾きは 1 よりずっと低く，0.119 にすぎない．

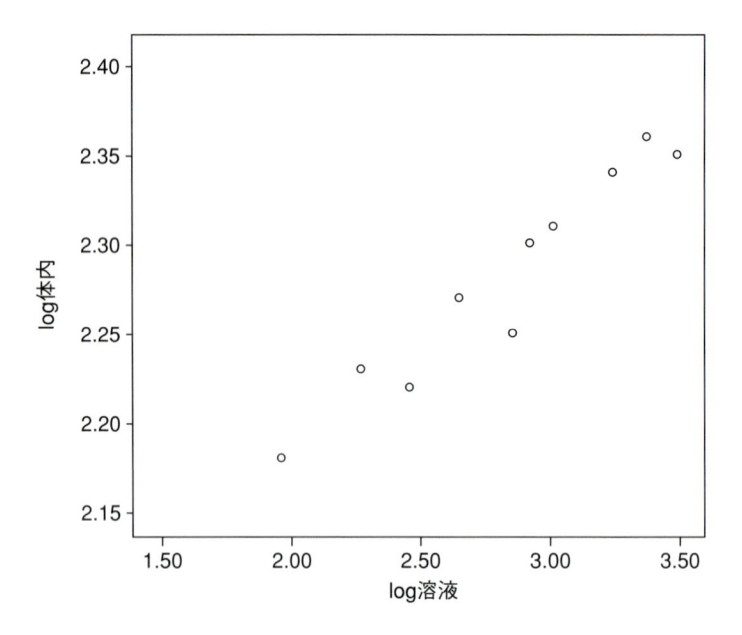

係数ª

モデル	非標準化係数 B	標準誤差	標準化係数 ベータ	t	有意確率
1 (定数)	1.945	.033		58.191	.000
log溶液	.119	.012	.964	10.206	.000

a 従属変数：log体内

この傾きが1と有意に違うかどうかを調べるために，"実際の傾きが1に等しい"とする帰無仮説を検定しなければならない．そのために，次の t 検定量

$$t = \frac{\text{推定された傾き} - \text{期待された傾き}}{\text{観測された傾きの標準誤差}}$$

について t 検定を実行する．ここでは $t = \dfrac{0.119 - 1}{0.012} = -73.4$ である．この絶対値73.4は，自由度が $10 - 2 = 8$ で有意な効果を与えるために必要とされる臨界値2.306よりずっと大きい値である．よって，傾きは1と有意差がある（すなわち，1より小さい）．ゴカイが体内の亜鉛濃度を有効にコントロールしていることは明白である．

問題 5.5

(a) 播種密度と収穫量の間の関係がSPSSで描かれ，次ページの図に示される．
収穫量は，あたかも300 m^{-2}の播種密度当たりで最大収穫量に上がり，再び落ちていくように見える．

(b) SPSSでの回帰分析は，その他の表とともに次の結果を出力する（次ページ表）．
そこで，回帰式は

小麦収穫量 = 4.659 − (0.00009 ×播種密度)

である．しかし，明らかに，傾きは0と有意差がない（この有意確率は0.955であって，この値は0.05よりもずっと大きい）．すなわち，回帰式は本質的に何ら変化量を説明し

散布図：横軸 播種密度、縦軸 収穫量

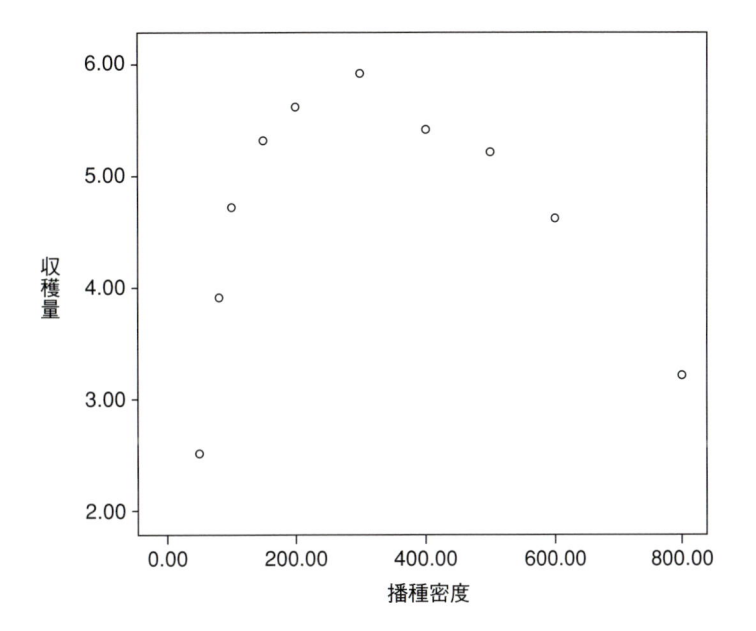

係数[a]

モデル	非標準化係数 B	標準誤差	標準化係数 ベータ	t	有意確率
1 （定数）	4.659	.619		7.531	.000
播種密度	−9.02E−005	.002	−.020	−.058	.955

a 従属変数：収穫量

　ない（回帰直線による全変化量の割合を示す r^2 の値は 0.000 である）．
(c) 播種密度と収穫量の間に有意な直線的関係がみられなくて，曲線をなす関係がある．この問題に対する検定の実行を通じての教訓は，直線的な関係だけが唯一のものではなく，データをグラフを描いて調べることが重要である，ということである．

問題 5.6

(a) $\log_{10} A = 0.3 + 2.36 \log_{10} L$ だから，逆対数をとって指数関数で表せば
$$A = 10^{0.3} \times L^{2.36} = 2.0\, L^{2.36}$$
と与えられる．

(b) $\log_e N = 2.3 + 0.1 T$ だから，逆対数をとって指数関数で表せば
$$N = e^{2.3} \times e^{0.1T} = 10\, e^{0.1T}$$
と与えられる．

問題 5.7

(a) 対数をとったデータを SPSS のグラフとして次ページの図に示す．代謝は温度によって影響されるが，その逆はないので，代謝率の自然対数をとった値が温度に対してプロットされる．

(b) SPSS の回帰分析は次の結果を与える（次ページ表）．

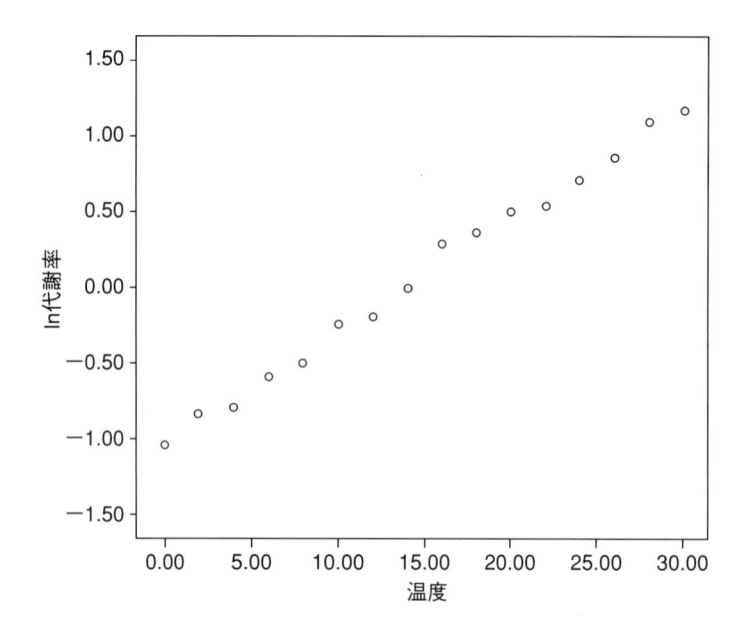

係数[a]

モデル	非標準化係数 B	標準誤差	標準化係数 ベータ	t	有意確率
1 (定数)	−1.041	.028		−37.692	.000
温度	.075	.002	.997	47.511	.000

a 従属変数：ln代謝率

そこで，回帰式は

$$\ln 代謝率 = -1.041 + (0.075 \times 温度)$$

である．t 検定量の値が $t = 47.511$ であり，その有意確率が 0.000 で，これが 0.05 より十分小さいので，代謝率が温度とともに上昇するのは明らかに有意である．この回帰直線式を書き直すと，

$$代謝率 = e^{-1.041} \times e^{0.075 \times 温度} = 0.353\, e^{0.075 \times 温度}$$

と書ける．

Anser 6 章

問題 6.1

帰無仮説を，"マウスが T 字形三叉路で左右の方向へ等しく向かっていく" とする．よって，"期待する比が 1：1 である" とする．

(a) 10 回試みた後，期待される値は，フェロモンの匂いへ向かうのが 5 匹，それから逸れるのが 5 匹である．χ^2 検定量が小数点以下 2 桁まで計算されて，

$$\chi^2 = \frac{(3-5)^2}{5} + \frac{(7-5)^2}{5} = 0.80 + 0.80 = 1.60$$

と求められる．この値は，自由度が 1 で有意であるために必要とされる臨界値 3.84 より小さな値である．よって，まだ匂いに反応した証拠がない．

(b) 100 回試みた後，期待される値はフェロモンの匂いへ向かうのが 50 匹，それから逸れるのが 50 匹である．χ^2 検定量が小数点以下 2 桁まで計算されて，

$$\chi^2 = \frac{(34-50)^2}{50} + \frac{(66-50)^2}{50} = 5.12 + 5.12 = 10.24$$

と求められる．この値は，自由度が 1 で有意であるために必要とされる臨界値 3.84 より大きな値である．よって，明らかに匂いに反応した証拠がある．すなわち，マウスはフェロモンの匂いを避けようとしている．

この問題は，効果を検出する確率を改善しようとするためには大きな標本データをとることが重要であることを示す．

問題 6.2

帰無仮説を"遺伝的関連がない"とする．そこで，160 本のえんどう豆の木から成る標本において，期待される各種類に属するえんどう豆の本数は 90 本，30 本，30 本，そして 10 本となる．それゆえに，χ^2 検定量が小数点以下 2 桁まで計算されて，

$$\chi^2 = \frac{(87-90)^2}{90} + \frac{(34-30)^2}{30} + \frac{(28-30)^2}{30} + \frac{(11-10)^2}{10}$$
$$= 0.100 + 0.533 + 0.133 + 0.100$$
$$= 0.87$$

と求められる．この値は，自由度が 1 で有意であるために必要とされる臨界値 3.84 より小さな値である．よって，割合が 9：3：3：1 と違うとする証拠がない，すなわち遺伝的関連がある証拠がない．

問題 6.3

帰無仮説を，"その町での病気の発病率が国全体での発病率と同じであった"とする．すると，その町で病気にかかっていると期待される人数は 165 人の 3.5 ％で 5.8 人であり，病気にかかっていないと期待される人数は 159.2 人である．χ^2 検定量が小数点以下 2 桁まで計算されて，

$$\chi^2 = \frac{(9-5.8)^2}{5.8} + \frac{(156-159.2)^2}{159.2} = 1.80 + 0.07 = 1.87$$

と求められる．この値は，自由度が 1 で有意であるために必要とされる臨界値 3.84 より小さな値である．よって，発病率が違った割合であるとの証拠がない．

問題 6.4

帰無仮説を，"昆虫はいろんな色の花の周りをランダムに分布している"とする．期待数を記入して仕上げた表を**表 A6.4** に示す．それは多くの場合，それぞれの色の花を訪れる昆虫の数が期待数と大きく違っていることを示すが，このことは有意な関連なのだろうか？ χ^2 検定が必要である．

表A6.4　分類学上違ったグループに属する昆虫が異なった色の花を訪れる回数
表の中には観測数と（括弧の中に）期待数が与えられている

訪れる昆虫	花の色			合計
	白色	黄色	青色	
甲虫	56 $(\frac{102\times144}{564}=26.04)$	34 $(\frac{102\times211}{564}=38.16)$	12 $(\frac{102\times209}{564}=37.80)$	102
ハエ	31 $(\frac{127\times144}{564}=32.43)$	74 $(\frac{127\times211}{564}=47.51)$	22 $(\frac{127\times209}{564}=47.06)$	127
ミツバチとスズメバチ	57 $(\frac{335\times144}{564}=85.53)$	103 $(\frac{335\times211}{564}=125.33)$	175 $(\frac{335\times209}{564}=124.14)$	335
合計	144	211	209	564

(a) χ^2検定量が小数点以下4桁までを用いて計算され，小数点以下2桁までで，

$$\chi^2 = \frac{(56-26.0426)^2}{26.0426} + \frac{(34-38.1596)^2}{38.1596} + \frac{(12-37.7979)^2}{37.7979}$$
$$+ \frac{(31-32.4255)^2}{32.4255} + \frac{(74-47.5124)^2}{47.5124} + \frac{(22-47.0621)^2}{47.0621}$$
$$+ \frac{(57-85.5319)^2}{85.5319} + \frac{(103-125.3280)^2}{125.3280} + \frac{(175-124.1401)^2}{124.1401}$$
$$= 34.461 + 0.453 + 17.608 + 0.063 + 14.767 + 13.346 + 9.518 + 3.978 + 20.837$$
$$= 115.030 = 115.03$$

と求められる．この値は，自由度が (3 − 1) × (3 − 1) = 4で有意であるために必要とされる臨界値9.48より大きな値である．それゆえ，昆虫の種類と花の色との間に有意な関連があると結論できる．

(b) χ^2の値のうちで大きな値をもたらしているのは，甲虫と白い花に対する34.46，ミツバチおよびスズメバチと青い花に対する20.84，そして甲虫と青い花に対する17.61である．それらの値を見て，期待される数よりも多くの甲虫が白い花を訪れることが見出されるので，甲虫は特に白い花を好むようである．同様にして，ミツバチおよびスズメバチは青い花を好むといえる．しかし，甲虫は青い花を避けるようである．

問題 6.5

帰無仮説を，"しみをもつ人ともたない人は同じ皮膚癌の発病率をもつ"とする．次ページに分割表を示しているが，しみをもち皮膚癌を患う人の数が期待される人数よりも多いことを示しているようである．

だが，これが有意な効果だろうか？ χ^2検定量が小数点以下4桁までを用いて計算され，小数点以下2桁までで，

$$\chi^2 = \frac{(945-957.3221)^2}{957.3221} + \frac{(33-20.6779)^2}{20.6779} + \frac{(4981-4968.678)^2}{4968.678} + \frac{(95-107.3221)^2}{107.3221}$$
$$= 0.159 + 7.343 + 0.031 + 1.415$$
$$= 8.947 = 8.95$$

	健康である	皮膚癌である	合計
しみをもつ	945 $\left(\frac{978 \times 5926}{6054} = 957.3\right)$	33 $\left(\frac{978 \times 128}{6054} = 20.7\right)$	978
しみをもたない	4981 $\left(\frac{5076 \times 5926}{6054} = 4968.7\right)$	95 $\left(\frac{5076 \times 128}{6054} = 107.3\right)$	5076
合計	5926	128	6054

と求められる．この値は，自由度が1で有意であるために必要とされる臨界値 3.84 より大きな値である．それゆえ，しみをもつことと皮膚癌との間に有意な関連がある．しみをもつ人のほうがより多く皮膚癌を患うと言える．

問題 **6.6**

最初にすることは，いずれの種類のイモリもいない池の個数を計算することである．それは 745 − (180 + 56 + 236) = 273 個ある．帰無仮説を，"すべすべしたイモリがいる池と水かき足のあるイモリがいる池との間に関連がない"とする．以下に分割表を示すが，両方の種類がいたり，両方の種類がいなかったりした場合，期待される池の数よりもずっとより多くの池があることを示しているようだ．

	すべすべ無し	すべすべ有り	合計
水かき足無し	273 $\left(\frac{453 \times 329}{745} = 200.05\right)$	180 $\left(\frac{453 \times 416}{745} = 252.95\right)$	453
水かき足有り	56 $\left(\frac{292 \times 329}{745} = 128.95\right)$	236 $\left(\frac{292 \times 416}{745} = 163.05\right)$	292
合計	329	416	745

χ^2 検定量が小数点以下 4 桁までを用いて計算され，小数点以下 2 桁までで，

$$\chi^2 = \frac{(273 - 200.0497)^2}{200.0497} + \frac{(180 - 252.9503)^2}{252.9503} + \frac{(56 - 128.9503)^2}{128.9503} + \frac{(236 - 163.0497)^2}{163.0497}$$

$$= 26.602 + 21.039 + 41.270 + 32.639$$

$$= 121.550 \doteq 121.55$$

と求められる．この値は，自由度が (2 − 1) × (2 − 1) = 1 で有意であるために必要とされる臨界値 3.84 より大きな値である．そこで，2 種類のイモリが池にいることの間に有意な関連があると言える．すなわち，2 種類のイモリは互いに正に関連しているようである．一方の種類がいると，他方の種類も一緒にいようとするらしい．

Anser　7章

問題 7.1

(a) これは根の部分の全乾燥重量に対する割合として与えられた比例データであるので，$\arcsin \sqrt{x}$ の変換をかけねばならない．

(b) 変換後，2種類の植物それぞれの，全乾燥重量に対する根の部分の割合が違うかどうかを決めるために，独立標本 t 検定，すなわち 2 標本 t 検定を実行しなければならない．帰無仮説を，"植物の間に差がない" とする．変換したデータについて SPSS を実施して次の結果がもたらされる．

【T 検定】

グループ統計量

	種類	N	平均値	標準偏差	平均値の標準誤差
arcsin √x	1.00	10	.5018	.05811	.01837
	2.00	12	.3794	.06572	.01897

独立サンプルの検定

		等分散性のためのLeveneの検定		2つの母平均の差の検定						
									差の95%信頼区間	
		F値	有意確率	t値	自由度	有意確率（両側）	平均値の差	差の標準誤差	下限	上限
arcsin √x	等分散を仮定する	.015	.905	4.581	20	.000	.12242	.02672	.06668	.17816
	等分散を仮定しない			4.635	19.907	.000	.12242	.02641	.06731	.17753

最初の表は，種類 1 の自立植物のほうが種類 2 のつる植物よりも大きい変換量についての平均値をもつことを示しているが，これは有意であると言えるだろうか？ 2 番目の表は，等分散を仮定しないとき t 検定量の値が 4.635 であることを与えている．また有意確率（両側）が 0.000 であることをもたらし，この値は有意であるために必要とされる値 0.05 より十分下の値である．よって，2 種類の植物の根の相対的割合は違っていて，自立植物のほうが大きな根をもっている．

問題 7.2

SPSS でデータを探索した結果，強く正にゆがんだ分布をもち，小さな体長のカラスの種類のほうが大きい種類よりも多く存在することを示す（次ページの最初のヒストグラムの図を参照）．

より対称な分布を得るためには log 変換を実行すべきで，次ページの 2 番目の図に示すような結果を与える．

注意すべきは，コルモゴルフ – スミルノフ検定はいずれの分布も有意に正規分布と違うことを示すことである．このように，実際にデータの分布を眺めることが重要である．

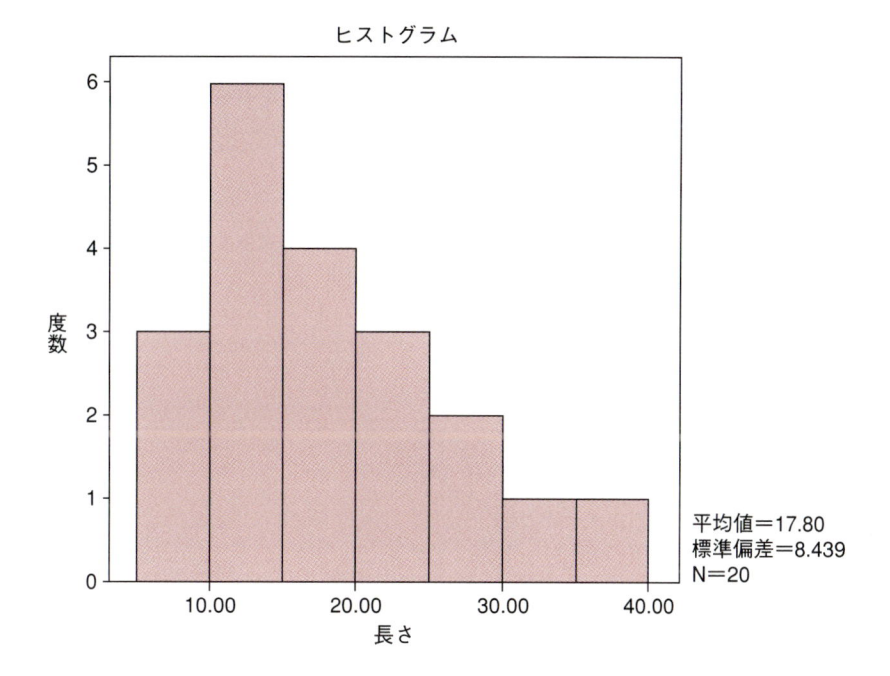

ヒストグラム

平均値＝17.80
標準偏差＝8.439
N＝20

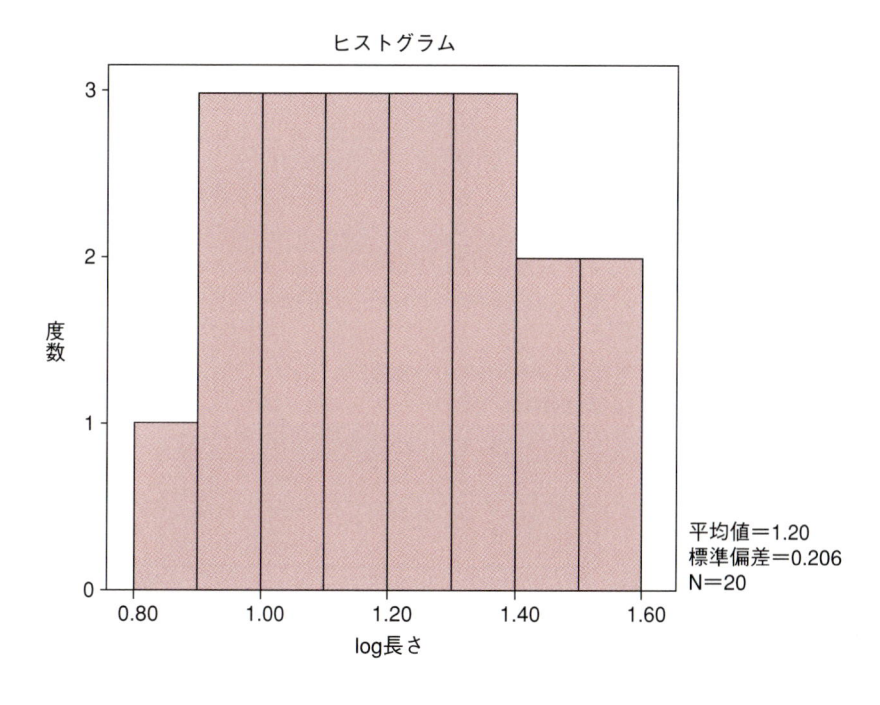

ヒストグラム

平均値＝1.20
標準偏差＝0.206
N＝20

Anser 8章

問題 8.1

(a) このデータは正規分布に変換できない．というのは，シカの夏の初めの体重が SPSS でプロットされた下図のヒストグラムをみてわかるように双峰分布しているためである．雄のほうが雌よりも平均して重い．

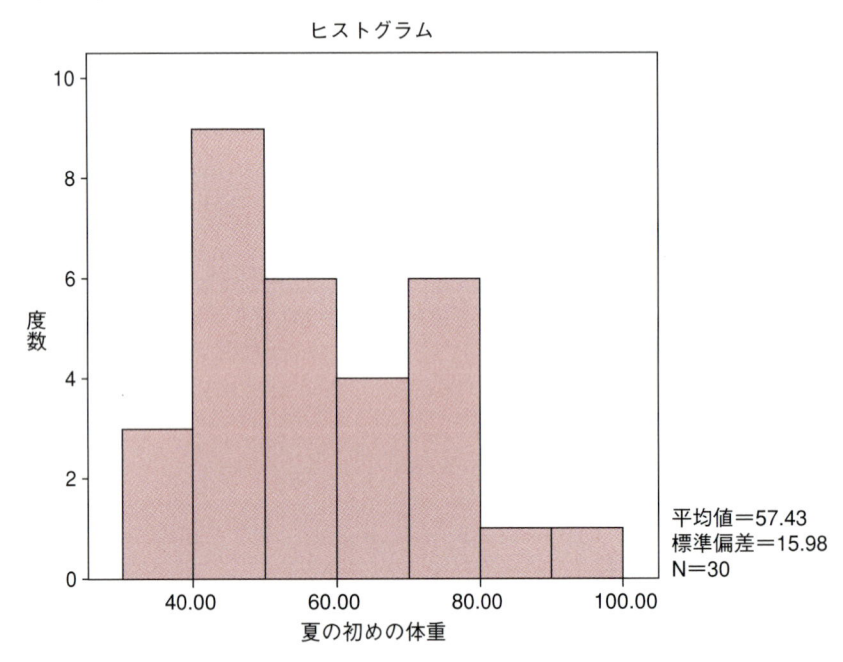

ヒストグラム

平均値＝57.43
標準偏差＝15.98
N＝30

(横軸：夏の初めの体重，縦軸：度数)

(b) 帰無仮説を，"シカの体重が夏の初めと終わりで同じである"とする．SPSS で Wilcoxon の符号つき順位検定を実行した結果が下に示される．

【ノンパラメトリック検定】

記述統計量

	N	パーセンタイル（パーセント点）		
		25	50（中央値）	75
初め	30	45.7500	53.5000	74.5000
終わり	30	45.7500	57.0000	81.5000

【Wilcoxon の符号つき順位検定】

順位

		N	平均順位	順位和
終わり－初め	負の順位	7[a]	9.00	63.00
	正の順位	23[b]	17.48	402.00
	同順位	0[c]		
	合計	30		

a：終わり＜初め
b：終わり＞初め
c：終わり＝初め

検定統計量[a]

	終わり－初め
Z	-3.490[b]
漸近有意確率（両側）	.000

a：Wilcoxonの符号つき順位検定
b：負の順位に基づく

　最初の表は，夏の終わりの体重のメディアン 57.0 kg はその初めのメディアン 53.5 kg よりも重くなっていることを示すが，これは有意な差であろうか？ 2番目の表は，負の順位和（63）は正の順位和（402）よりもはるかに小さいことを示している．付録3にある Wilcoxon の T 分布に対する**表S4** を調べることにより，正，負の順位和のうちでより低いほうの値 63 は，符合した対のデータの個数である自由度 30 に対して有意であるために必要とされる臨界値 137 よりもはるかに小さいことを示している．最後の表はまた，Z に対する数値を与えるとともに，漸近有意確率（両側）が 0.000 と求められ，この値は有意であるために必要とされる 0.05 より十分小さな確率を与えている．

　よって，シカは夏の初めに比べ，夏の終わりには有意に違った体重を獲得したことが認められ，夏の終わりには重くなったことがわかる．

問題 8.2

　帰無仮説を，"そのマカクザルは2つの檻に入れられたとき同じ時間ペースで行ったり来たりする"とする．SPSS を使って Mann-Whitney U 検定を実行すると，次の結果をもたらす．

【ノンパラメトリック検定】
【Mann-Whitney 検定】

順位

	檻	N	平均順位	順位和
ペース	1.00	12	13.96	167.50
	2.00	12	11.04	132.50
	合計	24		

検定統計量[a]

	ペース
Mann-Whitneyの U	54.500
WilcoxonのW	132.500
Z	-1.049
漸近有意確率（両側）	.294
正確有意確率 ［2×（片側有意確率）］	.319[b]

a　グループ化変数：檻
b　同順位に修正されていない

　上の表は，順位和が旧来の檻 1 に対する値 167.5 よりも広くした檻 2 に対する値 132.5 のほうが低いことを示している．そして，U の値が 54.5 であるとの結果を示すが，これは有意差を示しているのだろうか？ 付録3にある**表S5** を調べることにより，自由度が $n_1 = 12$ と $n_2 = 12$ に対し，U の臨界値が 37 であると読み取れるが，計算して得た値 54.5 は有意であるために必要とされる臨界値 37 より上の値である．2番目の表ではまた，SPSS は有意確率を直接求めて，漸近有意確率（両側）が 0.294 の値を与え，この値は有意であるために必要

とされる値 0.05 より上の値をとる．

よって，2つの檻でマカクザルが行ったり来たりする時間ペースに有意な差がない．

問題 8.3

帰無仮説を，"異なった抗生物質が塗られたペトリ皿の上のバクテリアコロニーについて，それらコロニーの個数の間に差がない"とする．Kruskall-Wallis 検定を SPSS で実行すると，次の結果がもたらされる．

【ノンパラメトリック検定】
【Kruskall-Wallis 検定】
順位

	番号	N	平均順位
抗生物質	.00	10	25.80
	1.00	10	15.10
	2.00	10	21.60
	3.00	10	19.50
	合計	40	

検定統計量[a, b]

	抗生物質
カイ2乗	4.604
自由度	3
漸近有意確率	.203

a　Kruskall-Wallis 検定
b　グループ化変数：番号

1番目の表は，4つの処理での平均順位が確かに違うことを示しているが，これらの違いは有意なのだろうか？ 2番目の表は χ^2 の値が 4.604 であることを与えていて，自由度が 3 である場合に必要とされる臨界値 7.815（付録3の**表 S3** を参照）より十分下の値である．また SPSS は直接，有意であるための確率を計算し漸近有意確率が 0.203 と求められるが，この値は有意であるために必要とされる値 0.05 よりも十分上の値である．

よって，異なった抗生物質で処理したペトリ皿に生じたコロニー個数の間には有意な差がない．

問題 8.4

帰無仮説を，"その抗鬱薬を飲む前後における4回の測定の間で，患者の気分に差がない"とする．Friedman 検定を SPSS で実行すると，次ページに示す結果がもたらされる．

記述統計量は，薬を飲んで1日後そして1週間後には患者の気分が改善したことを示唆するが，こうした差は有意であったのだろうか？ 2番目の表は平均順位を与えて，3番目の表は χ^2 の値が 18.805 であると与えているが，この値は4つのグループ，10個の要素で構成されるブロックの場合に必要とされる臨界値 7.800（付録3の**表 S6** を参照）よりも十分上の値である．また SPSS は直接，有意であるための確率を計算し漸近有意確率が 0.000 と求められるが，この値は有意であるために必要とされる値 0.05 よりも十分下の値である．

よって，患者の気分は異なった時間で有意差があり，1週間にわたっては気分が良くなるようである．

【ノンパラメトリック検定】

記述統計量

	N	パーセンタイル（パーセント点）		
		25	50（中央値）	75
飲む前	10	1.7500	2.0000	3.0000
1日後	10	3.0000	3.5000	4.0000
1週間後	10	3.0000	3.0000	4.0000
1カ月後	10	2.0000	2.0000	3.0000

【Friedman 検定】

順位

	平均順位
飲む前	1.65
1日後	3.35
1週間後	3.25
1カ月後	1.75

検定統計量[a]

N	10
カイ2乗	18.805
自由度	3
漸近有意確率	.000

a：Friedman 検定

問題 8.5

帰無仮説を，"優位の順位とテストステロン濃度との間に相関がなかった"とする．SPSSでスピアマン順位相関係数を計算すると，次の結果が与えられる．

【ノンパラメトリック検定】

相関係数

			優位順位	テストステロン
スピアマン順位相関係数	優位順位	相関係数	1.000	−.375
		有意確率（両側）		.104
		N	20	20
	テストステロン	相関係数	−.375	1.000
		有意確率（両側）	.104	
		N	20	20

上の表で，−0.375 という負の相関があるが，この絶対値 0.375 は自由度 18（=20−2）の ρ の臨界値 0.472 よりも小さな値である．また SPSS は直接，有意であるための確率を計算し有意確率（両側）が 0.104 と求められるが，この値は有意であるために必要とされる確率 0.05 よりも十分上の値である．

よって，雄のラットの優位順位とテストステロン濃度との間に有意な相関がないと言える．

問題 8.6

(a) 2つの学生のグループ，新薬を提供されたグループとプラセボを提供されたグループとがいて，これら2つのグループは符合しない独立な対であったので，Mann-Whitney U 検定を使用すべきである．

(b) 帰無仮説を，"新薬が提供されたグループとプラセボを提供されたグループとの間には傷痕に差がない" とする．SPSS で Mann-Whitney U を実行すると，次の結果がもたらされる．

【ノンパラメトリック検定】
【Mann-Whitney 検定】

順位

	新薬治療	N	平均順位	順位和
傷痕	.00	20	25.70	514.00
	1.00	20	15.30	306.00
	合計	40		

検定統計量[a]

	傷痕
Mann-Whitney の U	96.000
Wilcoxon の W	306.000
Z	−2.899
漸近有意確率（両側）	.004
正確有意確率 ［2×（片側有意確率）］	.004[b]

a　グループ化変数：新薬治療
b　同順位に修正されていない

1番目の表は，2つのグループの平均順位が違っていて 25.70 と 15.30 であることを示しているが，この差は有意であろうか？ 2番目の表は Mann-Whitney U の値が 96 であることを与えている．付録3の**表 S5** を調べることにより，$n_1 = 20$，$n_2 = 20$ の場合に対する U の臨界値が 127 であることがわかり，いま得られた値 96 は有意であるために必要とされるこの臨界値 127 よりも十分下の値である．また2番目の表で，SPSS は直接，有意であるための確率を計算し漸近有意確率（両側）が 0.004 であると与えているが，この値は有意であるために必要とされる確率 0.05 よりも十分下の値である．

よって，新薬が提供されたグループとプラセボを提供されたグループとの間で傷痕の程度に有意差があり，すなわち新薬を提供された者は傷痕がより縮小した．

Anser　9章

問題 9.1

帰無仮説を，"エネルギー摂取量と心拍数との間に有意な関連がない" とする．使用する統計解析は相関分析である．エネルギー摂取量と心拍数の測定値を調べ，これら2組の測定値間の関連性を見出す．明らかに，一方の変数は他方の変数に依存している．

問題 9.2

帰無仮説を，"摂食環境とカラスの種との間に有意な関連がない"とする．使用する統計解析は関連に対する χ^2 検定である．異なったカテゴリーにおける度数をそれぞれ調べ，2つのカテゴリー（種と環境）の間の関連性を見出す．

問題 9.3

帰無仮説を，"3つの人種のインスリン濃度の間に有意な差がない"とする．使用する統計解析は1元配置分散分析である．インスリン濃度を測定して，これら人種間に測定値の差を見出す．2つ以上の（3つの）グループがあり，これらのグループでの測定は符合しておらず独立であって，単に1つの因子（人種）を考察している．

問題 9.4

帰無仮説を，"カタツムリの各グループに属する個数についての予想される割合と，原理的に期待される比 9：3：3：1 との間に有意な差がない"とする．使用する統計解析は差に対する χ^2 検定である．異なった各カテゴリーにある度数を取り扱う．そのときの期待される度数は 9：3：3：1 の割合である．

問題 9.5

帰無仮説を，"1年の異なった各時期においてそれらの鳥に見出される農薬の残留濃度の間に有意な差がない"とする．使用される統計解析は反復測定分散分析である．残留濃度の測定をして，各時期ごとの測定値の組の間に差があるかを見出す．2つ以上の組の測定値があり，同じ鳥について測定されているのでそれらの測定値は互いに対応関係をもっている．なお，残留濃度は正規分布しそうな連続変数である．

問題 9.6

帰無仮説を，"薬を飲む前と後での血圧の間に有意な差がない"とする．使用する統計解析は対の2点比較 t 検定である．血圧の測定値を比べ，これらの間の差を見出す．2組の測定値（薬を飲む前の測定値と飲んだ後の測定値）を比較するのだが，これら2組の測定値は符合する対（飲む前と飲んだ後）になっている．

問題 9.7

植物の光合成を通じて生成される正味の酸素量は，植物の成長によって変化する．それゆえ，もし1鉢の植物がどれくらい大きくなったかわかれば，この植物がどれくらいの酸素を生成しているか見積ることができる．いま植物が，水分を取り除いた重さとして1日当たり 1 g という（急速な）割合で成長するとしよう（その場合，1年後には水分を含んだ重さとして成長が 1 kg を超えることになるだろう）．

酸素は次の反応

$$6\,CO_2 + 6\,H_2O \rightarrow C_6H_{12}O_6 + 6\,O_2$$

に従って生成される．しかし，1モルのグルコースの重さは $(12 \times 6) + 12 + (16 \times 6) = 180$ g であるので，1日当たりに生成されるグルコースのモル数は $1/180 = 5.556 \times 10^{-3}$ である．1モルの無水物質のグルコースが生成されるごとに，また6モルの酸素 O_2 も生成される．そこで，植物によって毎日 1 g のグルコースが生成されるごとに，同時に生成される酸素のモル数は $6/180 = 3.333 \times 10^{-2}$ である．

1モルの酸素は24リットルを占めるので，1日当たりに植物が生成する酸素は $3.333 \times$

$10^{-2} \times 24 = 0.80$ リットル，すなわち $0.8 \times 10^{-3}\ m^3 = 8 \times 10^{-4}\ m^3$ の体積をつくりあげる．では，この生成された酸素の体積を部屋の中の酸素量とどう比較したらよいのだろうか？ 仮に $5\ m \times 4\ m \times 2.5\ m$ の大きさの部屋（高さが $2.5\ m$）を考え，そこに $20\ \%$ の酸素が含まれているとしよう．その部屋にある酸素の体積は $5 \times 4 \times 2.5 \times 0.2 = 10\ m^3$ である．この値は，植物が生成する酸素のつくりあげる体積より 10000 倍以上も大きい．植物によるちっぽけな効果はあまりにも小さすぎて差をもたらすことはできない．よって実験をする意味がない．

問題 9.8

反復データ点の個数として，約 $4 \times (7.9/5)^2 \approx 10$ 個が要求される．安全を期して，この個数を超えた，ほぼ 15 〜 20 個くらいのジャガイモを使用するのがよい．

問題 9.9

反復データ点の個数として，約 $9 \times (0.36/0.25)^2 \approx 19$ 個が要求される．安全を期して，揺り動かしの実験を施すトウモロコシをほぼ 25 個と，別の対照群としてトウモロコシをほぼ 25 個準備するのがよい．

問題 9.10

リスクが倍加するとは 0.035 の増加を意味する．それゆえ，要求される人数が $N \approx (4 \times 0.035 \times 0.965)/0.035^2 + 1 \approx 111$ と求められる．安全を期して，おそらく 150 人以上を検定する必要がある．

問題 9.11

まず最初にすべきことは実験のための反復を立案することである．各濃度での肥料の散布処理をそれぞれ 4 つの区画において行うとする．続いて，この 4 区画のあちこちにその散布処理を立案する仕方を決めねばならない．16 個の区画のそれぞれにランダムにその散布処理を立案することで，全体としてランダム化することができる．しかしながら，こうした場合，ある量の散布処理が牧草地の一端に限られることになるかもしれない．それを改善する解決法は，牧草地を 4 つの広さ $2\ m \times 2\ m$ のブロックに分割し，各ブロックごとにその中で 4 つの散布処理をランダム化して実行することである（下図）．

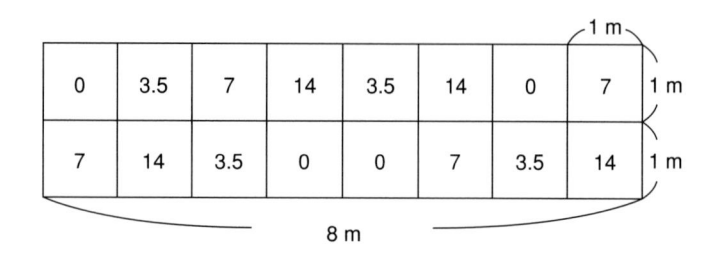

0	3.5	7	14	3.5	14	0	7
7	14	3.5	0	0	7	3.5	14

(1 m × 1 m の区画，全体 8 m × 2 m)

次に，各区画にどれぐらいの肥料を散布したらよいのかを計算しなければならない．モル濃度 1 M の硝酸アンモニウムは 1 リットル中に 1 モルの硝酸アンモニウムを含んでいる．硝酸アンモニウムの化学式は NH_4NO_3 であるので，2 モル，すなわち 28 g の窒素を含んでいる（窒素の相対原子質量は 14 である）．そこで，与えられたモル濃度 $20 \times 10^{-3}\ M$ の硝酸アンモニウム溶液肥料について，その 1 リットル中に含まれる窒素の質量は

N の質量 = 1 × 0.020 × 28 = 0.56 g

と与えられる．これを 14 g 供給するために要求されるその溶液体積は 14/0.56 = 25 リットルである．各区画は 1 m² の面積をもつので，この硝酸アンモニウム溶液肥料を 1 年間当たりに 25 × 1 = 25 リットル散布しなければならない．ただし，この量を 25 回にわたって散布しなければならないので，1 回当たりに散布する硝酸アンモニウム溶液肥料の体積は 25/25 = 1 リットルとなる．

では，その他の区画についてはどうだろうか？ 1 年当たりに窒素が 7, 3.5, そして 0 g の量だけ供給されるためにはそれぞれ，1 回当たりに 0.5, 0.25, そして 0 リットルの硝酸アンモニウム溶液肥料を散布すればよい．しかしながら，各区画に加えられる水の量は異なってしまうので，これを調節するため，窒素 7 g と 3.5 g の区画それぞれには，1 リットルの硝酸アンモニウム溶液肥料を 2 倍と 4 倍に薄めて加えるべきで，そして窒素 0 g の区画には 1 リットルの水を加えるべきである．

Anser 10 章

問題 10.1

(a) m²
(b) ms⁻¹（明らかに，数値が非常に小さいにもかかわらず！）
(c) m⁻³（単位体積当たりの数）
(d) 単位なし（その比は，ある濃度をもう一方の濃度で割ったものである）

問題 10.2

(a) 192 MN または 0.192 GN
(b) 102 μg または 0.102 mg
(c) 0.12 ms（120 μs は有効数字 3 桁まで測定したことを意味する）
(d) 213 mm または 0.213 m

問題 10.3

(a) 4.61×10^{-5} J
(b) 4.61×10^{8} s

問題 10.4

(a) 3.81×10^{9} Pa
(b) 4.53×10^{-3} W
(c) 3.64×10^{-1} J
(d) 4.8×10^{-6} kg（質量の SI 単位は kg であるので）
(e) 2.1×10^{-16} kg（質量の SI 単位は kg であるので）

問題 10.5

(a) $250 \times 10^{3} = 2.50 \times 10^{5}$ kg
(b) $0.3 \times 10^{5} = 3 \times 10^{4}$ Pa

(c) $24 \times 10^{-10} = 2.4 \times 10^{-9}$ m

問題 10.6
それぞれの場合において，最初の測定値と同程度の精度を使用すること．
(a) $35 \times 0.9144 = 32.004$
$= 32$ m（有効数字 2 桁）
(b) $(3 \times 0.3048) + (3 \times 2.54 \times 10^{-2}) = 0.9144 + 0.0762 = 0.99$ m（有効数字 2 桁）
(c) $9.5 \times (0.9144)^2 = 7.943 = 7.9$ m^2（有効数字 2 桁）

問題 10.7
(a) $(1.23 \times 2.456) \times 10^{(3+5)} = 3.02 \times 10^8$ m^2（有効数字 3 桁）
(b) $(2.1/4.5) \times 10^{(-2+4)}$ J kg^{-1} = $0.4666 \times 10^2 = 4.7 \times 10^1$ J kg^{-1}（有効数字 2 桁）

問題 10.8
(a) 1.3 mmol
(b) 365 MJ または 0.365 GJ
(c) 0.24 μm（240 nm はいけない．これは有効数字 3 桁までを意味するので）

問題 10.9
濃度は，細胞数をそれらを検出したボックスの体積によって割ることで求められる．ボックスの各辺の長さはそれぞれ，1×10^{-3} m，1×10^{-3} m，1×10^{-4} m であるので，その体積は $1 \times 10^{(-3-3-4)} = 1 \times 10^{-10}$ m^3 である．したがって，赤血球の濃度は
$652/(1 \times 10^{-10}) = (6.52 \times 10^2)/(1 \times 10^{-10})$
$= (6.52/1) \times 10^{(2+10)}$
$= 6.52 \times 10^{12}$ m^{-3}

問題 10.10
降水量の体積は，降水の深さに降水した面積をかけたものである．
深さ $= 0.6 \times 2.54 \times 10^{-2}$
$= 1.524 \times 10^{-2}$ m
そして，
面積 $= 2.6 \times 10^4$ m^2
したがって，
体積 $= 1.524 \times 10^{-2} \times 2.6 \times 10^4$
$= 3.962 \times 10^2$
$= 4 \times 10^2$ m^3（有効数字 1 桁）

問題 10.11
モル濃度は，1 リットル当たりのブドウ糖のモル数である．
モル数 = 重量 (g) ／分子量
$= \dfrac{25}{(6 \times 12) + (12 \times 1) + (6 \times 16)}$
$= 25/180 = 1.3888 \times 10^{-1}$
したがって，

モル濃度 = $1.3888 \times 10^{-1}/2 = 6.9444 \times 10^{-2}\,M$
　　　　= $6.9 \times 10^{-2}\,M$（有効数字 2 桁）

問題 10.12

最初に計算するのは，生成された CO_2 の体積である．
　　産生された CO_2 体積＝空気の体積× CO_2 の比率
　　　　　　　　　　　　　= $45 \times 0.036 = 1.62$ リットル
室温と 1 気圧の圧力の下では，1 モルの気体は 24 リットルを占めるので，
　　CO_2 モル数 = $1.62 / 24 = 6.75 \times 10^{-2}$
産生された CO_2 の量は，そのモル数に CO_2 の 1 モル当たりの質量をかけたものに等しい．1 モルの CO_2 の質量 = $12 + (2 \times 16) = 44\,g$ であるので，
　　産生される CO_2 気体の重量 = $6.75 \times 10^{-2} \times 44 = 2.97\,g$
　　　　　　　　　　　　　　　 = $2.97 \times 10^{-3}\,kg$
この CO_2 気体を産出するのに 5 分かかった = $5 \times 60 = 300\,s$，したがって，
　　CO_2 気体の産出率 = $(2.97 \times 10^{-3}) / 300$
　　　　　　　　　　　 = $9.9 \times 10^{-6}\,kg\,s^{-1}$
である．

問題 10.13

反応によって生成するエネルギーが熱に変換された．そして，熱エネルギー = 質量×比熱×上昇温度である．まず，水の質量を計算する必要がある．幸いにも，これは容易で，1 リットルの水の重さは 1 kg である．したがって，0.53 リットルの水は 0.53 kg の質量をもつ．本文中の**表 10.5** から，水が $4.2 \times 10^3\,J\,K^{-1}\,kg^{-1}$ の比熱をもつことがわかるので，
　　熱エネルギー = $0.53 \times 4.2 \times 10^3 \times 2.4$
　　　　　　　　= 5342.4
　　　　　　　　= $5.3 \times 10^3\,J$ または $5.3\,kJ$（有効数字 2 桁）

問題 10.14

最初にすることは，使用する物質 X のモル数を計算することである．
　　モル数 = 体積（リットル）×濃度（モル/リットル）
　　　　　= $(8 \times 80 \times 10^{-3}) \times 3 \times 10^{-3}$
　　　　　= 1.92×10^{-3}
次に，X の 1.92×10^{-3} モルに相当する質量を計算すると，
　　質量（グラム）= モル数×分子量
　　　　　　　　 = $1.92 \times 10^{-3} \times 258$
　　　　　　　　 = $0.495\,g$
最後に，0.495 g の X についての費用は
　　費用 = グラム数×グラム当たりの値段
　　　　 = 0.495×56
　　　　 = 28 ポンド（有効数字 2 桁）
これは 1000 ポンド未満なので，問題なく研究を実施するための費用を負担できる．

問題 10.15

最初にすることは，湿地によって 1 年に産生されるメタンの体積を計算することである．

$$\text{年間産生量} = 1\text{日の産生量} \times \text{湿地の面積} \times 1\text{年間の日数}$$

で求められる．

$$1\text{日の産生量} = 21 \text{ ml m}^{-2} = 2.1 \times 10^{-2} \text{ } l \text{ m}^{-2}$$

そして

$$\text{湿地の面積} = 3.4 \times 10^6 \text{ km}^2 = 3.4 \times 10^{12} \text{ m}^2$$

だから，

$$\text{年間産生量} = 2.1 \times 10^{-2} \times 365 \times 3.4 \times 10^{12}$$
$$= 2.606 \times 10^{13} \text{ リットル}$$

次に，この量がどれくらいのモル数に等しいかについて計算して，1年間当たりの産生メタンの質量がどれくらいかを計算する．1モルのメタン気体が24リットルを占めるので，

$$\text{モル数} = \text{体積（リットル）} / 24$$
$$= (2.606 \times 10^{13}) / 24$$
$$= 1.086 / \times 10^{12}$$

そこで，

$$\text{メタンの質量（グラム）} = \text{モル数} \times \text{分子量}$$

で求められる．メタンの分子量が $12 + (1 \times 4) = 16$ なので，

$$\text{メタンの質量} = 1.086 \times 10^{12} \times 16$$
$$= 1.737 \times 10^{13} \text{ g}$$
$$= 1.737 \times 10^{10} \text{ kg}$$

となる．しかしながら，メタンは CO_2 よりも3倍の温室効果があるので，これは CO_2 が $1.737 \times 10^{10} \times 3 = 5.2 \times 10^2 \text{ kg}$ に相当する量に等しい．

これを，化石燃料を燃焼させて産生される CO_2 の量 25 Gt とどのように比較すればよいのだろうか？ 25 Gt を，kg に変換すると，

$$25 \text{ Gt} = 25 \times 10^9 \text{ t} = 25 \times 10^{12} \text{ kg} = 2.5 \times 10^{13} \text{ kg}$$

である．このほうがはるかに多い．湿地でのメタン産生の効果に対する化石燃料の効果の比は，

$$\frac{25 \times 10^{13}}{5.2 \times 10^{10}} \sim 500$$

である．

したがって，湿地のもつメタンの産生の効果は，われわれが使用する化石燃料と比較して，無視できるぐらい小さいであろう．

問題 10.16

(a) 1.65

(b) 2.65

(c) -3.35

(d) 6

(e) 0

問題 10.17

(a) 25.1

(b) 251

(c) 3.98×10^{-4}

(d) 10^4

(e) 1

問題 10.18

(a) モル濃度 $3 \times 10^{-4}\,M$ の HCl において，H^+ の濃度は，$[H^+] = 3 \times 10^{-4}\,M$ である．したがって，pH = 3.5 となる．

(b) モル濃度 $4 \times 10^{-6}\,M$ の H_2SO_4 において，H^+ の濃度は，$[H^+] = 8 \times 10^{-6}\,M$ である．したがって，pH = 5.1 となる．

問題 10.19

pH 2.1 における H^+ の濃度 $= 10^{-2.1} = 7.94 \times 10^{-3}\,M$ である．しかしながら，各 H_2SO_4 分子は，2つの水素イオンをもっている．したがって，H_2SO_4 の濃度 $= (7.94 \times 10^{-3})\,/\,2 = 3.97 \times 10^{-3}\,M$ だから，

$$\begin{aligned}\text{モル数} &= \text{濃度} \times \text{体積} \\ &= 3.97 \times 10^{-3} \times 0.160 \\ &= 6.35 \times 10^{-4}\end{aligned}$$

となる．H_2SO_4 の分子量 $= 2 + 32 + 64 = 98$ なので，

$$\begin{aligned}H_2SO_4 \text{ の質量} &= \text{モル数} \times \text{分子量（グラム）} \\ &= 6.35 \times 10^{-4} \times 98 \\ &= 6.22 \times 10^{-2}\,g \\ &= 6.2 \times 10^{-5}\,kg\ (\text{有効数字 2 桁})\end{aligned}$$

問題 10.20

(a) 3.40

(b) −3.73

(c) 0

問題 10.21

(a) 20.1

(b) 0.050

(c) 1

付 録

1　用語解説　　　　　　　　242
2　参考文献　　　　　　　　246
3　各種統計の表　　　　　　247
4　Excelを使った
　　統計学的データ処理　　　255

付録 1　用語解説

4分位点　quartiles
上方4分位点は全データ点のうちの大きいほうの25％を仕切るしきい値で、下方4分位点はそのうちの大きいほうの75％を仕切るしきい値である．

t 検定　t tests
1つの母集団における測定値とそこでの期待値の間に違いがあるかどうか、対の2組の測定値の間に差があるかどうか、対でない2組の測定値の間に差があるかどうか、を分析する統計的検定．

t 分布　t distribution
正規分布した母集団の標本平均値が変化する様子を表す確率分布のパターン．

一般線型モデル　GLM
包括的な線型モデル．分散分析と回帰分析を統合した一連の検定で、これは複雑なデータの組についての強力な分析手段となる．

因果関係　causal relationship
2つの変数間で、一方の変数は他方の変数に影響を及ぼすが、変数はそれ自身によって影響されることはないような2つの変数の間に成り立つ関係．

英国法定の度量衡　Imperial
英国で使用されている旧来の単位系．

カイ2乗（χ^2）検定　chi-squared（χ^2）
1組のカテゴリーにおいて実際の度数と期待される度数との間に差があるかどうか、または2組のカテゴリーの間に関連があるかどうかを決定する統計的検定．

回帰分析　regression analysis
1組の測定値が別の組の測定値によってどのように影響（通常は、線形な影響）を及ぼされるかを調べる統計的分析．

科学的記数法　scientific notation
桁数の大きい数や小さい数を表記する方法で、数値を1から10の間の数に10のべきをかけたものとして表す方法である．

傾き　slope
直線の勾配．

カテゴリー　category
1つのある数値で有意に表せない特性状態．

関連　association
2組の測定値の間にある数値的なつながり．

記述統計量　descriptive statistics
1組の測定値を通じて得られるデータの分布を要約する統計量．

帰無仮説　null hypothesis
統計的仮説検定において、データが差を示していないとか、関連を示していないとかを前もって仮定すること．そのとき、統計的仮説検定では、そのような帰無仮説に適合するデータを偶然にとれる確率を算定する．

交錯変数　confounding variables
これらの変数が考慮されなければ、実験を無効にしてしまうような変数．

国際単位系　SI
メートル，秒，キログラムの単位に基づいた，現代科学で広く用いられている標準的な単位系．

誤差バー（エラーバー）　error bars
グラフ上で平均値から上下に向かって描かれたバーで，標準偏差か標準誤差の誤差バーを表すことができる．

差についての標準誤差（$\overline{SE}_d$）　standard error of the difference（$\overline{SE}_d$）
2組の標本平均値間の差について，その差の広がりを表す尺度．

散布図　scatter plot
2つの変数の間に関連があるかどうかを視覚的に決定できるよう，点をプロットしたグラフ．

指数　exponent
大きな数や小さな数を簡潔に表記したり，巧みに扱ったりすることのできる 10 のべき．

指数関数的関係　exponential relationship
$y = ae^{bx}$ の一般式で変化する関係．$b > 0$ のときにはこの関係は指数関数的に増大することを示し，$b < 0$ のときには指数関数的に減少することを示す．

自然対数（$\log_e$ または ln）　natural logarithm（$\log_e$ or ln）
$y = e^x$ のとき，その逆関数が $x = \log_e y$，または $x = \ln y$ である関数．

従属変数（目的変数）　dependent variable
回帰において，別の変数によって影響を受ける変数．

自由度（DF）　degrees of freedom（DF）
パラメトリック統計において用いられる，標本を調べて得られる情報量に基づいた概念．自由度の数は，一般に，観測値の総数から，標本から推定するパラメータの個数を引き算した値である．

順位　rank
データ点に付与した数の順序．

信頼限界　confidence limits
パラメータに対する推定値が，ある限定された範囲に出現することが見込まれるときの範囲を決める限界．通常，95％の信頼限界がよく用いられるが，99％や 99.9％の信頼限界もまた用いられる．その上限界と下限界の間にある値をとる範囲は，信頼区間と呼ばれる．

推定値　estimate
母集団のパラメータ（母数）に対し，これを推定する値を標本データから算定した値．

正規分布　normal distribution
多くの因子から影響を受けた測定値が従う，左右対称でベル形をした分布形態．

接頭辞　prefix
大きな桁や小さな桁の数が簡潔に表せるよう，1000 の倍数や約数を示す前置き．

切片　intercept
直線が y 軸と交差する点．

相関分析　correlation analysis
2組の測定値の間に線形な関連があるかどうかを決定する統計的分析．

相互作用　interaction
2元配置分散分析を使って調べることにより，2つの因子が相乗的に作用したり，抑制的に作用したりする効果．

測定値　measurement
ある数値で有意に表される1つの特性状態．

第1種の誤差　type 1 error
本当は母集団の間に差や関連がないにもかかわらず，有意な差や関連が検出されること．

第2種の誤差　type 2 error
本当は母集団の間に差や関連があるにもかかわらず，有意な差や関連を検出するのに失敗すること．

底10の対数（$\log_{10}$）
logarithm to base 10（$\log_{10}$）
$y = 10^x$ のとき，その逆関数が $x = \log_{10} y$ である関数．

データ　data
観測や実験を通じて得た結果としての観測値や測定値．これらの値は世の中の事象を考察するために使用される．

統計量　statistic
無作為抽出（ランダムサンプリング）することによって求められる，パラメータ（母数）に対する推定量．統計量はラテン文字で表記される．

独立変数（説明変数）　independent variable
回帰において，別の変数に影響を及ぼすが，それ自体は影響を受けない変数．

度数（頻度）　frequency
ある特性状態が現れる回数．

二項分布　binomial distribution
2つのグループの中での標本度数が確率的に変化するパターン．

ノンパラメトリック検定　non-parametric test
データが正規分布していると仮定しないで，そのかわりに観測値の順位を利用する統計的検定．

パラメータ（母数）　parameter
ある1つの母集団を記述したり，特徴づけたりする尺度で，例えば，平均値や標準偏差といったものがそうである．これらのパラメータは，通常，ギリシャ文字で表記される．

パラメトリック検定　parametric test
データが正規分布しているとしたときの統計的検定．

反復化　replication
できるだけ多くの測定値を利用するほうが，母集団パラメータ（母数）をより確実に推定できる．

反復データ点　replicates
個々のデータ点．

標準誤差（SE）　standard error
標本平均値の広がりを表す尺度で，これら標本平均値が真の母平均からどれだけ違っているかを表す量である．標準誤差は，標準偏差を標本の大きさの平方根で割った量である．標準誤差 SE の推定値は $\overline{SE}$ と呼ばれる．

標本（サンプル）　sample
母集団から無作為抽出される部分集合で，そこから測定値が得られる．これらの測定値は母集団のパラメータ（母数）を推定するのに用いられる．

ブロック化　blocking
異なった反復データ点を種々のブロックの間に均等に分散させることにより，交錯変数を消去する方法．

分割表　contingency table
2組の特性状態についての度数を示す表で，関連に対する χ^2 検定で各特性状態ごとの期待度数を計算できるようにする．

分散分析 ANOVA
グループの間に有意差があるかどうかを決定できる一連の検定で，広く用いられる分析である．

分布 distribution
測定値や度数が変化するパターン．

平均平方（MS） mean square
分散分析において，ある特定の因子による分散．

べき乗の関係 power relationship
$y = ax^b$ の一般式で変化する関係．

変換 transformation
数学的な関数を利用して，データの度数分布がより対称なパターンになるよう変換することにより，パラメトリック検定が有効になるようにする操作．

母集団 population
この集団から測定値が得られるような，無限に大きな可能性をもった集団．母集団を特徴づけるパラメータ（母数）は，通常，標本のデータ点から推定されねばならない．

ポストホック（その後の）検定 *post hoc* tests
分散分析で有意であることが確かめられた後に実行する統計的な検定で，どのグループ同士に互いに差があるかどうか，決定するのに使用される．

母標準偏差（σ） population standard deviation
1組の測定値の広がりを表す尺度で，各測定値について平均値からの差をとり，これらを2乗平均し，その平方根をとった量である．σ の推定値は標準偏差 s と呼ばれる．

母分散（V） population variance
データの変動性を表す尺度で，標準偏差の2乗の量である．

母平均（μ） population mean
母集団の平均値が母平均 μ で，この μ の推定値が標本平均値 $\overline{x}$ と呼ばれる．

メートル法 metric units
メートル，秒，キログラムに基づいた単位系だが，必ずしもSI単位系でない単位系．

メディアン（中央値） median
度数分布において中央に位置する値（もしくは，標本数が偶数のときには中央に位置する2つの値の平均値）．

有意確率 significance probability
帰無仮説が真であるとしたときに，ある1組の結果が得られる確率．

有意差 significant difference
2組の標本データに基づいた結果について，これらの差が5％より小さい確率で生ずるときの差．

ゆがんだ分布をしたデータ skewed data
非対称な度数分布をもつデータ．

両側検定 two-tailed test
観測値が期待値より大きいか，小さいかどうかではなく，単に観測値が期待値と異なっているかどうかを問う統計的仮説検定．

臨界値 critical value
検定統計量について表にまとめられた値で，その算定された検定統計量の絶対値が，適切に求められた臨界値より大きいか，または等しいときに，帰無仮説は棄却されねばならない．

付録 2　参考文献

　統計学は莫大な分野なので，このような短い本では必然的に，扱われる内容が表面的なものだけになり，そして精選されたものに限定される．統計学の理論的な面に関する背景や知識の詳細については，以下の本を参照していただきたい．本によっては，その書かれた意図やそれを読むために要求される数学的能力の程度が非常に異なるので，慎重に自分に合った教科書を選ばなければならない．

- Field, A. : "Discovering Statistics Using SPSS", Sage Publications, London, 2000
  SPSS に基づいていて，実際は心理学者を対象としているにもかかわらず，より複雑な一般線型モデル（GLM）の分析法についての多くの有益な背景を学べる．
- Heath, D. : "An Introduction to Experimental Design and Statistics for Biology", UCL Press, London, 1995
  実験の立案について役立つアドバイスが得られる．
- James, F. C. & McCulloch, C. E. : Multivariate analysis in ecology and systematics: panacea or Pandora's box? "Annual Review of Ecology and Systematics", 21 : 129-166, 1990
  さまざまな多変量解析における長所と短所についての有益な論文．
- Legendre, P. & Legendre, L. : "Numerical Ecology", Elsevier, Amsterdam, 1998
  生態学者によってしばしば用いられる，より複雑な主成分分析（PCA）や多変量解析に関する知識が学べる．
- Manley, B. F. J. : "Multivariate Statistical Methods, 2nd edn.", Chapman and Hall, Boca Raton, FL., 1994
  上書と同様，生態学者によってしばしば用いられる，より複雑な主成分分析（PCA）や多変量解析に関する知識が学べる．
- Rohlf, F. J. & Sokal, R. R. : "Biometry, 5th edn.", W.H. Freeman, San Francisco, CA, 2005
  これは，非常によくできた生物統計学のバイブルであるが，しかし，ほとんどの学生はそのハイレベルな数学的内容と格闘することになる．
- Rowntree, D. : "Statistics without Tears", Penguin Books, London, 1991
  もし本書が理解しづらいと感じるのであれば，この本を推薦する．統計的な考え（式は一切なし！）が非常に単純に紹介されている．
- Ruxton, G. D. & Colegrave, N. : "Experimental Design for the Life Sciences", Oxford University Press, Oxford, 2003
  実験の立案について有用なアドバイスが得られる．
- Zar, J. H. : "Biostatistical Analysis", Prentice Hall, 2005
  読み解くのは比較的容易であるが，内容はかなり幅広い．

日本語の参考書
1) 柳井久江：「4Steps エクセル統計」，オーエムエス出版，2004
　　SPSS 統計ソフトの代わりに使用できる Excel のソフトについて解説している．
2) 打波 守：「医・薬系のための統計入門」，培風館，2004
3) 石居 進：「生物統計学入門」，培風館，1975
4) 東京大学教養学部統計学教室/編：「統計学入門」，東京大学出版会，1991

付録 3　各種統計の表

表 S1　t 統計量に対する臨界値

有意水準 5％，1％，そして 0.1％での t 統計量の臨界値．計算される自由度の数に応じて，もし t の絶対値が選択された有意水準での表に記入された臨界値より大きいか等しいならば，帰無仮説を棄却せよ．

自由度	有意水準		
	5％	1％	0.1％
1	12.706	63.657	636.619
2	4.303	9.925	31.598
3	3.182	5.841	12.941
4	2.776	4.604	8.610
5	2.571	4.032	6.859
6	2.447	3.707	5.959
7	2.365	3.499	5.405
8	2.306	3.355	5.041
9	2.262	3.250	4.781
10	2.228	3.169	4.587
11	2.201	3.106	4.437
12	2.179	3.055	4.318
13	2.160	3.012	4.221
14	2.145	2.977	4.140
15	2.131	2.947	4.073
16	2.120	2.921	4.015
17	2.110	2.898	3.965
18	2.101	2.878	3.922
19	2.093	2.861	3.883
20	2.086	2.845	3.850
21	2.080	2.831	3.819
22	2.074	2.819	3.792
23	2.069	2.807	3.767
24	2.064	2.797	3.745
25	2.060	2.787	3.725
26	2.056	2.779	3.707
27	2.052	2.771	3.690
28	2.048	2.763	3.674
29	2.045	2.756	3.659
30	2.042	2.750	3.646
40	2.021	2.704	3.551
60	2.000	2.660	3.460
120	1.980	2.617	3.373
∞	1.960	2.576	3.291

表 S2　相関係数 r に対する臨界値

　有意水準 5％，1％，そして 0.1％での相関係数 r の臨界値．計算される自由度の数に応じて，もし r の絶対値が選択された有意水準での表に記入された臨界値<u>より大きいか等しい</u>ならば，帰無仮説を棄却せよ．

自由度	有意水準		
	5％	1％	0.1％
1	0.996 92	0.999 877	0.999 9988
2	0.950 00	0.990 000	0.999 00
3	0.8793	0.958 73	0.991 16
4	0.8114	0.917 20	0.974 06
5	0.7545	0.8745	0.950 74
6	0.7076	0.8343	0.924 93
7	0.6664	0.7977	0.8982
8	0.6319	0.7646	0.8721
9	0.6021	0.7348	0.8471
10	0.5760	0.7079	0.8233
11	0.5529	0.6835	0.8010
12	0.5324	0.6614	0.7800
13	0.5139	0.6411	0.7603
14	0.4973	0.6226	0.7420
15	0.4821	0.6055	0.6524
16	0.4683	0.5897	0.7084
17	0.4555	0.5751	0.6932
18	0.4438	0.5614	0.6787
19	0.4329	0.5487	0.6652
20	0.4427	0.5368	0.6524
25	0.3809	0.4869	0.6974
30	0.3494	0.4487	0.5541
35	0.3246	0.4182	0.5189
40	0.3044	0.3932	0.4896
45	0.2875	0.3721	0.4648
50	0.2732	0.3541	0.4433
60	0.2500	0.3248	0.4078
70	0.2319	0.3017	0.3799
80	0.2172	0.2830	0.3568
90	0.2050	0.2673	0.3375
100	0.1946	0.2540	0.3211

表 S3　χ^2 統計量に対する臨界値

有意水準 5％，1％，そして 0.1％ での χ^2 統計量の臨界値．計算される自由度の数に応じて，もし χ^2 の値が選択された有意水準での表に記入された臨界値<u>より大きいか等しい</u>ならば，帰無仮説を棄却せよ．

自由度	有意水準		
	5％	1％	0.1％
1	3.841	6.653	10.827
2	5.991	9.210	13.815
3	7.815	11.345	16.266
4	9.488	13.277	18.467
5	11.070	15.086	20.515
6	12.592	16.812	22.457
7	14.067	18.457	24.322
8	15.507	20.090	26.125
9	16.919	21.666	27.877
10	18.307	23.209	29.588
11	19.675	24.725	31.264
12	21.026	26.217	32.909
13	22.362	27.688	34.528
14	23.685	29.141	36.123
15	24.996	30.578	37.697
16	26.296	32.000	39.252
17	27.587	33.409	40.792
18	28.869	34.805	42.312
19	30.144	36.191	43.820
20	31.410	37.566	45.315
21	32.671	38.932	46.797
22	33.924	40.289	48.268
23	35.172	41.638	49.728
24	36.415	42.980	51.179
25	37.652	44.314	52.260
26	38.885	45.642	54.052
27	40.113	46.963	55.476
28	41.337	48.278	56.893
29	42.557	49.588	58.302
30	43.773	50.892	59.703

表 S4　Wilcoxon T 統計量に対する臨界値

　有意水準 5％，1％，そして 0.1％での Wilcoxon T 統計量の臨界値．計算される自由度の数に応じて，もし T の値が選択された有意水準での表に記入された臨界値<u>より小さいか等しい</u>ならば，帰無仮説を棄却せよ．

自由度	有意水準		
	5％	1％	0.1％
1			
2			
3			
4			
5			
6	0		
7	2		
8	3	0	
9	5	1	
10	8	3	
11	10	5	0
12	13	7	1
13	17	9	2
14	21	12	4
15	25	15	6
16	29	19	8
17	34	23	11
18	40	27	14
19	46	32	18
20	52	37	21
21	58	42	25
22	65	48	30
23	73	54	35
24	81	61	40
25	89	68	45
26	98	75	51
27	107	83	57
28	116	91	64
29	126	100	71
30	137	109	78
31	147	118	86
32	159	128	94
33	170	138	102
34	182	148	111
35	195	159	120

↓
次ページへつづく

表 S4 つづき

自由度	有意水準		
	5%	1%	0.1%
36	208	171	130
37	221	182	140
38	235	194	150
39	249	207	161
40	264	220	172
41	279	233	183
42	294	247	195
43	310	261	207
44	327	276	220
45	343	291	233
46	361	307	246
47	378	322	260
48	396	339	274
49	415	355	289
50	434	373	304
51	453	390	319
52	473	408	335
53	494	427	351
54	514	445	368
55	536	465	385
56	557	484	402
57	579	504	420
58	602	525	438
59	625	546	457
60	648	567	476

表 S5　Mann-Whitney U 統計量に対する臨界値

有意水準5％でのMann-Whitney U 統計量の臨界値．2つの標本の大きさ n_1, と n_2 に応じて，もし U の値が選択された有意水準での表に記入された臨界値より小さいか等しいならば，帰無仮説を棄却せよ．

n_2 \ n_1	1	2	3	4	5	6	7	8	9	10	11	12	13	14	15	16	17	18	19	20
1	—	—	—	—	—	—	—	—	—	—	—	—	—	—	—	—	—	—	—	—
2	—	—	—	—	—	—	—	0	0	0	0	1	1	1	1	1	2	2	2	2
3	—	—	—	0	0	1	1	2	2	3	3	4	4	5	5	6	6	7	7	8
4	—	—	0	0	1	2	3	4	4	5	6	7	8	9	10	11	11	12	13	14
5	—	—	0	1	2	3	5	6	7	8	9	11	12	13	14	15	17	18	19	20
6	—	—	1	2	3	5	6	8	10	11	13	14	16	17	19	21	22	24	25	27
7	—	—	1	3	5	6	8	10	12	14	16	18	20	22	24	26	28	30	32	34
8	—	0	2	4	6	8	10	13	15	17	19	22	24	26	29	31	34	36	38	41
9	—	0	2	4	7	10	12	15	17	20	23	26	28	31	34	37	39	42	45	48
10	—	0	3	5	8	11	14	17	20	23	26	29	33	36	39	42	45	48	52	55
11	—	0	3	6	9	13	16	19	23	26	30	33	37	40	44	47	51	55	58	62
12	—	1	4	7	11	14	18	22	26	29	33	37	41	45	49	53	57	61	65	69
13	—	1	4	8	12	16	20	24	28	33	37	41	45	50	54	59	63	67	72	76
14	—	1	5	9	13	17	22	26	31	36	40	45	50	55	59	64	67	74	78	83
15	—	1	5	10	14	19	24	29	34	39	44	49	54	59	64	70	75	90	85	90
16	—	1	6	11	15	21	26	31	37	42	47	53	59	64	70	75	81	86	92	98
17	—	2	6	11	17	22	28	34	39	45	51	57	63	67	75	81	87	93	99	105
18	—	2	7	12	18	24	30	36	42	48	55	61	67	74	80	86	93	99	106	112
19	—	2	7	13	19	25	32	38	45	52	58	65	72	78	85	92	99	106	113	119
20	—	2	8	14	20	27	34	41	48	55	62	69	76	83	90	98	105	112	119	127

表 S6　Friedman χ^2 統計量に対する臨界値

有意水準 5％，1％，そして 0.1％での Friedman χ^2 統計量の臨界値．a 個のグループ数と b 個のブロック数に応じて，もし χ^2 の値が選択された有意水準での表に記入された臨界値<u>より大きいか等しい</u>ならば，帰無仮説を棄却せよ．

グループ a	ブロック b	有意水準 5%	有意水準 1%	有意水準 0.1%
3	2	—	—	—
3	3	6.000	—	—
3	4	6.500	8.000	—
3	5	6.400	8.400	10.000
3	6	7.000	9.000	12.000
3	7	7.143	8.857	12.286
3	8	6.250	9.000	12.250
3	9	6.222	9.556	12.667
3	10	6.200	9.600	12.600
3	11	6.545	9.455	13.273
3	12	6.167	9.500	12.500
3	13	6.000	9.385	12.923
3	14	6.143	9.000	13.286
3	15	6.400	8.933	12.933
4	2	6.000	—	—
4	3	7.400	9.000	—
4	4	7.800	9.600	11.100
4	5	7.800	9.960	12.600
4	6	7.600	10.200	12.800
4	7	7.800	10.371	13.800
4	8	7.650	10.350	13.800
4	9	7.800	10.867	14.467
4	10	7.800	10.800	14.640
4	11	7.909	11.073	14.891
4	12	7.900	11.100	15.000
4	13	7.985	11.123	15.277
4	14	7.886	11.143	15.257
4	15	8.040	11.240	15.400
5	2	7.600	8.000	—
5	3	8.533	10.133	11.467
5	4	8.800	11.200	13.200
5	5	8.960	11.680	14.400
5	6	9.067	11.867	15.200
5	7	9.143	12.114	15.657
5	8	9.300	12.300	16.000
5	9	9.244	12.444	16.356
5	10	9.280	12.480	16.480
6	2	9.143	9.714	—
6	3	9.857	11.762	13.286
6	4	10.286	12.714	15.286
6	5	10.486	13.229	16.429
6	6	10.571	13.619	17.048
6	7	10.674	13.857	17.612
6	8	10.714	14.000	18.000
6	9	10.778	14.143	18.270
6	10	10.800	14.299	18.514

表 S7　スピアマン順位相関係数 ρ に対する臨界値

有意水準 5％，1％，そして 0.1％ でのスピアマン（Spearman）順位相関係数 ρ の臨界値．計算される自由度の数に応じて，もし ρ の絶対値が選択された有意水準での表に記入された臨界値<u>より大きいか等しい</u>ならば，帰無仮説を棄却せよ．

自由度	有意水準		
	5％	1％	0.1％
1			
2			
3			
4			
5	1.000		
6	0.886	1.000	
7	0.786	0.929	1.000
8	0.738	0.881	0.976
9	0.700	0.833	0.933
10	0.648	0.794	0.903
11	0.618	0.755	0.873
12	0.587	0.727	0.846
13	0.560	0.703	0.824
14	0.538	0.679	0.802
15	0.521	0.654	0.779
16	0.503	0.635	0.762
17	0.485	0.615	0.748
18	0.472	0.600	0.728
19	0.460	0.584	0.712
20	0.447	0.570	0.696
25	0.398	0.511	0.630
30	0.362	0.467	0.580
35	0.335	0.433	0.539
40	0.313	0.405	0.507
45	0.294	0.382	0.479
50	0.279	0.363	0.456
60	0.255	0.331	0.418
70	0.235	0.307	0.388
80	0.220	0.287	0.363
90	0.207	0.271	0.343
100	0.197	0.257	0.326

付録

4 Excelを使った統計学的データ処理

本書の統計学的データ処理についての考察を通じて学んできたように、パラメトリックやノンパラメトリックな統計的検定では、t分布、χ^2分布についての分布関数の値やその逆関数[訳注]の値などが必要となる。特に本書の多数の例題での「電卓使用の場合」における説明の際に、t分布やχ^2分布に関して、有意水準5％における臨界値がしばしば必要とされてきた。この有意水準5％におけるt分布の臨界値は、Excelではt分布の両側確率0.05の逆関数の値に対応するものである。また、有意水準5％におけるχ^2分布の臨界値は、Excelではχ^2分布の上側確率0.05の逆関数の値に対応する値である。また、付録3：各種統計の表において、有意水準5％、1％、0.1％におけるt分布、χ^2分布の臨界値はそれぞれ提供されているが、これらの臨界値を含む、任意の有意水準の値での臨界値はExcelを使っても簡単に求められる。そこで、本書での確率0.05としての考察のすべてを任意の有意水準に対応する確率pに置き換えて、その確率pに対する臨界値をExcelを使って簡単に求めれば、本書における考察をそのまま確率pに対応する有意水準のもとでの考察に拡張して展開できる。

訳注）打波 守/著：「医・薬系のための統計入門」（培風館，2004）の 241 ～ 244 頁を参照．

　Excelを用いて、任意の有意水準pに対する臨界値を求める方法を以下に示す。まずExcelを立ち上げて（本書ではWindows版を使用している）、メニューバーの［挿入］をクリックして得られるスクロールバーの中の［関数］を選択する。その結果、［関数の挿入］ダイアログボックスが立ち上がり、［関数の分類］で［統計］を選択する。あとは以下のように各項目に沿った手続きに進む．

◎ t分布の有意水準pに対する臨界値を求める

　自由度nで左右対称なt分布における両側確率pに対し、その対応する逆関数の値を求めることである。そこで、前述の関数の分類で［統計］を選択したあとに続き、関数名の中で［TINV］を選んで［OK］をクリックする。すると［関数の引数］ダイアログボックスが現れるので、そこに例えば、自由度を$n = 20$とし、有意水準に相当する両側確率の値を$p = 0.01$と入力して［OK］をクリックすると、その臨界値が2.845と得られる（次ページ画面1）．

◎ χ^2分布の有意水準pに対する臨界値を求める

　自由度nでχ^2分布における上側確率pに対し、その対応する逆関数の値を求めることである。そこで、前述の関数の分類で［統計］を選択したあとに続き、関数

名の中で［CHIINV］を選んで［OK］をクリックする．すると［関数の引数］ダイアログボックスが現れるので，そこに例えば，自由度を $n = 15$ とし，有意水準に相当する上側確率の値を $p = 0.05$ と入力して［OK］をクリックすると，その臨界値が 24.996 と得られる（画面 2）．

画面 1

画面 2

それでは，実際に，これらの臨界値を Excel の中で求めて統計的検定を実行する例を，本書の例題を使って行ってみよう．

例題（Excel 使用の場合）　対の 2 点比較 t 検定

まず，本書 3 章の例題②における対の 2 点比較 t 検定の例を取り上げる．この例のデータ値を，SPSS の時と同じように Excel の各縦欄に入力する．そして，検定に必要な種々の統計量を，Excel のワークシートの選択した各セルの中で

　　　　　　　　夜明け pH　　　　　　夕暮れ pH　　　　　　差
平均値　= AVERAGE (B2:B10) = AVERAGE (C2:C10) = 　　　AVERAGE (D2:D10)
標準偏差 = STDEV (B2:B10)　　= STDEV (C2:C10)　　= STDEV (D2:D10)
標準誤差 = G5/SQRT (G3)　　　= H5/SQRT (H3)　　　= I5/SQRT (I3)

のようにして簡単に計算できる．そして，ここでの検定統計量の t 値は

　　t 値 = I4/I6

として 4.04 と求まる．また，その t 値の自由度 8 での有意水準 5 ％における臨界値も，ワークシートの選択したセルの中で

有意水準 5 ％の臨界値 ＝ TINV(0.05, I11)

として 2.31 とすぐ求められる．よって，有意水準 5 ％での検定が実行できることになる（画面 3）．

画面 3

2 標本 t 検定

次に，本書 3 章の例題③における 2 標本 t 検定の例を取り上げる．この例のデータ値を各縦欄に入力する．そして，検定に必要な種々の統計量を，Excel のワークシートの選択した各セルの中で

	雄ゾウ	雌ゾウ
平均値	＝ AVERAGE(A2:A17)	＝ AVERAGE(B2:B17)
標準偏差	＝ STDEV(A2:A17)	＝ STDEV(B2:B17)
標準誤差	＝ E6/SQRT(E4)	＝ F6/SQRT(F4)

のようにして簡単に計算できる．そして，ここでの検定統計の t 値は

　　t 値 ＝ (E5−F5)/SQRT(E7^2 ＋ F7^2)

として 4.43 と求まる．また，その t 値の自由度 30 での有意水準 5 ％における臨界値も，ワークシートの選択したセルの中で

　　有意水準 5 ％の臨界値 ＝ TINV(0.05, E13)

として 2.04 とすぐ求められる．よって，有意水準 5 ％での検定が実行できることになる（画面 4）．

画面 4

関連に対する χ^2 検定

最後に，χ^2 分布の臨界値を使ったノンパラメトリック検定の例を取り上げる．本書6章の例題②における関連に対する χ^2 検定の例に注目する．Excel のワークシートで 2×2 の分割表を観測度数ならびに期待度数に対して作成すればよい．観測度数についての 2×2 の分割表はデータ値を入力し各項目に対する総和を計算すればよい．そして，期待度数に関する 2×2 の分割表は，観測度数についての 2×2 の分割表のデータ値から，各項目に対して選択したセルにおいて

	喫煙者	非喫煙者
男性	= C5*E3/E5	= D5*E3/E5
女性	= C5*E4/E5	= D5*E4/E5

のようにして計算し，あとは各項目に対する総和をとることによって作成できる．これら作成した観測度数と期待度数から，検定統計量の χ^2 値は選択したセルの中で

  カイ2乗量 = (C3−C10)^2/C10 + (D3−D10)^2/D10 +
      (C4−C11)^2/C11 + (D4−D11)^2/D11

として 14.4 と求められる．また，その χ^2 値の自由度 (2−1)×(2−1) = 1 での有意水準5％における臨界値も，ワークシートの選択したセルの中で

  有意水準5％の臨界値 = CHIINV (0.05, H16)

として 3.84 とすぐ求められる．よって，有意水準5％での検定が実行できることになる（画面5）．

画面5

	A	B	C	D	E	F	G	H	I
1	観測数の分割表								
2			喫煙者	非喫煙者	総数				
3		男性	18	12	30				
4		女性	12	48	60				
5		総数	30	60	90				
6									
7									
8	期待度数の分割表								
9			喫煙者	非喫煙者	総数				
10		男性	10	20	30				
11		女性	20	40	60				
12		総数	30	60	90				
13									
14							カイ2乗量	14.4	
15									
16							自由度	1	
17							有意水準5％の臨界値	3.841459	
18									
19									

索引

太字は本文中および付録1の用語解説のページ数です

数字

1元配置分散分析（one-way ANOVA）	65
1標本t検定（one-sample t test）	49
1標本の符号つき順位検定（one-sample sign test）	141
1変量分散分析（univariate ANOVA）	188
2元配置分散分析（two-way ANOVA）	78, 179
2標本t検定（two-sample sign test）	20, 49, 57
3元配置分散分析（three-way ANOVA）	187
4分位点（quartiles）	128, 242
4分位範囲（interquartile range）	130
5％カットオフ（5％ cut off）	20, 21
5％有意水準（5％ significance level）	48
95％信頼限界（95％ confidence limit）	38

和文

ア行

アウトライアー（outlier）	128
アロメトリー（allometry）	104
イェーツの連続修正（Yates continuity correction）	121
一般線型モデル（general linear model：GLM）	188, 242
入れ子のときの分散分析（nested ANOVA）	188
因果関係（causal relationship）	94, 242
英国法定の度量衡（Imperial）	198, 242
エキストリーム（extreme）	128
エラーバー（error bars）	42, 243
大きな数（large number）	113
重みづけ（weighting of data）	113

カ行

カイ2乗（χ^2）検定（chi-squared test）	22, 110, 111, 115, 121, 176, 186, 242
カイ2乗（χ^2）量（chi-squared statistic）	111
回帰直線（regression line）	95
回帰分析（regression analysis）	95, 242
化学定数（chemical constants）	201
科学的記数法（scientific notation）	196, 242
仮説検定（hypothesis testing）	20
片側検定（one-tailed test）	48
傾き（slope）	87, 242
カットオフ点（cut off point）	48
カテゴリー（category）	22, 108, 242
下方4分位点（lower quartiles）	128, 242
幹葉のプロット（stem-and-leaf plot）	128
関連（association）	84, 177, 242
記述統計量（descriptive statistic）	35, 125, 242
帰無仮説（null hypothesis）	20, 47, 242
共分散分析（analysis of covariance：ANCOVA）	188
極端なデータ点（extreme）	128
区間データ（interval data）	128
クラスター分析（cluster analysis）	189
グループ間の変動量（within-groups variability）	67
グループ内の変動量（between-groups variability）	67
ケース（case）	36
結果（result）	180
検出可能な最小の差（smallest detectable difference）	175
検定統計量（test statistic）	20, 47
交錯変数（confounding variables）	174, 242
国際単位系（SI）	194, 243
誤差バー（error bars）	42, 243
コルモゴロフ-スミルノフ1標本検定（Kolgomorov-Smirnov one sample test）	110
コルモゴロフ-スミルノフ検定（Kolgomorov-Smirnov test）	135, 154

サ行

差（difference）	22, 46
最小値（minimum values）	128
最大値（maximum values）	128
差についての標準誤差（standard error of the difference：$\overline{SE}_d$）	57, 243
散布図（scatter plot）	85, 243

索引

サンプル（sample）	19, 28, 244
指数（exponent）	196, 204, 243
指数関数的関係（exponential relationship）	102, 243
自然対数（natural logarithm：$\log_e$）	205, 243
重回帰（multiple regression）	189
従属変数（dependent variable）	85, 243
自由度（degrees of freedom：DF）	29, 68, 243
主成分分析（principal component analysis：PCA）	189
順位（rank）	22, 140, 141, 162, 243
順位相関（rank correlation）	162
上方4分位点（upper quartiles）	128, 242
信頼区間（confidence intervals：CI）	32, 33, 243
信頼限界（confidence limits）	33, 48, 243
推定（estimate）	28
推定値（estimate）	19, 243
数学公式（mathematical formulae）	201
数学定数（mathematical constants）	201
スケーリング（scaling）	101
スピアマン順位相関係数（Spearman rank correlation coefficient）	162
正規分布（normal distribution）	21, 27, 125, 243
成長分析（growth analysis）	86
正の関連（positive association）	86
正の相関（positive correlation）	89
接頭辞（prefix）	195, 243
切片（intercept）	87, 243
説明変数（independent variable）	85, 244
漸近有意確率（Asymp. Sig.）	114
線型判別関数分析（linear discriminant function analysis）	189
相関係数（correlation coefficient）	90, 94
相関分析（correlation）	89, 183, 243
相互作用（interaction）	78, 243
相対成長（allometry）	104
双峰分布（bimodal distribution）	140
添字（subscript）	36
測定（measuring）	194
測定値（measurement）	21, 243

タ行

第1種の誤差（type 1 error）	21, 244
第2種の誤差（type 2 error）	21, 138, 244
対称な分布（symmetrical distribution）	129
対数（logarithms）	203, 205
多変量解析法（multivariate statistical techniques）	189
多変量分散分析（multivariate ANOVA：MANOVA）	188
多様性（variability）	19
小さな数（small number）	113
中央値（median）	128, 141, 245
中心極限定理（central limit theorem：CLT）	30, 129
直線的関連（linear associations）	84
直線の関係（linear relationship）	87
対の2点比較 t 検定（paired t test）	49
底10の対数（logarithm to base 10：$\log_{10}$）	203, 244
データ（data）	21, 244
統計的検定（statistical test）	20
統計量（statistics）	28, 244
独立（independent）	58
独立標本 t 検定（independent-sample t test）	49
独立変数（independent variable）	85, 244
度数（frequency）	22, 109, 244
飛び地のデータ点（outlier）	128

ナ行

二項分布（binomial distribution）	26, 109, 244
ノンパラメトリック検定（non-parametric test）	21, 130, 140, 244

ハ行

箱ヒゲのプロット（box-and-whisker plot）	128, 130
ばらつき（variability）	66
パラメータ（parameter）	27, 244
パラメトリック検定（parametric test）	21, 125, 244
反復（replicate）	19
反復化（replication）	174, 244

太字は本文中および付録1の用語解説のページ数です

反復測定分散分析（repeated measures ANOVA） 74
反復データ点（replicate） 19, 174, 244
ピアソン相関係数（Pearson correlation coefficient） 89, 162
ピアソンのカイ2乗量（Pearson chi-square） 120
非SI単位系（non-SI units） 32
比較（comparison） 45
ヒストグラム（histogram） 126, 128
非線形な関係式（non-linear relationship） 101
非メートル単位（non-metric units） 32
標準誤差（SE：standard error） 30, 32, 38, 96, 244
標準誤差の推定値（estimate of the standard error） 32
標準誤差バー（standard error bars） 43
標準偏差（standard deviation） 38
標本（sample） 19, 28, 244
標本の大きさ（sample size） 28
標本平均（sample mean） 28
標本標準偏差（s） 27
比例データ（proportional data） 130
頻度（frequency） 22, 109, 244
フィッシャーの正確計算検定（Fisher's exact test） 110
不規則分布（irregular distribution） 140
物理定数（physical constants） 201
負の関連（negative association） 86
負の相関（negative correlation） 86
不連続な測定値（discrete measurement） 140
ブロック化（blocking） 178, 244
分割表（contingency table） 116, 244
分散（variance） 29, 38
分散分析（analysis of variance：ANOVA） 65, 78, 96, 245
分布（distribution） 25, 245
平均平方（mean square：MS） 68, 245
平方和（sum of square：SS） 67
べき乗の関係（power relationship） 101, 245
変換（transformation） 21, 87, 129, 245
偏差積和（sum） 90
変動（variability） 66
変動性（variability） 19, 23, 24
棒グラフ（bar chart） 42

母集団（population） 19, 245
母数（parameter） 27, 244
ポストホック（その後の）検定（*post hoc* tests） 70, 158, 245
母標準偏差（population standard deviation） 27, 28, 245
母分散（population variance） 27, 245
母平均（population mean） 27, 245
母平均の推定値（estimate of the population mean） 28

マ行

無作為抽出（random sampling） 28
メートル法（metric units） 197, 245
メディアン（median） 128, 141, 245
目的変数（dependent variable） 85, 243
モル濃度（molarity） 198

ヤ行

有意確率（significance probability） 20, 47, 245
有意確率（両側）〔Sig.(2-tailed)〕 51
有意差（significant difference） 48, 245
有意差がある（significantly different） 46
有効数字（significant figure） 199
ゆがんだ分布をしたデータ（skewed data） 129, 245
より単純化された主軸による回帰（Reduced Major Axis Regression） 101

ラ行

ランダム化（randomisation） 178
ランダムサンプリング（random sampling） 28
離散的な測定値（discrete measurement） 140
リットル（litre） 198
両側検定（two-tailed test） 48, 245
臨界値（critical value） 33, 48, 245
連続修正（continuity correction） 121
ロジスティック回帰（logistic regression） 189

索引

太字は本文中および付録1の用語解説のページ数です

欧文

A・B

ANCOVA（analysis of covariance）	188
ANOVA（analysis of variance）	65, 78, 96, 245
arcsin G	130
Bonferroni 検定（Bonferroni test）	75

C・D

CI（confidence intervals）	33
DF（degrees of freedom）	29, 68, 243
Dunnett 検定（Dunnett test）	71
Dunnett ポストホック検定（Dunnett *post hoc* test）	182

E〜G

Excel	35, 255
F 統計量（F statistic）	67
Fisher の正確計算検定（Fisher's exact test）	110
Friedman 検定（Friedman test）	158
G 検定（G test）	110
GLM（general linear model）	188, 242

K〜N

Kolmogorov-Smirnov 検定（Kolmogorov-Smirnov test）	135, 154
Kruskall-Wallis 検定（Kruskall-Wallis test）	154
ln	205, 243
$\log_{10}$	203, 244
$\log_e$	205, 243
Mann-Whitney U 検定（Mann-Whitney U test）	150
MANOVA（multivariate ANOVA）	188
Mauchly の球面性検定（Mauchly's sphericity test）	77
MINITAB	35
MS（mean square）	68, 245
Nemenyi 検定（Nemenyi test）	158, 162

P〜S

PCA（principal component analysis）	189
Pearson 相関係数（Pearson correlation coefficient）	89, 162
Pearson のカイ2乗量（Pearson chi-square）	120
pH	205
SAS	35
Scheffe 検定（Scheffe test）	71, 182
SE（standard error）	30, 244
$\overline{SE}_d$（standard error of the difference）	57, 243
Shapiro-Wilk 検定（Shapiro-Wilk test）	138
SI 単位（SI units）	194, 243
Spearman 順位相関係数（Spearman rank correlation coefficient）	162
SPSS	35, 38, 39, 50, 54, 68, 74, 79, 91, 97, 104, 112, 117, 126, 131, 133, 136, 143, 147, 151, 155, 160, 164
SS（sum of square）	67
SYSTAT	35

T〜Z

t 検定（t tests）	96, 242
t 分布（t distribution）	32, 242
Tukey 検定（Tukey test）	71, 182
Wilcoxon の符号つき順位検定（Wilcoxon signed rank test）	145
Z 分布（Z distribution）	27

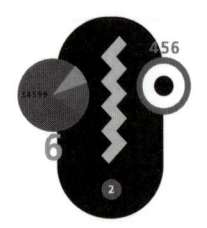

●著者紹介

Roland Ennos

マンチェスター大学生命科学部准教授．同大学で学部生と大学院生にバイオマスマティックス（生物数学）を教えている．

●訳者紹介

打波　守（うちなみ　まもる）

1976年東京教育大学（現：筑波大学）大学院理学研究科博士課程修了．理学博士．明治薬科大学助教授，教授を歴任．明治薬科大学名誉教授．1989～1990年スイス連邦工科大学客員研究員．専攻は理論物理学．
主要著書：「医・薬系のための統計入門」（著，培風館，2004年）
　　　　　「Excelで学ぶ生存時間解析」（著，オーム社，2005年）
　　　　　「ナノデバイスへの量子力学」（共訳，シュプリンガー・フェアラーク東京，2006年）
　　　　　「応用から学ぶ 理工学のための基礎数学」（共著，培風館，2007年）

野地澄晴（のじ　すみはれ）

1948年生まれ．1970年福井大学工学部応用物理学科卒業．1980年広島大学大学院理学研究科物性学専攻博士課程修了．理学博士．1980～1982年米国 National Institutes of Health 客員博士研究員．1983～1992年岡山大学歯学部口腔生化学講座助手．1992～2012年徳島大学大学院ソシオテクノサイエンス研究部ライフシステム部門教授．2012～2016年同大学理事・副学長，2016年～現在，同大学長．
主要著書：「バイオ研究 はじめの一歩 ゼロから学ぶ基礎知識と実践的スキル」（著，羊土社，2000年）
　　　　　「免疫染色 & in situ ハイブリダイゼーション最新プロトコール」（編，羊土社，2006年）
　　　　　「発生と進化」（共著，岩波書店，2004年）
　　　　　など．

パソコンで簡単！すぐできる生物統計
統計学の考え方から統計ソフトSPSSの使い方まで

2007年 9月 1日　第1刷発行	著　者　Roland Ennos
2016年 9月15日　第8刷発行	訳　者　打波　守，野地澄晴
	発行人　一戸裕子
	発行所　株式会社羊土社
	〒101-0052
	東京都千代田区神田小川町2-5-1
	TEL　　03（5282）1211
	FAX　　03（5282）1212
	E-mail　eigyo@yodosha.co.jp
	URL　　www.yodosha.co.jp/
Printed in Japan	装　幀　ペドロ山下
ISBN978-4-7581-0716-7	印刷所　三美印刷株式会社

本書の複写にかかる複製，上映，譲渡，公衆送信（送信可能化を含む）の各権利は（株）羊土社が管理の委託を受けています．
本書を無断で複製する行為（コピー，スキャン，デジタルデータ化など）は，著作権法上での限られた例外（「私的使用のための複製」など）を除き禁じられています．研究活動，診療を含み業務上使用する目的で上記の行為を行うことは大学，病院，企業などにおける内部的な利用であっても，私的使用には該当せず，違法です．また私的使用のためであっても，代行業者等の第三者に依頼して上記の行為を行うことは違法となります．

JCOPY ＜（社）出版者著作権管理機構 委託出版物＞
本書の無断複写は著作権法上での例外を除き禁じられています．複写される場合は，そのつど事前に，（社）出版者著作権管理機構（TEL 03-3513-6969，FAX 03-3513-6979，e-mail：info@jcopy.or.jp）の許諾を得てください．

羊土社のオススメ書籍

実験で使うとこだけ 生物統計1 キホンのキ

池田郁男／著

実験における母集団と標本を「研究者」として理解していますか？検定前の心構えから平均値±SD，±SEの使い分けまで統計の基礎知識を厳選！検定法の理解に必須な基本を研究者として捉え直しましょう．

- 定価（本体2,200円＋税） A5判
- 102頁 ISBN 978-4-7581-2063-0

実験で使うとこだけ 生物統計2 キホンのホン

池田郁男／著

いわれるがまま検定法を選んでいませんか？ t検定など2群の比較から多重比較，分散分析まで多くの研究者がおさえておきたい検定法を厳選．細かい計算ではなく統計の本質をつかみ正しい検定を自分で選びましょう！

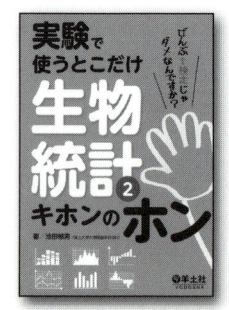

- 定価（本体2,700円＋税） A5判
- 167頁 ISBN 978-4-7581-2064-7

バイオ実験に絶対使える 統計の基本Q&A

論文が書ける 読める データが見える！

秋山 徹／監
井元清哉，河府和義，藤渕 航／編

統計を「ツール」として使いこなすための待望の解説書！研究者の悩み・疑問の声を元に，現場で必要な基本知識を厳選してQ&A形式で解説！豊富なケーススタディーでデータ処理の考え方とプロセスがわかります．

- 定価（本体4,200円＋税） B5判
- 254頁 ISBN 978-4-7581-2034-0

みなか先生といっしょに 統計学の王国を歩いてみよう

情報の海と推論の山を越える翼をアナタに！

三中信宏／著

分散分析や帰無仮説という用語が登場するのは終盤ですが，そこに至る歩みで，イメージがわかない，数学的な意味..など統計ユーザーが陥りやすい疑問を解消します．「実験系パラメトリック統計学の捉え方」を体感して下さい．

- 定価（本体2,300円＋税） A5判
- 191頁 ISBN 978-4-7581-2058-6

発行 羊土社 YODOSHA
〒101-0052 東京都千代田区神田小川町2-5-1 TEL 03(5282)1211 FAX 03(5282)1212
E-mail：eigyo@yodosha.co.jp
URL：www.yodosha.co.jp/

ご注文は最寄りの書店，または小社営業部まで